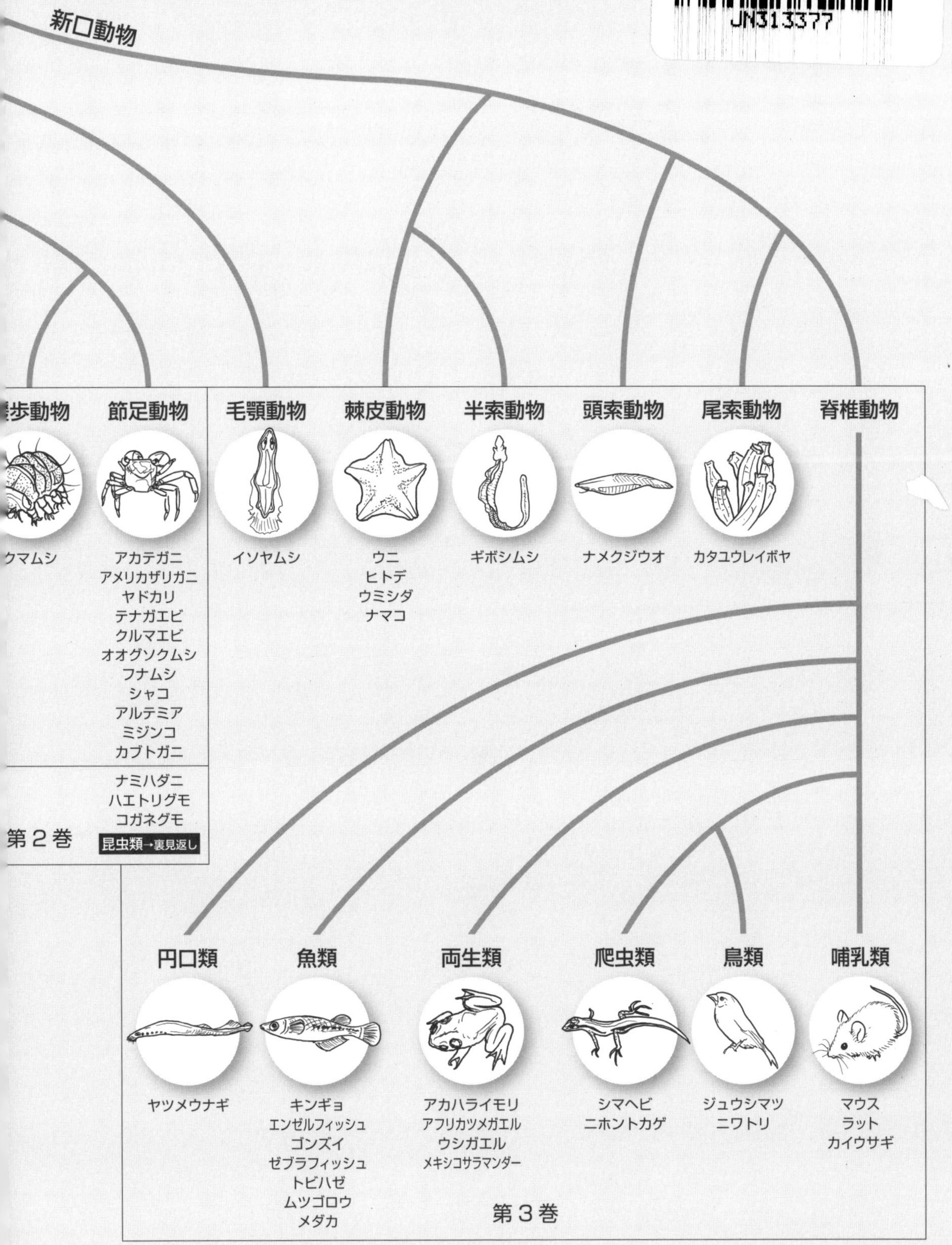

新口動物

緩歩動物	節足動物	毛顎動物	棘皮動物	半索動物	頭索動物	尾索動物	脊椎動物
クマムシ	アカテガニ アメリカザリガニ ヤドカリ テナガエビ クルマエビ オオグソクムシ フナムシ シャコ アルテミア ミジンコ カブトガニ ナミハダニ ハエトリグモ コガネグモ	イソヤムシ	ウニ ヒトデ ウミシダ ナマコ	ギボシムシ	ナメクジウオ	カタユウレイボヤ	

第2巻　昆虫類→裏見返し

円口類	魚類	両生類	爬虫類	鳥類	哺乳類
ヤツメウナギ	キンギョ エンゼルフィッシュ ゴンズイ ゼブラフィッシュ トビハゼ ムツゴロウ メダカ	アカハライモリ アフリカツメガエル ウシガエル メキシコサラマンダー	シマヘビ ニホントカゲ	ジュウシマツ ニワトリ	マウス ラット カイウサギ

第3巻

▶口絵1　ミドリムシ（写真1）参照
（洲崎敏伸）

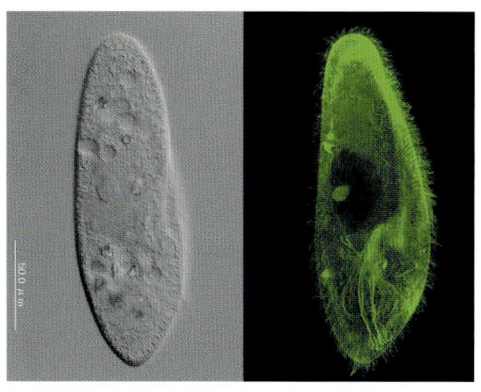

▶口絵2　ゾウリムシ（写真1）参照
（大畠（尾張）慶子・石田正樹）

▶口絵3　サンゴ（造礁サンゴ）（写真3）参照（中野義勝）

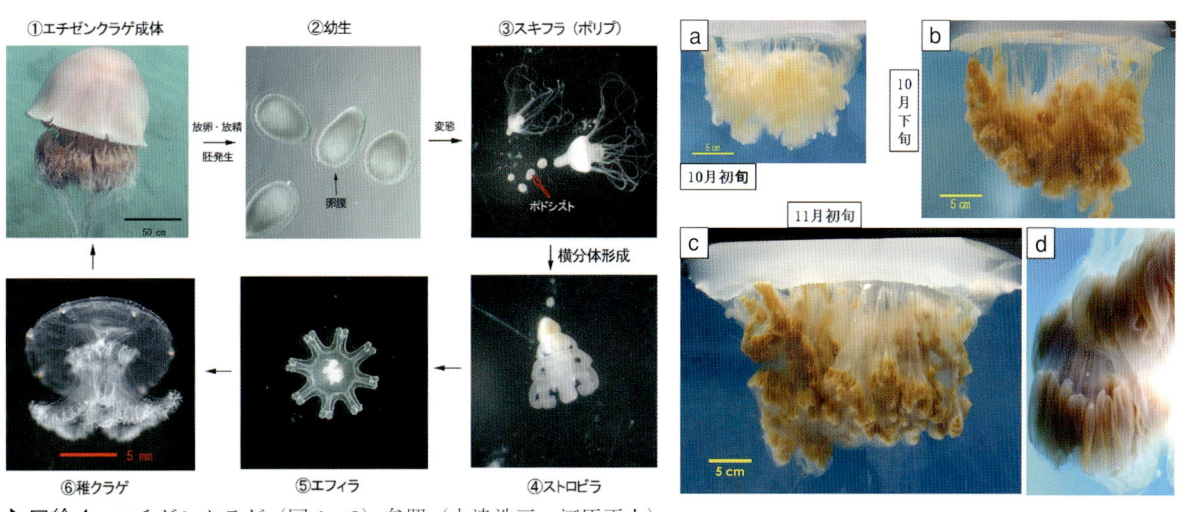

①エチゼンクラゲ成体　②幼生　③スキフラ（ポリプ）
放卵・放精　　　　　　変態
胚発生
卵殻　　　　　　　　　ポドシスト

a　10月初旬
b　10月下旬
c　11月初旬
d

横分体形成

⑥稚クラゲ　⑤エフィラ　④ストロビラ

▶口絵4　エチゼンクラゲ（図1, 2）参照（大津浩三・河原正人）

▶口絵5　イソギンチャク（写真1, 3, 4）参照（柳　研介）

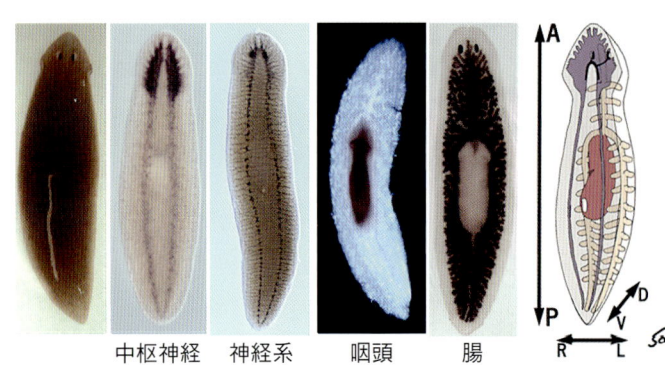

中枢神経　神経系　咽頭　腸

▶口絵6　プラナリア（図1）参照
（阿形清和）

▶口絵8　アメフラシ（写真1）参照（長濱辰文）

▶口絵7　ゴカイ類（写真1）参照（加藤哲哉）

▶口絵9　ヤドカリ（写真2）参照（黒川　信）

▶口絵10　アルテミア（写真3）参照（田中　晋）

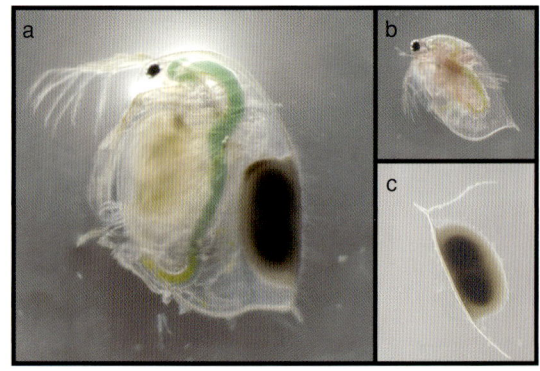

▶口絵11　ミジンコ（写真1）参照
（志賀靖弘・時下進一）

研究者が教える
動物飼育

第1巻 ゾウリムシ, ヒドラ, 貝, エビなど

針山孝彦・小柳光正・嬉 正勝・妹尾圭司・小泉 修
日本比較生理生化学会　編集

共立出版

第1巻 執筆者一覧

五十音順．所属は発行当時のものです．

著者名	所　属	担当項目
阿形清和	京都大学大学院理学研究科	プラナリア
石田正樹	奈良教育大学理科教育講座	ゾウリムシ
市川道教	ブレインビジョン株式会社	ヤリイカ
嬉　正勝	佐賀大学文化教育学部	テナガエビ
大津浩三	島根大学（名誉教授）	エチゼンクラゲ
大畠（尾張）慶子	兵庫県立リハビリテーション中央病院 子どもの睡眠と発達医療センター	ゾウリムシ
尾城　隆	東京海洋大学大学院海洋科学技術研究科	カラマツガイ
加藤哲哉	京都大学フィールド科学教育研究センター	ゴカイ類
川畑俊一郎	九州大学大学院理学研究院	カブトガニ
河原正人	近畿大学水産養殖種苗センター	エチゼンクラゲ
黒川　信	首都大学東京大学院理工学研究科	ミミズ，ヤドカリ
桑澤清明	岡山理科大学理学部	シャコ
小泉　修	福岡女子大学国際文理学部	ヒドラ，コラム3
小柳光正	大阪市立大学大学院理学研究科	コラム1
三枝誠行	岡山大学理学部	アカテガニ，コラム8
酒井正樹	岡山大学（名誉教授）	コラム2
定本久世	徳島文理大学香川薬学部	ヨーロッパモノアラガイ
志賀靖弘	東京薬科大学生命科学部	ミジンコ
滋野修一	（独）海洋研究開発機構 海洋生物多様性研究プログラム	オウムガイ，タコ
柴田俊生	九州大学大学院理学研究院	カブトガニ
水藤勝喜	公益財団法人 愛知県水産業振興基金栽培漁業部	クルマエビ
洲崎敏伸	神戸大学大学院理学研究科	タイヨウチュウ・アメーバ，ミドリムシ
鈴木　忠	慶應義塾大学医学部	クマムシ
鈴木隆仁	大阪大学大学院理学研究科	イタチムシ
高久康春	浜松医科大学医学部	コラム4
高畑雅一	北海道大学大学院理学研究院	アメリカザリガニ，コラム9
田中浩輔	杏林大学保健学部	クルマエビ，オオグソクムシ
田中　晋	産業医科大学産業保健学部	アルテミア
千葉　惇	近畿大学医学部	ヒル

時下進一	東京薬科大学生命科学部	ミジンコ
中野義勝	琉球大学熱帯生物圏研究センター	サンゴ（造礁サンゴ）
長濱辰文	東邦大学薬学部	アメフラシ
並河　洋	（独）国立科学博物館昭和記念筑波研究資料館	カイウミヒドラ類
西　孝子	専修大学自然科学研究所	イソアワモチ
羽生義郎	産業技術総合研究所バイオメディカル研究部門	ヤリイカ，コラム7
半田岳志	水産大学校生物生産学科	サザエ
古川康雄	広島大学大学院総合科学研究科	コラム5
古屋秀隆	大阪大学大学院理学研究科	ニハイチュウ
堀口弘子	浜松医科大学医学部	フナムシ
増成伸文	岡山県農林水産総合センター水産研究所	アカテガニ
松浦哲也	岩手大学工学部	センチュウ
松尾亮太	徳島文理大学香川薬学部	チャコウラナメクジ，コラム6
森滝丈也	鳥羽水族館飼育研究部	オウムガイ
柳　研介	千葉県立中央博物館分館海の博物館	イソギンチャク

はじめに

　日本人は古くから自然を愛し，自然と共に生きてきた．日本庭園に代表されるように，日本人は自らが存在している場所を自然と区別するのではなく，自然の一部となることを享受してきた．万物に神が宿るという自然観を人々はもち，人々の生活空間である村は，里山を挟んで自然へと続いていた．ところが，江戸末期に，産業革命以来発展を続けた欧米諸国が開国を求めて現れ，新しい科学技術や軍事力を見せつけられた日本は，富国強兵国家としての転身を目指し，西洋式の産業や生活様式を急速に取り入れていった．その結果，自然と共に生きるのではなく自然を利用することに没頭し，自然破壊を重ねながら，大量の資源とエネルギーを消費し続ける社会を作り上げてしまったのだ．こうして出来上がった社会によって，われわれは豊かで快適な生活を享受している．しかし，大量の資源とエネルギーを消費し続ける社会が持続可能なものでないことは自明であろう．ところが，人は一度享受した利便性の高い生活様式を手放すことはできず，人口も経済も成長することが不可欠であると考え，さらに大量の資源とエネルギーを欲している．文明社会が大量消費の末に悲劇的な末路を迎えないためには，利便性の質は落とさずに，自然破壊をせずに成長できる産業構造を生み出すことが望ましい．自然と共に生きることが幸せであると感じることのできる自然観をもつ日本人にはそれができるのではないだろうか．そのためにも，自然を知り，日本人らしい自然観をいっそう研ぎ澄ますことが大切になるだろう．

　かつては，動物と共に過ごすことで自然を学ぶという機会がふんだんにあった．虫かごに入れた虫たちの声に耳を澄ますだけでなく，田んぼや小川でカエルやザリガニを捕まえ，川でフナを釣り，山でウサギを追った時代があったのだ．それらの遊びを通し，生き物がもつ生命の淡さと逞しさを知り，生き物の仕組みを体感し，物理学と化学の上に成り立った生物の不思議さと生命の尊さも実感できていたのだ．ところが，自然に棲んでいる動物を手に取り，日常の生活の中に連れてくるという行為が失われてしまった．スーパーでは切り身になった魚がトレイの中に入っていて，もともとの水の中の姿を想像すらできない．骨のついている豚肉や牛肉を見ることができるのはまれで，ほとんどのものが薄くスライスされている．夏になると一時的にペット用のスズムシやカブトムシなどがデパートで売られ，飼育キットまでセットになっている．図鑑を楽しむ子どもたちがいることは救いだが，動物がちょっとしたことで傷ついたり死んでしまったりすることを本から学ぶことはできない．このように自然の中で生きている動物と隔離させられてしまった今，どのように自然観を取り戻せばよいのだろうか．

　本シリーズは，生物研究にどっぷりと浸かり，生命の仕組みについての研究を続けている研究者が動物の飼育法を語る．114名の著者が95に上る動物の飼育法について語り，そこに書ききれなかったトピックスなどをコラムとして折り込んでいる．多様な動物の生きる仕組みを研究している日本比較生理生化学会の会員を中心に執筆を願ったが，不足な動物種については会員外の研究者に

も執筆をいただいた．すべての原稿に対して編集者全員で査読を行い，読者がより読みやすくなるように執筆者に改訂をお願いした．単細胞生物から哺乳類までを一同に集めた飼育法である．行間にあふれる著者たちの生命に対する畏敬の念を，読者は本書を手に取ったときに感じていただけるものと思う．研究者というプロが作り上げた飼育のノウハウを，自ら試してみてもらいたい．飼育し続けることの楽しさと難しさを実感してほしい．本書に記載された方法で動物を飼育すると，いかにプロの研究者たちが生命を大切にしているかを実感できるはずだ．そして「飼育を通してのみ見える生命」があることを体験していただきたい．生きとし生けるものが，人々の日常の中に入り込んでいくことを望んでいる．

　本書を手に取り飼育を実践された方々は，日本人としての自然観と，科学的生命感を学ぶことができるに違いない．生命を学び，生命を知り，生命に畏敬の念をもつ者が社会を作り産業を興せば，次の世代に何を残さなくてはならないか，何をしてはならないかをわかって行動できるようになる．今，本書が出版されることは，自然感が薄らぐ現代においてタイムリーなものである．日本人が良き自然観を取り戻し，よりいっそう世界に誇れる国になれることを祈りつつこの本を世に送り出す．

2012 年 4 月

日本比較生理生化学会
「研究者が教える動物飼育」
編集委員一同

目　　次

タイヨウチュウ・アメーバ	洲崎敏伸	1
ミドリムシ	洲崎敏伸	6
ゾウリムシ	大畠（尾張）慶子・石田正樹	11
サンゴ（造礁サンゴ）	中野義勝	19
エチゼンクラゲ	大津浩三・河原正人	24
イソギンチャク	柳　研介	30
ヒドラ	小泉　修	37
カイウミヒドラ類	並河　洋	46
ニハイチュウ	古屋秀隆	51
プラナリア	阿形清和	58
センチュウ	松浦哲也	64
イタチムシ	鈴木隆仁	70
ゴカイ類	加藤哲哉	75
ミミズ	黒川　信	81
ヒル	千葉　悙	86
クマムシ	鈴木　忠	91
アメフラシ	長濱辰文	99
イソアワモチ	西　孝子	106
サザエ	半田岳志	111
カラマツガイ	尾城　隆	114
チャコウラナメクジ	松尾亮太	120
ヨーロッパモノアラガイ	定本久世	127
オウムガイ	森滝丈也・滋野修一	132
ヤリイカ	羽生義郎・市川道教	137
タコ	滋野修一	143
アカテガニ	三枝誠行・増成伸文	148
アメリカザリガニ	高畑雅一	155
ヤドカリ	黒川　信	162

テナガエビ	嬉　正勝	166
クルマエビ	水藤勝喜・田中浩輔	170
カブトガニ	柴田俊生・川畑俊一郎	178
オオグソクムシ	田中浩輔	182
フナムシ	堀口弘子	186
シャコ	桑澤清明	191
アルテミア	田中　晋	195
ミジンコ	志賀靖弘・時下進一	201

コラム目次

1	分類と系統	小柳光正	4
2	ノーベル賞を受賞した動物行動学の3巨人	酒井正樹	9
3	原生動物の行動制御	小泉　修	17
4	形態形成の基本思想の登場——細胞選別と発生	高久康春	44
5	神経生物学のモデル動物——アメフラシ	古川康雄	104
6	ナメクジにおける嗅覚忌避連合学習	松尾亮太	125
7	神経研究に貢献した巨大軸索	羽生義郎	141
8	月光を感じる生物たち	三枝誠行	153
9	ザリガニと平衡感覚の実験	高畑雅一	160

索　　引	206
学名索引	210

第2巻「昆虫とクモの仲間」
目　　次

ナミハダニ（伊藤　桂）
ハエトリグモ（永田　崇・小柳光正）
コガネグモ（山下茂樹）
トンボ（小神野　豊・椿　宜高）
オオシロアリ（石川由希）
マダガスカルゴキブリ（松本幸久・水波　誠）
チャバネゴキブリ（勝又綾子）
ワモンゴキブリ（渡邉英博）
カマキリ（山脇兆史）
トノサマバッタ（原野健一）
フタホシコオロギ（熊代樹彦）
アメンボ（原田哲夫）
エンドウヒゲナガアブラムシ（石川麻乃）
ツチカメムシの仲間（弘中満太郎）
セミ（森山　実）
カブトムシ（荒谷邦雄）
クワガタムシ（荒谷邦雄）

ゲンジボタル（堀口弘子）
ゴミムシダマシ（市川敏夫）
ヨツボシモンシデムシ（西村知良・近　雅博）
アシナガバチ（山崎和久・佐々木　謙）
セイヨウミツバチ（原野健一）
クロオオアリ（小林（城所）碧・近藤佳子・
　　　　　　　　　真志田　仁・尾崎まみこ）
ヤマヨツボシオオアリ（佐々木　謙）
カイコガ（峯岸　諒・神崎亮平）
スズメガ（安藤規泰）
ナミアゲハ（若桑基博）
ハマダラカ（前川絵美）
ネムリユスリカ（奥田　隆）
ショウジョウバエ（木村賢一）
ルリキンバエ（志賀向子）
クロキンバエ（前田　徹・尾崎まみこ）

コラム1　アフリカの昆虫食（八木繁実）
コラム2　大人の雄は縄張りを示す──体色と行動変化（椿　宜高）
コラム3　手軽にできる衝突実験（山脇兆史）
コラム4　バッタの群生相化（田中誠二）
コラム5　都市のセミの謎（沼田英治）
コラム6　ミツバチの驚異の視覚情報処理能力と8の字ダンス（佐々木　謙）
コラム7　仲間識別感覚──社会性昆虫の絆（近藤慶太）
コラム8　昆虫のフェロモン研究──カイコにまつわる因縁（竹田　敏）
コラム9　海を越えてやってくる害虫たち（藤條純夫）
コラム10　アフリカの大地から宇宙に旅立ったネムリユスリカ（奥田　隆）
コラム11　♂の脳と♀の脳──ショウジョウバエの性行動（木村賢一）
コラム12　吻伸展反射──昆虫の味覚と摂食行動（寺嶋沙樹）

第3巻「ウニ，ナマコから脊椎動物へ」

目　　次

ウニ（幸塚久典・赤坂甲治）
ウミシダ（ウミユリ綱）（幸塚久典・赤坂甲治）
ヒトデ（本川達雄）
ナマコ（本川達雄）
イソヤムシ（後藤太一郎）
ギボシムシ（宮本教生）
ナメクジウオ（窪川かおる）
カタユウレイボヤ（堀江健生・笹倉靖徳）
ヤツメウナギ（保　智己）
キンギョ（吉田将之）
エンゼルフィッシュ（吉田将之）
ゴンズイ（清原貞夫）
ゼブラフィッシュ（小島大輔）
トビハゼ（椋田崇生）

ムツゴロウ（嬉　正勝）
メダカ（杉本雅純）
アカハライモリ（千葉親文）
アフリカツメガエル（弓削昌弘）
ウシガエル（齋藤夏美）
メキシコサラマンダー（竹内浩昭）
シマヘビ（森　哲）
ニホントカゲ（森　哲）
ジュウシマツ（竹内浩昭）
ニワトリ（古瀬充宏）
マウス（吉田竜介）
ラット（濱田　俊）
カイウサギ（飯田　弘）

コラム1　毛顎動物の分類――前口動物と後口動物の狭間（後藤太一郎）
コラム2　脊椎動物の祖先（窪川かおる）
コラム3　キンギョの個体識別法（吉田将之）
コラム4　クロマグロの養殖と視覚特性（松本太朗）
コラム5　魚類の性転換（堀口　涼）
コラム6　モデル脊椎動物としてのゼブラフィッシュ（小島大輔）
コラム7　クローン動物作製のはじまり――アフリカツメガエル研究の歴史と現在（佐藤賢一）
コラム8　特定外来生物について（妹尾圭司）
コラム9　動物の飼育にあたって（桑澤清明）

タイヨウチュウ・アメーバ

洲崎敏伸

1. はじめに

　原生動物のなかには，餌を食作用によって捕獲することにより栄養を摂取している（従属栄養生物に分類される）ものがいる．それぞれの原生動物は，その種に固有の，限定された種類の餌しか捕食しない場合もあるが，多くの原生動物はクロロゴニウム（*Chlorogonium*）属の単細胞緑藻類を好んで捕食する．このような原生動物としては，アメーバのなかま(オオアメーバ(*Amoeba proteus*, **写真1**)，ミドリアメーバ(*Mayorella viridis*) など)，ゾウリムシのなかま(ゾウリムシ(*Paramecium caudatum, Paramecium multimicronucleatum*)，ミドリゾウリムシ(*Paramecium bursaria*)，ユープロテスなどの繊毛虫 (ユープロテス (*Euplotes aeduculatus*)，スティロニキア (*Stylonychia mytilus*)，スピロストマム (*Spirostomum ambiguum*)，ラッパムシ (*Stentor coeruleus*)，ブレファリズマ (*Blepharisma japonicum*)，ハルテリア (*Halteria grandinella*)，ツリガネムシ (*Vorticella* spp.) など)，タイヨウチュウ（オオタイヨウチュウ（*Echinosphaerium akamae*），タイヨウチュウ（*Actinophrys sol*, **写真2**)，ハリタイヨウチュウ（*Raphidiophrys contractilis*）など）が挙げられる．これら以外にも，多くの原生動物種が，クロロゴニウムを餌とする同じ方法で飼育できる．したがって，これらの原生動物を飼育するためには，まず餌のクロロゴニウムを培

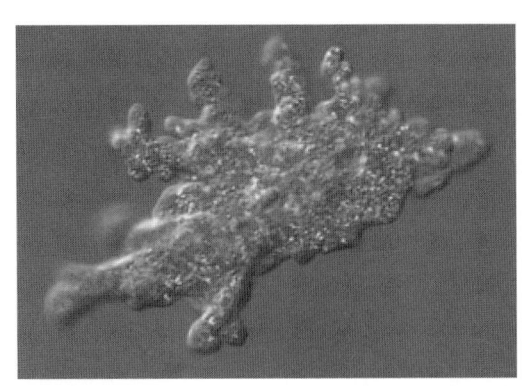

▶**写真1**　オオアメーバ（*Amoeba proteus*）の光学顕微鏡写真

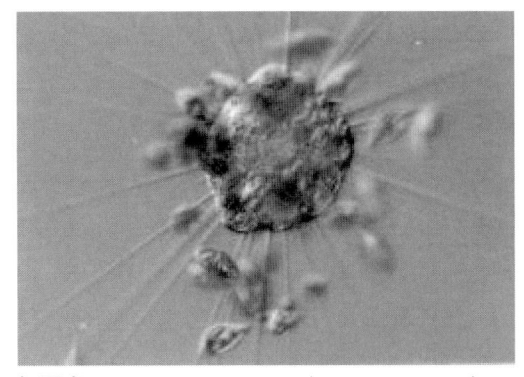

▶**写真2**　タイヨウチュウ（*Actinophrys sol*）の光学顕微鏡写真
餌のクロロゴニウム（*Chlorogonium capillatum*）を，細胞の周囲に伸長させている軸足に付着させて捕獲している．

養し，それをそれぞれの原生動物に与えるという方法を用いるとよい．

2．飼育方法

ⓐ 原生動物の入手方法と採集方法

　国内で原生動物を販売している機関は，ほとんど存在しない．唯一，岩国市立ミクロ生物館から，繊毛虫ユープロテスの実験キットが通販で入手できる[1]．このキットには，餌のクロロゴニウム（*Chlorogonium capillatum*）も含まれているので，これを用いれば，他の原生動物の培養にも用いることができる．このキットは，原生動物の形態観察（繊毛運動や収縮胞の運動など）や，細胞周期に伴う核の変化を観察するためのものである．他の原生動物の多くもミクロ生物館で培養しているので，問い合わせれば譲渡してもらえる場合もあるし，入手可能な国内の研究機関を紹介してもらえる（問合せメールアドレス：micro@shiokaze-kouen.net）．種類によっては，無菌的に培養されているものもある（ミドリゾウリムシ，タイヨウチュウ，ハリタイヨウチュウなど）．

　多くの原生動物は，野外から比較的簡単に採取できる．**写真3**は，野外で原生動物を採集している様子を示す写真であるが，このように10～50 mLの水を，少量の沈殿物や腐敗した落ち葉などとともに適当な容器に採取して持ち帰る．水底の泥は，多く取りすぎると水が濁って観察しづらくなるので避けるほうがよい．

ⓑ クロロゴニウムの培養方法

　クロロゴニウムは，多くの原生動物のよい餌ではあるが，なるべく小型のクロロゴニウム種を用いるほうがよい．原生動物の口に入らないサイズだと，摂食することができないからである．実際，小型のゾウリムシは，クロロゴニウムでは培養できない場合がある．上述の*Chlorogonium capillatum*は，細胞の大きさが10～20 μmと，最も小型のクロロゴニウムであり，餌として用いるために適している．クロロゴニウムの培養には，ミネラルウォーター（Volvicや六甲のおいしい水®のような軟水がよい）に0.1％の濃度でハイポネックス®（植物の市販の培養液）を混ぜたもので簡単に培養できる．クロロゴニウムを混ぜた培養液を三角フラスコやペットボトルなどに入れ，アルミ箔で軽く栓をした状態で直射日光の当たらない窓際に置いておくと，2週間くらいでフラスコいっぱいに増え，その後半年～1年くらいは維持できる．ハイポネックス®で培養したクロロゴニウムを餌として使用する場合には，遠心（500～1,000 rpm程度の低速遠心で約5分，卓上のミニ遠心器で1分程度，あるいは手回し遠心器で5分程度）でクロロゴニウムを集めた後に，上記のミネラルウォーターで外液を置き換えてから原生動物に与える必要がある．理由は不明であるが，多くの原生動物にとっては，0.1％ハイポネックス®水溶液は有害だからであろう．

飼育スタート物品一覧

品　名	型　式	メーカー	参考価格
実体顕微鏡	VCT-VBL1	島津製作所	30,000 円
手動遠心分離器	V900	ネットオン	16,000 円

▶表1　クロロゴニウム培地の組成

酢酸ナトリウム	1 g
ポリペプトン	1 g
トリプトン	2 g
酵母エキス	2 g
$CaCl_2 \cdot 2H_2O$	10 mg
再蒸留水を加えて 1,000 mL とする．	

▶写真3　原生動物を採集している様子
池や沼からすくい取った水を，腐敗した落ち葉などとともに採取するとよい．

　クロロゴニウムを大量に増やしたい場合には，無菌培養が必要である．この場合にはあらかじめ無菌化したクロロゴニウムを入手する必要があるが，これもミクロ生物館より無菌化された $C.$ $capillatum$ が入手可能である．培養には，まずクロロゴニウムの培地を作製する（**表1**）．培地は20倍の濃度で調整したものを作製し，通常の冷凍庫で冷凍しておけば長期保存が可能で，使用時に20倍に希釈する．次に，培地を適当な容器（三角フラスコなど）に入れ，オートクレーブ滅菌する．培地が冷めたら，クリーンベンチ内で適当量のクロロゴニウムを植え継ぐ．クロロゴニウムの初期密度にもよるが，数日でフラスコはクロロゴニウムで満たされて緑色になる．これを，上述のとおり遠心操作によりミネラルウォーターで洗い，原生動物に与える．

● 原生動物の野外からの単離方法

　上述の方法で野外から採集してきた水の中には，最初はほとんど原生動物の姿が見られないかもしれない．しかし，この水をシャーレの中に朽ちた枯れ葉などと一緒に入れ，さらに2, 3粒の玄米か小麦粒を入れて，20〜25℃程度の室内に放置しておくと，1週間くらいで多くの原生動物が観察されるようになる．最初はシスト（休眠状態の細胞）として眠っていた原生動物が次第に脱シストし，米や麦粒を栄養源として増殖したバクテリアを食べて殖えてくるからである．このようなシャーレに，さらにクロロゴニウムを加えておくと，クロロゴニウムを食べることのできる原生動物が盛んに増殖するようになる．このような原生動物は，食べたクロロゴニウムを含有する食胞をもち，緑色（クロロゴニウムの色）に見えるのですぐわかる．そこで，これらの原生動物を，先を細くしたピペットで単離し，別のシャーレに移す．これにクロロゴニウムを適当量加えていけば，その原生動物のみを増やすことができる．さらに，特定の種類の原生動物のみを多量に培養する必要があれば，餌のクロロゴニウムも殖やしたい原生動物も無菌的に維持すると，安定的な大量培養系を構築することができる．タイヨウチュウ（$Actinophrys$ sol）の無菌大量培養の事例を参考文献として挙げておく[2]．

3. おわりに

クロロゴニウムを用いた原生動物の培養法は，多くの原生動物を比較的簡単な単一の方法で培養することができるので，タイヨウチュウやアメーバに限らず，多くの原生動物に応用できる方法である．

コラム1

分類と系統

小柳光正

　地球上には多種多様な生物が存在している．生物学者はこれら多様な生物をおもに形態的・発生学的特徴に基づいて階層的に分類することで，生物多様性を体系的に理解するよう努めてきた．近代分類学の基礎を築いたのはリンネ (Carl von Linne) である．リンネは，生物の学名を「種名（種小名）」とその上の階層の分類単位である「属名」の2語のラテン語によって表現する二命名法を考案し，さらに複数の上位分類単位を用いることで，多様な生物を簡潔かつ体系的に記述した．その概念は後の分類学者によって発展され，一般によく知られている「界・門・綱・目・科・属・種」という分類体系が構築された．たとえばヒトは，属名 *Homo*，種小名 *sapiens* の2語によって学名 *Homo sapiens* と表され，動物界脊索動物門哺乳綱霊長目ヒト科に属する．

　分類というのは，あくまでも人間がつくった枠組みであるため，解析手法の進歩や新種の発見などによって時代とともに変更されてきた．とくに，最上位の分類単位とされていた「界」については，地球上のすべての生物を最初にどう分割するかという重要な問題であるため，多くの学説が提唱された．そのなかで，現在の分類体系の基本として広く受け入れられているのはフィッタカー (Robert Harding Whittaker) による5界説であろう．フィッタカーは，核をもたない原核生物のモネラ界，そして核をもつ真核生物を，単細胞生物の原生生物界，植物界，菌界および動物界に分け，合計5つの界に分類した．さらに20世紀後半という比較的最近になって，ウース (Carl Richard Woese) は古細菌という原核生物の一群が従来の原核生物（真正細菌）とは大きく異なることを見いだ

4. 参考文献

1) 岩国市立ミクロ生物館：http://shiokaze-kouen.net/micro/
2) Sakaguchi, M. and Suzaki, T.（1999）Monoxenic culture of the heliozoon *Actinophrys sol*. *Eur. J. Protistol.*, **35**, 411-415.

きる．

さて，分類が生物を体系的に理解するために必要不可欠である点には疑いの余地はないが，生物の進化の順序，すなわち系統関係とは必ずしも一致していない点は注意すべきである．わかりやすい例は爬虫類と鳥類の関係である．これらは「綱」という分類単位で分けられる別々の分類群（爬虫綱と鳥綱）であるが，系統関係を見ると，鳥類は爬虫類の内部系統であり，言い換えれば，爬虫類のみによる単系統群というものは存在しないことがわかる（**図**）．より具体的には，ワニから見ると同じ分類群のトカゲやカメよりも別の分類群に属するトリのほうが近縁となり，分類群と系統群が一致しないのである．面白いことに，動物を飼育する者が遵守しなければならない「動物愛護法」では，「哺乳類，鳥類，爬虫類」を愛護動物に定めている．多くの人は哺乳類・鳥類とそれ以外の動物との間に大きな溝を感じているようで，その感覚からするとこの区分は意外に思えるかもしれない．しかし系統的な視点に立てば，この区分は理にかなっていると感じられるのではないだろうか．

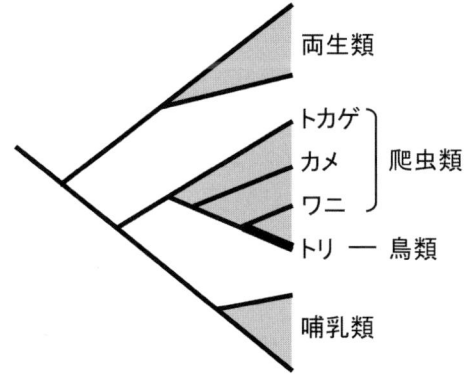

図 両生類，爬虫類，鳥類および哺乳類の系統関係
爬虫類と鳥類で単系統群（網掛け）をつくる．爬虫類の系統関係は，現在，最も支持されている説に基づいた．

し，「ドメイン（あるいは超生物界）」という「界」のさらに上位の分類単位を設け，地球上の全生物を真正細菌，古細菌，真核生物という３ドメインに分ける分類体系を提唱した．最大の分類単位を導いたウースの発見は分類学においてきわめて大きな発見といえよう．飼育している動物の詳しい分類に興味があれば，インターネット上で公開されている National Center for Biotechnology Information（NCBI）の Taxonomy のデータベース（http://www.ncbi.nlm.nih.gov/taxonomy）を利用すれば調べることがで

ミドリムシ

洲崎敏伸

1. はじめに

　ミドリムシ（ユーグレナ（*Euglena*））は，エクスカバータ類に属する鞭毛虫類の総称であり，一般的には1本の鞭毛を用いて遊泳運動を行う，おもに淡水産の原生生物である．顕微鏡で観察すると，細長い細胞の中心に存在する核や，貯蔵炭水化物（パラミロン）の顆粒構造，光を感知する構造の一部である赤色の眼点などが観察できる（**写真1**）．ミドリムシは葉緑体を有し，緑色であると思われがちであるが，約2/3の種は葉緑体をもたない白色系統である．ミドリムシの葉緑体は，単細胞緑藻類が細胞内二次共生を行った結果生じたと考えられており，ミドリムシの祖先的形質を維持していると考えられているペラネマ（*Peranema*）などは葉緑体をもたず，細胞の前端部に細胞口をもち，捕食栄養によって生活している．緑色のミドリムシは，葉緑体を獲得した結果，光合成を行うことにより成長する．ミドリムシの細胞口は退化しており，固形物を捕食することはないが，細胞表面から可溶性の栄養物を吸収できる．ミドリムシを暗所で長期間培養したり，抗生物質ストレプトマイシンなどのような，さまざまな化学物質で処理することにより，葉緑体を欠失した系を実験的に作製することができる．このように人為的に作製した白色系統のミドリムシは，ふたたび緑化することはない．自然界に存在する白色のミドリムシは，このような葉緑体の欠失により生じたものと思われる．

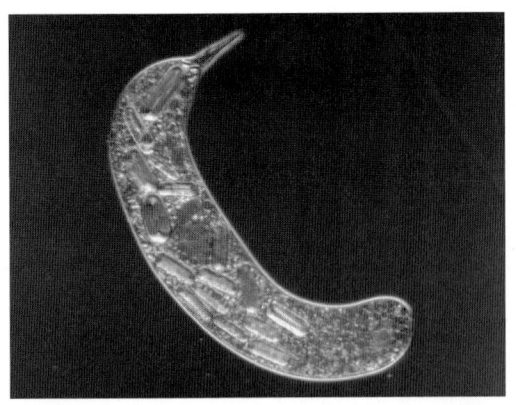

▶写真1　ミドリムシ（*Euglena* sp.）の光学顕微鏡写真　　　　　　　　（カラー写真は口絵1参照）

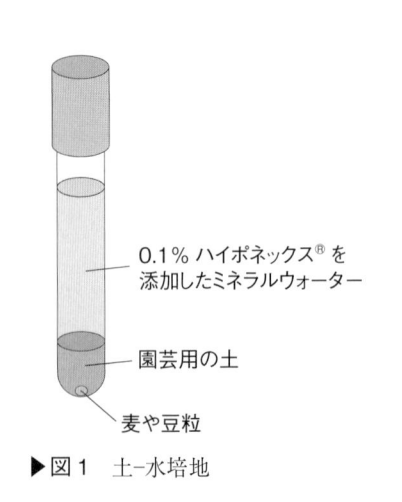

▶図1　土-水培地

0.1％ハイポネックス®を添加したミネラルウォーター
園芸用の土
麦や豆粒

ミドリムシの葉緑体は上述のように緑藻類由来なので，葉緑体を大量に得ることのできるミドリムシは，植物の葉緑体を研究するうえでよい実験材料である．また，ミドリムシの細胞は，ユーグレナ運動というミドリムシに独特な細胞体の変形運動（細胞が丸くなったり長くなったりという運動を繰り返す）を示すので，細胞運動の研究にも用いられている．さらに，ミドリムシに近縁のキネトプラスト類には，ヒトや家畜に深刻な病気をひき起こすものも知られている（リーシュマニアやトリパノソーマ）．また，ミドリムシは，重金属や放射性物質などを細胞内に蓄積する性質があるので，土壌や水環境の改善に利用するための研究も行われている．

　ミドリムシにはさまざまな大きさの種が存在する．小さいものは長さが20〜30 μmであるが，大きいものは1mmを超える種もいる．一般に，大型の種ほど培養は困難であり，研究材料としてよく用いられる *Euglena gracilis* は，細胞長が約60 μmである．

2. 飼育方法

a 入手方法と採集方法

　国内では，数種類のミドリムシ類（*Euglena gracilis, E. clara, E. mutabilis, E. viridis, Eutreptiella gymnastica*）が，国立環境研究所微生物系統保存施設（http://mcc.nies.go.jp/）から入手が可能である．国外では，英国のCCAP（Culture Collection of Algae and Protozoa）やATCC（American Type Culture Collection）などから，さまざまな種が入手可能である．野外から採集する場合には，春から秋にかけて，比較的日当たりのよい，有機物の豊富な池や水田などで簡単に採集できる．とくに，水面が緑色や赤色になっているような場合には，ミドリムシが大量に含まれる場合が多い．無色のミドリムシ類は，有機物を多く含む溝などによく見られる[1]．ユーグレナの種は，細胞の形状（後端部が丸いか尖っているか）や，葉緑体やパラミロン顆粒の数や形状で，おおまかに同定することができる．同定のための情報は，「原生生物情報サーバ」（http://protist.i.hosei.ac.jp/index-J.html）に詳しく掲載されている．

b ミドリムシの培養方法

　ミドリムシは無菌条件で培養可能な種が多く，培養には光独立栄養培地であるCramer-Myer培地[2]や，従属栄養的に培養する場合にはHutner培地（http://mcc.nies.go.jp/medium/ja/hut.pdf）やKoren-Hutner培地[2]などが用いられる．いずれの場合にもビタミンB_1とB_{12}を培地中に添加することが必須である．最も簡便に無菌培養を行う場合には，クロロゴニウム培地（「タイヨウチュウ・アメーバ」の項参照）を用いることもできる．この場合にはビタミン類の添加は必要ない．無菌培養のミドリムシは，培地に2%寒天を添加した寒天スラント培地の表面に塗付することで，バクテリアや酵母のようにコロニーを形成させることができ，株を長時間保存することが可能である．非無

飼育スタート物品一覧

品　名	型　式	メーカー	参考価格
実体顕微鏡	VCT-VBL1	島津製作所	30,000円

菌条件で培養する場合には，AF-6培地（http://mcc.nies.go.jp/medium/ja/af6.pdf）や，0.1％ハイポネックス®を加えたミネラルウォーターを用いる．植え継ぎは数カ月に1度でよい．ミドリムシの培養に適した温度は20～30℃であり，光源付きの培養庫か，直射日光が当たらない窓際に置いておく．

上記の方法で培養できるミドリムシは，無菌条件・非無菌条件によらず，おもに小型の種に限られる．大型のミドリムシは，**図1**に示すような自然の土を含む培地（土−水培地，soil-water medium）を用いると培養できる場合がある．この培地は，以下のように作製する．

（1）試験管の底に1粒の麦（豆や玄米でもよい）を入れる．
（2）その上に，園芸用の土を1～2 cmの深さに入れる．用いる土の種類は，試行錯誤で選ぶ．
（3）さらにその上に，0.1％ハイポネックス®を加えたミネラルウォーター（Volvicか六甲のおいしい水®がよい）を加える．
（4）一晩放置する．
（5）121℃で20分間オートクレーブする．
（6）さらに一晩放置し，次の日にもう一度121℃で20分間オートクレーブする．オートクレーブを繰り返すのは，土壌中に含まれるシスト化した原生動物や微生物などを完全に死滅させるためである．

このように作製した培地は1週間程度静置した後，ミドリムシを植え継ぐ．培地は，直射日光の当たらない窓際か，20～30℃の光源付きインキュベーター中に静置する．一般的にミドリムシが増殖する速度は遅く，増殖を確認できるまでには2～3週間は必要である．しかし，このような方法でも，きわめて大型のミドリムシ（*E. ehrenbergii*や*E. oxyuris*）を培養することは難しい．

3．おわりに

土−水培地は，ミドリムシに限らず，培養が難しいさまざまな原生動物を培養することのできる方法である．また，0.1％ハイポネックス®を加えたミネラルウォーターを用いる方法は，手間をかけずに長期間の保存が可能なので，ミドリムシを学校教材として使用する場合には最適な方法といえる．

4．参考文献

1) 重中義信監修（1998）『原生動物の観察と実験法』，共立出版．
2) 北岡正三郎編（1989）『ユーグレナ生理と生化学』，学会出版センター．

コラム2

ノーベル賞を受賞した動物行動学の3巨人

酒井正樹

　近代行動学の祖は，チャールズ・ダーウィン（Charles Darwin, 1809～82）である．彼は，著書『種の起源』（1859）の中に「本能」という1章をもうけ，そこで本能行動の進化を論じた．また，『人間の由来』（1871）や『人間と動物の感情表現』（1872）を著した．彼の洞察には現代にも通用する鋭いものがあるが，動物行動の研究はその後発展しなかった．博物学者や心理学者また生理学者らの間には交流がなく，彼らは狭い自分たちの領域での観察や実験に満足していたのである．しかし，20世紀に入るとナチュラリストの出である3人の研究者が精力的に活動を開始した．年長順に，オーストリアのカール・フォン・フリッシュ（Karl von Frisch, 1886～1982），コンラート・ローレンツ（Konrad Lorenz, 1903～89），それとオランダのニコラス・ティンバーゲン（Nikolas Tinbergen, 1907～88）である．3人は1973年ノーベル生理学・医学賞を受賞している．

　フリッシュは，自然愛好家の家庭に育ち，子どものころからオーストリアのザルツカンマーグート地方にある自然豊かな別荘で多くを過ごした．ウィーン大学では医学部に在籍．当初，魚類の体色変化や松果体の研究をしていたが，やがて昆虫の視覚系に興味をいだき，ミツバチの色覚を証明する実験を開始した（1912）．その過程で，ミツバチが何らかの方法により仲間に餌場を知らせているに違いないと確信し，周到な実験によってダンスによる情報伝達を発見した（1919）．当初，円ダンスは蜜集め，尻振りダンスは花粉集め用と考えていたが，これは誤りであった（1938）．シンボルを使ったコミュニケーション手段である「ミツバチの言語」というのは，あまりにもとっぴな主張のため，数々の批判にさらされたが，ミュンヘン大学の教授となった後も多くの弟子たちを動員し，膨大な成果を積み上げた．彼の研究は，行動面ではリンダウアー（Lindauer, M.）神経生理面ではメンツェル（Menzel, R.）など多くの研究者に引き継がれ，さらに日本の研究者も彼らに続いている．フリッシュの著書『ミツバチの不思議』（1953）は現在も色あせてはいない．

　ローレンツは，子どものころからウィーンの森アルテンベルクの自宅で多くのペットに囲まれて暮らしていた．そのあたりの事情は『ソロモンの指環』（1960）に詳しい．彼は，ウィーン大学で医学，比較解剖学，心理学を学んだ．先人の博物学者ハインロート（Heinroth, O.）の流れをくんで鳥類の研究を行い，いわゆる「刷込み」を発見した．1940年ころからは，動物の本能についての理論的構築に取り組み，とくに解発因と固定的反応パターン，また反応特異的エネルギー理論などを提唱した．これらは動物行動研究への強力な指針となり，若い研究者を刺激した．

彼による「本能」とは，中枢神経系の中に生じる自律的緊張であり，本能行動とは，それが解放されるプロセスである．この考え方は，行動というものをすべて反射の連鎖と見なしていた当時の閉塞状況に風穴を開けた．現在では，彼のモデルはあまりにナイーブすぎ，古典的価値しかないと思えるふしもあるが，動物のもつ自発性という問題を考える際には，なお有効である．彼は，動物行動の意味については，種の存続を重視し，ハミルトン（Hamilton, W. D.）やウィルソン（Wilson, E. G.）による個体の存続という考え方は，最後まで受け入れなかった．

ティンバーゲンは，オランダのライデン大学で動物学を学んだが，当初は科学者としてよりも，アイスホッケーや棒高跳びなどスポーツ選手として名をはせた．卒業後グリーンランド探検に参加し，ホオジロ，ヒレアシシギ，それにエスキモー犬についての研究を行った．その後，鋭い観察眼で，ジガバチ，カモメ，トゲウオなどの詳細な行動目録をつくりあげた．1936年ライデン大学に招かれたローレンツに初めて出会い，2年後彼を訪問している．これがきっかけとなり，ローレンツのいう解発因というものについて，実験的研究をスタートさせた．この解発因の研究は，後にパターン認識に関する神経機構の研究をおおいに刺激した．1938年，彼は米国を訪問したが，そこで全盛期の行動主義を目の当たりにし，いたく困惑した．このときの講演がもとになって『本能の研究』(1950)が出版された．ちなみに，行動主義とは，ワトソン（Watson, J. B.）やスキナー（Skinner, B. F.）などの心理学者が，ハトとラットを用いて学習を研究した分野であり，環境や経験の役割を極端なまでに主張する行き方である．遺伝に基づく種の特性を重視する博物学を受け継いだティンバーゲンには，とうてい受け入れがたいものであったと思われる．

戦後，生活の困窮もあって，ハーディ（Hardy, A. C.）卿の招きに応じ，英国のオックスフォード大学に移り，次第に行動生態学へと傾斜していった．晩年(1970〜)は自閉症の研究に取り組み，原因として後天的影響を重視する立場をとったが，それは現代の脳機能障害重視の見方とは相容れない．ベイトソン（Bateson, G.），モリス（Morris, D.），ドーキンス（Dawkins, R.）ら著名な学者を育てた．彼の有名な4つの"なぜ"すなわち「しくみ，発達，意味，進化」は，動物行動学にたずさわる者にとって，今も重要な研究指針となっている．

ゾウリムシ

大畠（尾張）慶子・石田正樹

1. はじめに

中学校に入学して新しい理科の教科書をあけると，巻頭にカラーのページがあり，淡水棲のプランクトンが多数登場する．これらのプランクトンは，中学理科では「身近な生物の観察」という単元において，顕微鏡の使い方の修得を兼ねた実習の材料として用いられる．その代表的な例の一つがゾウリムシ（写真1）である．ゾウリムシは，単一の細胞からなる原生生物であり，細胞の電気的状態が変化することによって前進したり後進したりする．このために「泳ぐ神経細胞」ともいわれ[1]，かつては大学の生理学研究室でよく使われてきた材料でもある．「単細胞」だからといって，単純明快ですべての機能が解明されているというわけではない．現在においても，走性，繊毛運動，細胞骨格，浸透圧調節，膜輸送，細胞内共生など，さまざまな研究で用いられており，たった1つの細胞内に，多細胞の個体に匹敵するほどの多彩な生理機能を備えた単細胞生物である．

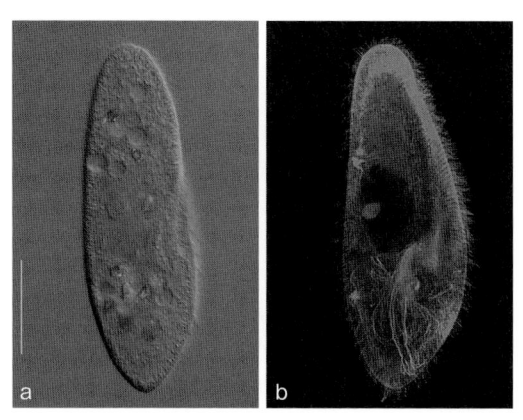

▶写真1　ゾウリムシ（*Paramecium caudatum*）
(a) 微分干渉顕微鏡像，スケールバー：50.0 μm,
(b) 抗α-チューブリン抗体を用いて細胞骨格を緑色蛍光標識したもの．（文献2）Fig.2A より改変）
（カラー写真は口絵2参照）

飼育スタート物品一覧

品　名	型　式	メーカー	参考価格
実体顕微鏡			
試験管(27 mL, ϕ 18×180 mm)	us8-615-1693	Pyrex	100 円
試験管用アルミキャップ M-6 (アルミホイルで代用可能)	6-355-06	アズワン	84 円
250 mL ねじ口瓶 (ガラス製, 耐熱キャップ付き)	2-075-02	アズワン	1,510 円
500 mL ねじ口瓶 (ガラス製, 耐熱キャップ付き)	2-075-03	アズワン	1,910 円
500 mL 三角フラスコ	4980FK500	Pyrex	1,120 円
100 mL ビーカー(麦煮沸用)	1000BK100	Pyrex	319 円
3,000 mL TPX ビーカー	1-6165-07	アズワン	1,869 円
ガスバーナー	ガスの種類による	アズワン	3,000 円
パスツールピペット	842-14-51-03	東京硝子器械	6,400 円
シャーレペトリ皿 ϕ 90 mm	KN3131783	東京硝子器械	525 円
白金耳（あるいは竹串）	1-6775-02	アズワン	4,000 円
薬さじ	ミクロスパーテルステンレス製 210 丸細	東京硝子器械	252 円
洗瓶	1-4640-02	アズワン	265 円
圧力釜または鍋(間欠滅菌用)	家庭用		
アルミホイル	家庭用		
蒸留水	047-16783	和光純薬工業	2,500 円（2 L）
殻付き小麦（小麦種子）			300 円（100 g）
稲わら			200 円（1 kg）
寒天	016-08722	和光純薬工業	2,500 円（25 g）
トリプトン	524-00935	和光純薬工業	13,400 円（500 g）
酵母エキス B2 (yeast extract)	B42158	オリエンタル酵母工業	2,500 円（200g）
塩化ナトリウム	198-01675	和光純薬工業	700 円
カロリーメイト缶	カフェオレ味	大塚製薬	210 円
$CaCO_3$	034-19075	和光純薬工業	1,450 円（500 g）
ハカリ	家庭調理用		
——以下は推奨——			
デプレッションスライド (プレス型血液反応板)	東北大方式 T16-R013	東新理興	1,500 円
オートクレーブ, 乾熱滅菌機, クリーンベンチ			

2. 飼育方法

ゾウリムシの飼育方法は，与える餌の観点から大きく2つに分けられる．ゾウリムシの餌は主にバクテリア（細菌）や小さな有機物の破片であるが，細菌を液体培地で増殖させて用いる「共存培養法」と，細菌などの餌生物を必要としない「無菌培養法」がある．無菌培養法では，完全な人工の培地を用いるので，細菌からの遺伝子や生理活性物質の混入がなく，生化学実験や遺伝子実験に適した培養法である．しかしながら，クリーンベンチを用いた無菌操作が必須であるうえに培地用の薬品が高額になるため，啓蒙的な本書の理念を考えると，ここではおもに共存培養法について述べることとする．

ⓐ 入手方法

池や湖などの止水において，水草や藻類の生えた場所や，枯葉などの沈んでいるあたりの水をピペットなどで採取する．ゾウリムシの餌となる細菌は，枯葉のような有機物を餌として繁殖している．したがって，採集に際しては，そうした枯葉も一緒に採集してくることを勧める．採取してきた水は，シャーレなどの透明な浅い皿に移し，そこに殻付きの小麦（2〜3分程煮沸し，室温まで冷ましたもの）を1粒加え，室温（15〜25℃程度）で放置しておく[3]．採取直後の水にゾウリムシが発見できない場合でも，数日もすれば小麦を餌に細菌が繁殖し，それを餌にゾウリムシが増殖して見つけやすくなる．また，ゾウリムシは中性付近の水を好むので，シャーレに耳かき1杯ほどの$CaCO_3$を加えておけばpHは中性付近で安定する．

次に以下の操作によって，ゾウリムシ株を単離する．上記のシャーレを実体顕微鏡のステージにのせ，40倍程度で観察する．顕微鏡下で，ゾウリムシを先の細いピペット（通常のパスツールピペットをガスバーナーで熱し，細く引いたもの）で1匹だけ取り，蒸留水を間欠滅菌（100℃，15分間の条件で煮沸したあと一晩室温で放置してふたたび煮沸，さらにもう一晩放置後煮沸する方式．滅菌に計3日間を要する）した「滅菌水」をのせたシャーレに移し洗浄する．あらかじめ1つのシャーレに滅菌水を10滴ぐらい置いておき，煮沸水中で滅菌したピペットを使って，ゾウリムシを新しい滅菌水（別の水滴）中に移す．この作業を繰り返してゾウリムシを洗浄した後，培養液の入った液に移す．

ゾウリムシは適正な環境下で1日約1〜数回の細胞分裂を繰り返すので，数日のうちに個体数が増える．野外では，一般にいうゾウリムシ（*Paramecium caudatum*）のほか，クロレラを共生して緑色を呈するミドリゾウリムシ（*Paramecium bursaria*）が採取できることが多い（ゾウリムシの分類については文献4），5）またはWebサイト10）を参照）．

ⓑ 飼育環境

通常，培地は室温（15〜25℃程度）に保つ．長期維持が目的であれば恒温器を用いて，低めの10〜15℃程度に保つ（注意：4℃以下では死滅する恐れがある）．実験材料として飼育する際には，分裂が盛んに行われる24℃前後で培養すると1日に1〜数回分裂し続け，共存培養法で約1,000匹/mL，無菌培養法では約8,000匹/mLほどに増殖する（共存培養による増殖曲線の一例を**図1**に

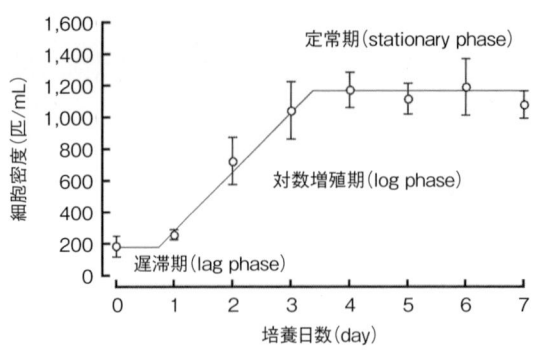

▶図1　共存培養法によるゾウリムシの増殖曲線

示す).

ⓒ 飼育培地

(1) 稲わら培地（写真 2）

　乾燥した稲わら（ホームセンターなどで入手，園芸用で構わない）を 4〜5 cm に切り，1 L の水につき 10 g の稲わらを入れ，液が淡褐色になるまでフラスコなどの中で約 15 分間沸騰する（滅菌装置でもよい）．稲わらを入れたまま一晩放置し，ゾウリムシを植え継ぐ（**写真 3**）[3]．稲わらを煮出すと，芽胞をもち高い耐熱性のある枯草菌（*Bacillus subtilesaruiha*）以外の微生物やバクテリアは死滅する．一晩放置することによって枯草菌の芽胞が発芽して増加するので，この枯草菌の増えた稲わら培地を培養液として用いる．1〜2 カ月おきに，ゾウリムシが十分に増殖した古い培養液を半分ほど捨て，新しく作製した培地を継ぎ足して培養を維持する．これは最も簡単な方法であり，教育現場での継代維持には適している方法である．

　細菌の維持には，細菌の汎用培地である LB 寒天培地（トリプトン 1％，酵母濃縮エキス粉末 0.5％，塩化ナトリウム 1％，寒天 1.5％）を用いる．この寒天培地にゾウリムシの餌となる枯草菌を植えて増殖させ，ストックしておく．細菌にはそれぞれの増殖に適した培地があるが，ここでは細菌の増殖が主たる目的ではないので，作製が簡単で安価な培地を選択した．

　研究室では餌の細菌として口腔内や腸管内の常在菌である肺炎桿菌（*Klebsiella pneumoniae*）がよく使われているが，病原性のある細菌であり，免疫力の低下したヒトに感染して肺炎などの感染症をひき起こしうることから，教育現場では避けることが望ましい．その代用として，前述の枯草菌を用いることを勧める．

(2) カロリーメイト® 培地

　カロリーメイト®（大塚製薬，液体，カフェオレ味）を最終濃度 0.25％ になるように蒸留水に加え（1 L の蒸留水にカロリーメイト® 2.5 mL），これを試験管などに入れて蓋をして滅菌する[6]（滅菌装置がない場合は，煮沸したものでよい）．十分に冷却したら，植菌して室温で一晩置き，翌日ゾウリムシを接種する．この培養法では，約 1〜2 週間おきに植え継ぐことを勧める．また，カロリーメイト® 培地の場合の簡易法として，ゾウリムシが増殖した培地（枯草菌を含む）2 mL 程度

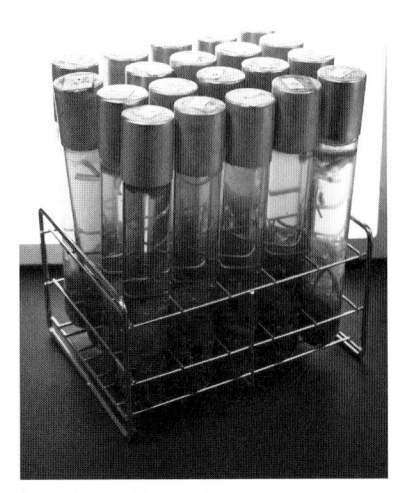

▶写真2 稲わら培地
稲わらは入れたままで構わない．

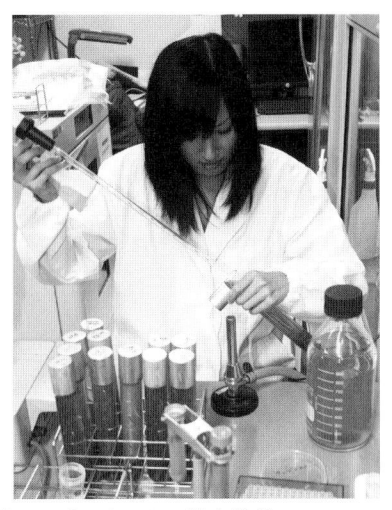

▶写真3 ゾウリムシの植え継ぎ
ガスバーナーで上昇気流をつくり雑菌の混入を防ぐ．栓をする前後には栓の口をバーナーの火で焼く．

を，植菌していない新しい培地 12 mL に加えることで，細菌とゾウリムシが同時に増殖するのを待つという方法もある．0.25% とはいえ，この培地は栄養豊富なために枯草菌が先に増えるので，こうした簡便法も可能である．この場合には約 1 週間おきにゾウリムシを植え継ぐ．

(3) レタスジュース培地

「サニーレタス」を洗い太い主脈をとる．500 g のレタスで 1 L のストック用培地（培地 40 L 相当）がつくれる[7]．レタスは洗浄した後，沸騰している蒸留水に約 30 秒間浸して酵素を失活させ，別の容器に準備した蒸留水中で冷却する．このレタスに蒸留水を加えながらミキサーにかける．得られた溶液を 8 枚重ねにしたガーゼで濾過し，蒸留水で希釈してストック用培地とする（レタス 500 g を最終量 1 L に希釈する）．ストック用培地は滅菌可能な容器に移して間欠滅菌し，冷蔵庫で保存するか冷凍保存する．培地として使用する際には，アルミ箔を二重にして栓をし，ストック用培地を蒸留水で 40 倍に希釈し，$CaCO_3$ を耳かき 1 杯ほど加え，さらに滅菌（100℃，15 分間の条件で煮沸）し，滅菌後十分に冷却したら，植菌して室温で一晩置き，翌日ゾウリムシを植え継ぐ．なお，培養の維持においては，約 1 週間おきに植え継ぐことを勧める．

カロリーメイト®培地やレタスジュース培地を用いる場合は，あらかじめこれらの培地に上記の要領で維持している枯草菌を白金耳で植菌して一晩室温で放置して増殖させ，この新しい培地 10 mL に対してゾウリムシが増殖した古い培地 1 mL 程度を滅菌したピペットを用いて植え継ぐ．細菌やゾウリムシを植え継ぐ際には，ガスバーナーなどで上昇気流をつくり，その下で作業を行うことにより，空気中からの雑菌の混入を減少させることができる．培養瓶や試験管の口は必ずバーナーで数秒焼き，雑菌の混入を防ぐことが大切である（**写真3**）[8]．

3．おわりに

実体顕微鏡下でゾウリムシの個体遊泳を観察していると，潜水艦のようなダイナミックな動きが

観察できる．走化性や電気走性を観察していると「何のため？」と考えさせられる．光受容物質さえ見つかっていないのに光に反応するのを観察すると「どこで光がわかるの？」とまた考えさせられ，その遊泳パターンや有性生殖の接合活性などが，ヒトと同じ約24時間のリズムで制御されているのを観察すると「どうやって時間を測るの？」とさらに考えさせられる．身近に存在する「単細胞」生物なのに解明されていないことだらけで，これらの現象を観察するだけでも生物の不思議さ，複雑さを感じずにはいられない．教育現場でも是非ゾウリムシを活用した学習の機会が多くなることを祈ってやまない．

　ここに紹介した培養法はほんの一部であり，ネット上を探せばほかにもさなざなな面白い方法が紹介されている．研究者が用いる方法は，過去の研究との比較のうえに成り立つことを前提として選択するので，おおむねレタスジュースを用いた培養法であったり，無菌培養法であったりする．レタスジュースの培養法は，とても安価で汎用性の高い培養法でありお勧めするが，週に一度の植え継ぎは一般の方にはたいへんな作業である．また，無菌培養に用いる完全人工培地は，大量に増殖させることのできる優れた培養法である．しかし，栄養豊富なために雑菌が混入した場合に培地の腐敗が早く，ゾウリムシが全滅する危険性の高い方法である．一般の方にとっては扱いが困難な方法といわざるをえない．教育現場での活用を考えると，手間がかからず，必要なときに十分な数を維持できることが肝要のように思われる．その意味では，簡単で手間がかからない稲わら培地法を推奨する．

4．参考文献およびWebサイト

1) Naitoh, Y.: (1982) *in* "Electrical Conduction and Behavior in Simple Invertebrates" (Shelton, G. A. B. ed.), pp.1-48, Clarendon, Oxford.
2) Ishida, M., Nakajima, Y. *et al*. (1999) Nuclear behavior and differentiation in *Paramecium caudatum*, analyzed by immuno-fluorescence with anti-tubulin antibody. *Zoological Science*, **16**, 915-926.
3) 丸岡 禎（1988）『原生動物の観察と実験法』，pp. 1-62，共立出版．
4) 猪木正三（1981）『原生動物図鑑』，講談社．
5) 岡田 要・内田清之助・内田 亨（2004）『復刻版新日本動物図鑑［上］』，北隆館．
6) 猪狩嗣元（1992）『ゾウリムシの簡単な新しい培養法』生物教育，**32**(4)，267-270．
7) 樋渡宏一・茗原宏爾（1982）『実験生物学講座1』，pp. 157-179，丸善．
8) 中山弘樹・西方敬人（1995）『分子生物学実験の基礎』，細胞工学別冊 目で見る実験ノートシリーズ バイオ実験イラストレイテッド①，pp. 123-142，秀潤社．
9) 原生生物図鑑：http://protist.i.hosei.ac.jp/taxonomy/menu.html
10) 上記9)の中でゾウリムシ亜目の写真および分類：http://protist.i.hosei.ac.jp/taxonomy/Ciliophora/Oligohymenophorea/Peniculida.html
11) 原生生物情報サーバー：http://protist.i.hosei.ac.jp/index-J.html
12) 日本原生動物学会：http://wwwsoc.nii.ac.jp/jsproto
13) 宮城教育大学環境教育実践センター：http://mikamilab.miyakyo-u.ac.jp/Microbio-World/top.html
14) 奈良教育大学教育学部理科教育講座生物学教室　細胞生物学研究室：http://mail2.nara-edu.ac.jp/~masaki/homepage.html

コラム3

原生動物の行動制御

小泉 修

　動物のもつ神経系は，多様性に溢れている．たとえば，ヒドラ（刺胞動物）の単純な散在神経系，ヒトデ（棘皮動物）のユニークな放射神経系，昆虫やイカ・タコなどの旧口動物の多くがもつはしご状神経系（腹側に存在するため腹側神経系ともよばれる），ヒトなどの新口動物の管状神経系（神経管から発生し，背側に存在するため，背側神経系ともよばれる）などである．

　しかし，これらの神経系は，神経系ならではの共通の仕組みをもつ．それが，神経情報とよばれる電気信号を使った情報の伝え方である．この電気信号を伝えるために，神経細胞はとても長い繊維をもつ．また，神経系は，外界の光や化学物質や機械的な力などの刺激を受け取り，それを電気信号にして脳に伝える感覚器をもつ．また，神経系は筋肉に代表される効果器をもち，電気信号の制御のもと効果器を使ってさまざまな反応（行動）を行う．

　実は，これらの神経系の基本的な機能が，神経細胞をもたない単細胞の原生動物でも（もっと原始的な細菌のような原核生物でもしかり）見られるという驚くべきことが知られている．専用の細胞や器官はもたないが，分子的な同様の仕組みがあるのである．

　原生動物の代表格であるゾウリムシの行動制御は，内藤 豊（筑波大学名誉教授）などの貢献により，そのことが明確になった好例である[1]．ゾウリムシは繊毛という運動器官（細胞小器官）を使って行動する．前に障害物があってゾウリムシの先端部分が衝突すると，繊毛打の逆転を行って，後進し，方向変換して上手に他の方向に進む（**図1**）[1]．一方，捕食者などによって後端を触られる，あるいは刺激されると，繊毛打を促進して高速で逃げる．ゾウリムシはこのようにそれぞれの状況に応じて，理にかなった行動を行う．この行動のときに，神経系と同様の電気信号を使う．

　神経細胞は，電気信号の発生のために，興奮していないときには，マイナス（たとえば-60 mVとか-70 mVとか）の静止電位をもち，興奮したときにはプラス側（たとえば$+20$ mV）に変化する活動電位をもつ．ゾウリムシも，神経細胞と同様の仕組みによる静止電位をもつ．（ちなみに，世界で初めてこの静止電位を見た

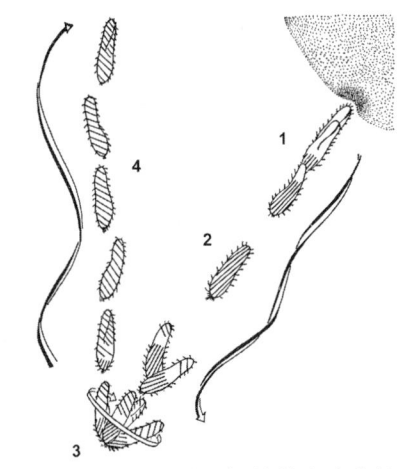

図1 ゾウリムシの逃避反応（文献1）を改変）
(1) ゾウリムシが障害物にぶつかり，後進を始める．
(2, 3) 後進から前進への移行．
(4) 前進．
ゾウリムシは前部が衝突すると図のような方向変換をし，後部を刺激されると前進運動が促進される．

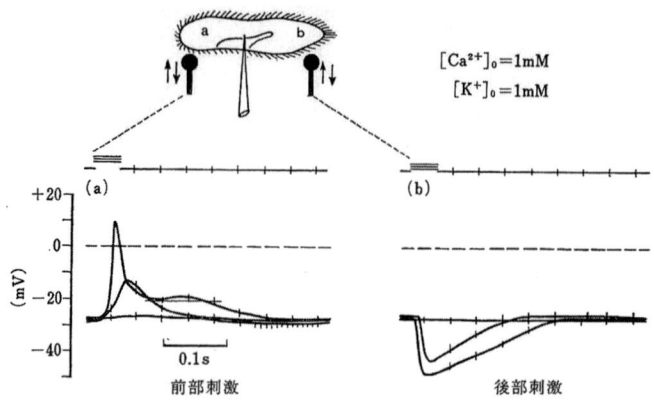

図2 ゾウリムシの機械刺激による膜電位変化（文献2）を改変）
機械的刺激の強さを3段階に分けて、(a) 前部、および (b) 後部に加えたときの膜電位変化．前部刺激時の脱分極は、カルシウムイオンにより、後部刺激時の過分極はカリウムイオンにより起こる．ゾウリムシの電位変化は、高等動物の神経細胞で見られる静止電位、活動電位、受容器電位と同様の性質と発生機序をもつ．

のは、ゾウリムシに電極を刺した東京大学教授（1934年当時）の鎌田武雄である．）同様に、ゾウリムシで活動電位も発生する．ゾウリムシは、頭部（前端）を叩かれると、プラス方向の電位変化を示し、逆に足部（後端）を叩かれると、マイナス方向の電位変化を示す．すなわち、単細胞のゾウリムシでも、機械刺激に対する感覚機能が神経細胞と同様にあり、前の部分と後ろの部分で機械刺激に対する感覚の様子が違っていることがわかる（**図2**）[2]．

そして、この電位変化がゾウリムシの繊毛運動の変化をひき起こす．この点も高等動物の筋肉とよく似ている．筋肉の収縮・弛緩は、2種のフィラメント（繊維状構造）において、カルシウムイオンの濃度変化によって両者の相互作用が起こったり（収縮）、止まったり（弛緩）して起こる．ゾウリムシの場合も、電位変化に伴うカルシウムイオンの濃度変化によって、繊毛中の2種のタンパク質のつくる構造のすべりによって、繊毛打の制御が起こる．カルシウムイオンの増加によって繊毛打の逆転が起こり、その逆で、繊毛打の促進が起こる．

筋肉の場合には、アクチンとミオシンタンパク質が中心的なはたらきをし、繊毛の場合は、チューブリンとダイニンが中心的な役割を果たすが、それぞれ両方ともよく似たタンパク質である．

このように神経細胞のみがもつと考えられていた生物電気による行動制御が、単細胞の原生動物でも見られることが明らかになった．生命の多様性と同時に、生命の驚くべき共通性を示す好例である．しかもこれは、細胞やシステムと分子という階層の異なるレベルにおいても、それぞれ同様の機能が見られるという興味深い例である．

● 参考文献
1) Grell, K. G. (1973) "Protozoology", Springer Verlag.
2) Eckert, R. and Naitoh, Y. (1972) *J. Protozool.*, **19**(2), 237-243.

サンゴ（造礁サンゴ）

中野義勝

1. はじめに

　サンゴと称される刺胞動物は多岐の分類群にわたり，深海棲の八放サンゴに属すいわゆる宝石サンゴをさす場合や，浅海棲の造礁サンゴをさす場合があり，一定して使われていない．造礁サンゴとは，字義のとおり礁を形成する機能をもった刺胞動物の総称である．すなわち，サンゴ礁をつくることができる石灰質の外骨格をもち，旺盛な骨格形成を促す光合成エネルギーを供給する単細胞の藻類（褐虫藻）を細胞内に共生させた刺胞動物が造礁サンゴとよばれる．イソギンチャクと同じ花虫綱六放サンゴ亜綱に属すイシサンゴ目（Scleractinia）の種の多くが造礁サンゴ（hermatypic coral）の大部分を占めるが，八放サンゴ亜綱に属すアオサンゴ（*Heliopora coerulea*）やクダサンゴ（*Tubipora musica*），ヒドロ虫綱に属すヒドロサンゴ類（Milleporina）も含まれる．造礁サンゴの成体の飼育条件はほぼ同じであるので，本稿ではとくにことわらないかぎり造礁性のイシサンゴ（**写真1**）を対象（以後サンゴ）としてその飼育法を紹介する．

▶**写真1**　野外のサンゴ群落
樹枝状の群体をつくるミドリイシ属（*Acropora*）の仲間（中央手前と奥），卓状の群体をつくるミドリイシ属の仲間（左），樹枝状の群体をつくるコモンサンゴ属（*Montipora*）の仲間（左奥）．

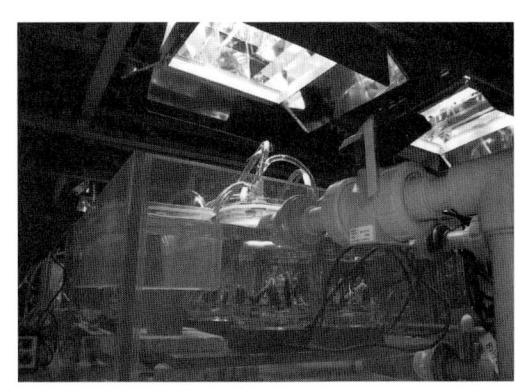

▶**写真2**　実験装置内で飼育されるエダコモンサンゴ（*Montipora digitata*）
上部の照明はメタルハライドランプ．

2. 飼育方法
ⓐ 入手方法
(1) 関連法規

　造礁サンゴは，絶滅が危惧される「ワシントン条約」の付属書Ⅱに記載される国際保護動物である．国際的な商業流通は合法的に増養殖されたものに限られている．また，国内では沖縄県のように県条例によって保護されている場合や，国立公園などの保護地域内に生息する場合は採集にしかるべき手続きが必要である．市販されているものを購入する際には，成体の履歴などを説明できる信頼できる業者から入手すべきである．また，市販されているものは，通称や科・属レベルでの分類が多く，正しい種名が付されていない場合が多い．国内で400種以上記載される造礁サンゴであるが，イシサンゴ目の大きなグループであるミドリイシ属（100種以上が知られている）やキクメイシ科（Faviidae）は，分類が未確定なものがある．

(2) 採集・輸送

　サンゴは熱帯性の動物であり，国内では暖流である黒潮流域の千葉県館山付近，対馬海流域の新潟県佐渡を北限とする沿岸に分布しているが，サンゴ礁を形成するのは種子島・小笠原諸島以南となる．サンゴは共生する褐虫藻の光合成産物に依存するので，十分な光の届く浅瀬に固着生活をするものがほとんどである．また，サンゴの多くは群体性で，無性的に増殖した多数のポリプが連結した状態でさまざまな成長形を形成する．クサビライシ属（*Fungia*）のように1つのポリプからなる単体性で，非固着性のサンゴもいる．非固着性のサンゴであれば，採集は海底から拾い上げるだけで容易だが，固着性のサンゴの場合はハンマーと平タガネなどを使って，岩などの固着基質から外す必要がある．樹枝状や葉状などの成長形の群体では，その一部をニッパーなどで折り採ることも可能で，このように必要最小限の群体片を採取することで，もとの群体を残し，再成長を期待

飼育スタート物品一覧

品　名	型　式	メーカー	参考価格
水槽	45 cm ガラス水槽	―	4,000 円
エアレーション（エアポンプ・エアストーンなど）	―	―	1,500 円
濾過器・ポンプ一体型	外部式フィルター	エーハイム	5,000 円
照明	コンパクトメタルハライドランプ　ファンネル2　150 W 10,000 K	カミハタ	40,000 円
電源タイマー	プログラムタイマー・アクア　AQT-1	リーベックス	1,500 円
観賞魚用クーラー（サーモスタット内蔵）	クールウェイ 100	ジェックス	30,000 円
ヒーター	石英管ヒーター 500 W	―	2,000 円

することも心がける必要がある．

　干潮時に干出するような場所やサンゴ礁の浅瀬である礁池に生息するサンゴであれば，群体片の大きさにもよるが，5～6時間程度であれば，乾燥しないよう底に海水でしめらせた新聞紙などを敷いたクーラーボックスで運ぶこともできる．海水中に入れて運ぶときには酸欠によるストレスを避けるために，観賞魚の輸送と同様に市販の酸素発生剤を入れたり，酸素を封入したり，エアレーションをかけておく必要がある．どのような輸送であれ，温度の管理も必要になる．とくに夏場は，保冷剤などで高温にならないように気をつける．

　多くのサンゴの生息するサンゴ礁域では，産卵期に受精胚を採取することも可能である．産卵はおもに夜間行われ，浮遊卵を産む種では，卵が多量の場合スリックとよばれる帯状の塊として漂流する．受精した胚は浮遊しながら発生を続け，刺胞動物特有のプラヌラ幼生として遊泳し，ポリプへの変態時期を迎えると定着のために海底に向かう．浮遊期間は種によってさまざまだが，この時期に胚を破壊しないように柄杓などで採取する．沈性卵であれば，親群体をいったん採取し産卵時刻に水槽などに静置し，生まれた卵を水槽底からピペットなどで採取・媒精する．採取した胚・プラヌラ幼生は，海水とともに輸送する．酸素発生剤を入れ，温度管理ができていればペットボトルなどに封入して宅配も可能である．

❺ 飼育環境

(1) 成　体

　熱帯・亜熱帯の貧栄養で透明度の高い海中に生息するサンゴは，褐虫藻の光合成によって活動エネルギーを賄われるとともに円滑な代謝も依存している．このため，褐虫藻の光合成に適した光量・波長の光が必要となる．屋内で飼育する場合は，波長・色温度が陽光に近く光量も強いメタルハライドランプ（**写真2**）が適しているが，小さな水槽であれば，植物育成用の蛍光灯でも足りる．自ら動くことのないサンゴは，さまざまな代謝の場面を海水の流れに依存している．野外でも波浪や潮流など海水の動きによって，生育するサンゴの種類は異なる．必要な流れをつくってやることはサンゴの維持に不可欠で，エアリフトやエアストーンによる流れや，濾過器による流れ，ポンプによる流れなどについて，飼育する種の好む強さや向きを工夫することが重要である．この際，流れにぐらつかないよう，水槽底から少し高い位置で架台などに固定するとよい．

　筆者の勤務する臨海施設では常時海水を汲み上げてかけ流しているので，通常の飼育には水温・水質の管理は必要ないが，閉鎖した水槽では重要な要素である．熱帯起源のサンゴは高水温に強いと誤解されることがあるが，熱帯海域の温度環境は常に暖かく，1日のうちでも1年のうちでも変動が少ないので，このような環境に生息するサンゴは大きな温度変化に十分対応できないともいえる．おおむね24～28℃をめどに，産地の生息水温にならって，ヒーターとウォータークーラーを併設して水温管理をする必要がある．冬季の低温もさることながら，光源の熱による水温上昇にも注意が必要である．温度管理には，温度コントローラー，石英管ヒーター，海水仕様のクーラーをセットにして使用する．水質として考慮すべきは，塩分，pH，炭酸塩，硝酸塩，リン酸塩，溶存酸素の各濃度である．海水の塩分は一般に35‰（パーミル：3.5％）といわれるが，本州沿岸では33～34‰である．これをめどに比重計などで計測するとよい．pH，炭酸塩濃度ともにサンゴの骨

格形成つまり成長に関係が深く，どちらもあまり低くなることは好ましくない．閉鎖式水槽の場合，濾材として小粒のサンゴ礫や貝殻などを混ぜて使うと，これらがわずかずつ溶解する過程で両者の安定に寄与する．硝酸塩・リン酸塩の上昇は富栄養化であるが，藍藻やその他の藻類が繁茂しサンゴと基質を巡って競合したりする．また，高い栄養塩濃度は炭酸カルシウムの形成を阻害することがある．光条件が整っていれば，相当期間サンゴは餌を与えなくても飼育可能であるが，栄養塩濃度に気をつけて水換えを行う必要がある．

　エアレーションは，サンゴの呼吸のための溶存酸素の確保に必要ばかりでなく，流れをつくりだすことでサンゴの代謝を促進し，水質の維持を行うという点でも不可欠である．また，石灰質の骨格をもつサンゴには多くの生物が付着あるいは穿孔して棲み込んでいる場合が多く，これらの生物が死亡して水質を損なうことを防ぐ意味でも，エアレーションは必要である．最近では，海水魚ばかりでなくサンゴの水槽飼育の愛好家が増え，これに伴って多くの器具も市場に提供され，インターネット上にも多くの情報が掲載されている．なかにはかなりマニアックな情報もあるが，代謝の維持促進と水質の管理が基本であるので，これに見合った情報を選べばよい．

（2）採卵と幼生

　多くのサンゴは，生殖期を迎えると海水中に卵と精子を放出する．多くのミドリイシ属サンゴは雌雄同体で，バンドルとよばれる浮遊性の卵と精子の塊の放出（**写真3**）は有名であるが，ハマサンゴ属（*Porites*）のように雌雄異体で，いわゆる産卵を行うグループもある．また，ハナヤサイサンゴ（*Pocillopora damicornis*）やショウガサンゴ（*Stylophora pistillata*）のようにポリプ内で胚を保育して，プラヌラ幼生として放出するものもいる．産卵の時刻も夜間ばかりでなく，昼間であることもある．それぞれの生殖に見合った時期に成体の採集を行えば，放出された卵や精子あるいは受精胚を観察でき，プラヌラ幼生から定着した稚ポリプ，さらに分裂出芽によりポリプが増殖し，群体として成長していく様も観察できる．

　このような観察には産卵の様式に合わせた方法で卵と精子を採取しなければならない．産卵時刻前にエアレーションをせずに静置したいくつかの水槽に個別に群体を入れ，産卵あるいは放精を確認後それぞれの水槽の卵・精子を海水ごとピペットで集め，媒精する．種によって，沈性卵と浮遊

▶**写真3** 水槽内でバンドル（卵と精子の塊）を放出するミドリイシ属の仲間
（カラー写真は口絵3参照）

卵がある．受精胚は濾過海水や人工海水など清澄な海水を満たした小容器に密度を低く小分けし，1日ごとに飼育水の半量ほどをピペットで交換しながら飼育する．大型容器の場合は，幼生の長径の1/4ほどの目合（メッシュサイズ）のミュラーガーゼを底部に張った柱状容器で幼生を押しのけながら，容器内の飼育水をピペットやサイホンで吸い出して排水すると，幼生を痛めないですむ．幼生の定着用に，事前に海水になじませた礫や陶片などを入れておくと，定着して1つの稚ポリプに変態する．

ⓒ 餌の調製

水質管理の手間を惜しまなければ，サンゴも摂餌するので餌を与えることができる．また，ときどき動物質の餌を与えることはサンゴの栄養状態を整え，成長や生殖にも良好な影響が期待できる．ポリプの口の大きさによるが，卵から孵ったばかりのブラインシュリンプをピペットで口のそばに与えると，触手を使って摂餌する様子が観察できる．口の小さな種ではあまり活発な摂餌は期待できないが，ブラインシュリンプの幼生を細かく摺って与えることもできる．単体性でポリプの大きなクサビライシ類などは，口より小さくした魚の切り身をポリプ上に置いてやると，繊毛運動によって口まで運んで飲み込む．

3. おわりに

群体性のサンゴでは，群体をいくつもの破片に分割して飼うことで無性的に群体数を増やすことができる．さらに，増えた群体片の固着基質への接着がうまくできれば，群体片はやがて基質側へも成長し，これを捉えて覆い被さり，大きな群体へと成長していく．この過程が成功することを期待して，海域にサンゴの群体片を移植することがサンゴ礁生態系の保全に利用されることがある．しかしながら，野外での行き届いた管理は難しく，このように扱える種数は限られており，広範な海域で多様なサンゴを移植により直接増やすことには限界がある．また，野外への移植には付着している生物も含めた移入種問題などの発生も考慮せねばならず，保全の技術的オプションとして，段階的な目標設定を行うなど，慎重な計画策定が必要である．

エチゼンクラゲ

大津浩三・河原正人

1. はじめに

　エチゼンクラゲ（*Nemopilema nomurai*）の異常大量発生は，2002（平成14）年以降ほぼ毎年のように起こっており，甚大な漁業被害を誘発している．発生場所は東シナ海，黄海，渤海に至る中国沿岸とされているが，いまだに野外においてこのクラゲのスキフラ（無性生殖世代，以後ポリプとよぶ）やエフィラ（クラゲの幼体）を目撃した人はいない．筆者らは2003年からエチゼンクラゲの研究に着手し，その生活史の全容を明らかにするとともに，実験室内での稚クラゲの飼育に成功した（**図1**）．エチゼンクラゲ成体（**図1①**）は有性生殖世代であり，それぞれ放卵・放精の後に受精して幼生（**図1②**）を生ずる．幼生は1～3日の浮遊生活の後に適当な付着基盤を見つけてポリプ（**図1③**）へと変態し，動物性プランクトンを捕食しながら成長する．成長したポリプは

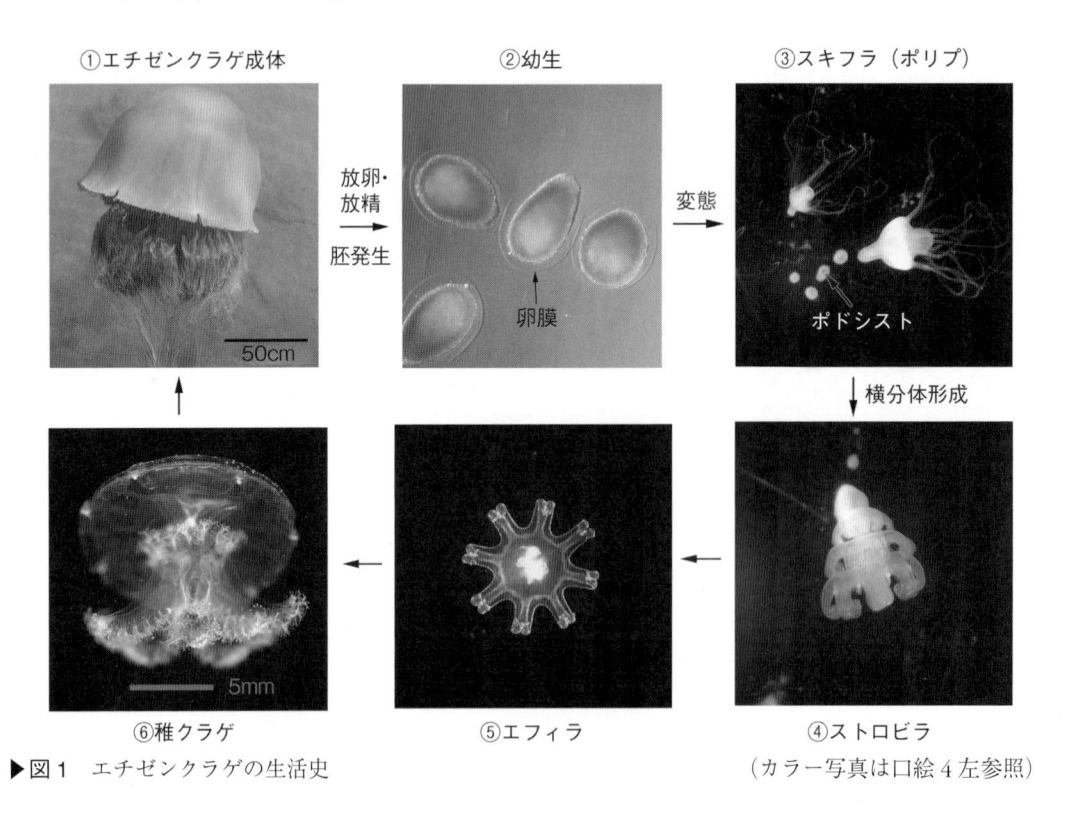

▶図1　エチゼンクラゲの生活史
（カラー写真は口絵4左参照）

組織の一部である足盤（ポドシスト）を残して移動し，残ったポドシストから新しいポリプが発芽して無性的に増殖する．十分に成長したポリプに温度処理（後述）を行うと，1～2カ月後に分節構造を生じ（横分体形成）ストロビラ（**図1**④）に変態する．ストロビラの分節は先端から順にエフィラ（**図1**⑤）となって遊離する．エフィラはおもに甲殻類プランクトンを捕食しながら稚クラゲ（**図1**⑥），さらに成体クラゲへと成長する．自然条件下でのエフィラ（直径1～2 mm）の出現は4月ころと推定されており，半年後には直径1～2 m，重量100～200 kgに達する．まさに驚異的な成長能力といえる．

2. 飼育方法

ⓐ 入手方法

中国沿岸で発生したエチゼンクラゲの山陰地方（隠岐島周辺）への到達は7～9月で，年によってかなり異なる．生殖巣は胃腔の中の4カ所に放射相称に配置するが，成長とともに反転して傘下（さんか）に突出するので容易に確認できる．シーズン初期の生殖巣は，傘径（さんけい）にあまり関係なく乳白色で小さいが（**図2a**），1カ月ほどで急速に成長し，次第に褐色を帯びるようになる（**図2b～d**）．雄の場合は成熟しても乳白色のままなので，成熟が進めば肉眼である程度の雌雄の判別が可能になる．しかし野外で採取した生殖巣は，ほとんどの場合，放卵・放精の準備が整っていないので，次に述べる人為的成熟促進処理を行う必要がある．

ⓑ 未熟生殖巣の人為的成熟促進

エチゼンクラゲは，「母なる海域を離れてひたすら新天地を求めて漂流し」，「漂流先で生殖活動を完結し子孫を残す」という2つの戦略を用いて，虎視眈々と日本近海への侵略を狙っている．両戦略のスウィッチングは，彼らが死を予感したときに初めて起こる．すなわち沖合を元気に遊泳している個体の生殖巣は，十分に巨大化していても未熟状態に留まる．しかしいったん海岸に漂着して死期を悟ると，急速に生殖巣を成熟させるのがこの種の特徴である．**図3a**は漂着直後の雌の未成熟生殖巣で，半透明な60 μm未満の卵母細胞で満たされている．しかし漂着3日目になると，

飼育スタート物品一覧

品　名	型　式	メーカー	参考価格
恒温器	TVG241AA	Advantec	37万円
実体顕微鏡	SMZ645-TL	Nikon	20万円
顕微鏡	E100B	Nikon	11万円
精密ピンセット			5,000円
ハサミ	眼科尖刀		5,000円
濾過用ロート	25 cmϕ		1,500円
濾紙	50 cmϕ		
スチロール容器	V3, V4, V5, V6 各種	アズワン	1,000円

卵母細胞は卵黄を取り込んで急速に不透明化し，同時に卵径も明らかに大きくなる（**図3b**）．この時期の卵母細胞は非常に明瞭な大きな核（卵核胞）をもつことが特徴であり，卵径が90〜100 μmに達すると受精準備が整う．雄の生殖巣（**図3c**）の成熟も雌と同様に進行するが，わずかに精子嚢が膨大するだけで実体顕微鏡では判別しにくい．実験試料を得るためには漂着クラゲを捜して生殖巣を採取すればよいが，実際には成熟生殖巣をもつ漂着クラゲにタイミングよく出会える機会はほとんどない．幸いなことに生殖巣の成熟は，漂着した場合と同様に，摘出した生殖巣断片でも進行する．したがって，筆者らは以下の方法を推奨する．

（1）まず海岸の漂着個体の雌，あるいは雄とおぼしき2〜3個体から，生殖巣を100 g程度切り取り，海水を入れた密閉容器に入れて持ち帰る．（2）採取した生殖巣の雌雄を実体顕微鏡で判別し，その一部（数グラム）を鋭利なハサミで切り取り，海水を入れたシャーレに移す．（3）生殖巣は多量の透明なジェリーで覆われているので，鋭利なピンセットとハサミでジェリー部分を，褐色の生殖巣本体から手探りでできるだけ引き剥がす．（4）剥離した生殖巣を実体顕微鏡で観察しながら約1〜2 cm平方の大きさにカットし，20断片程度を，濾過海水（1 L）を満たしたビーカーに移し，きわめて緩やかに（生殖巣が沈まない程度に）2〜3時間，スターラーで撹拌する．その後新鮮な濾過海水（500 mL）に移して，恒温器（20℃）中で翌朝まで静置する．（5）生殖巣断片

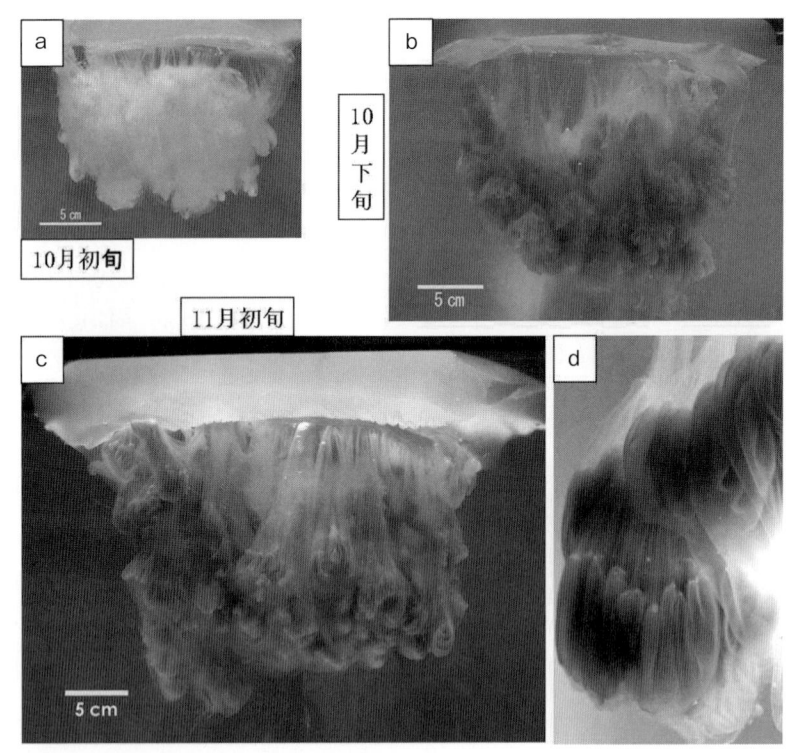

▶図2　成熟段階の異なる雌の生殖巣
放射相称に配列した4個うちの1個を示す．生殖巣は日本海の隠岐島周辺に達した後，急速に大きくなる．(a) 10月初旬の未成熟生殖巣，(b) 10月下旬の生殖巣，(c) 11月初旬のかなり成熟した生殖巣，(d) 生殖巣の部分拡大写真．いずれも重量70〜80 kgの個体．　　　　（カラー写真は口絵4右参照）

は薄膜状の生殖巣本体と半透明で伸縮性の生殖巣外壁組織の2層から構成されており，1晩静置することによって外壁組織がカールして生殖巣本体から分離する．分離しない場合は軽くパスツールピペットで吸引，吐出を繰り返すか，あるいは鋭利なピンセットで剥がす．(6) この単離生殖巣を雌雄別々に用意し，恒温器中で引き続き培養する．採取時の生殖巣の成熟段階に応じて1～4日で使用可能になる．時々パスツールピペットで吸引，吐出洗浄を行い，最低1日に2回は培養海水を交換する．生殖巣周辺には多量の粘液が付着しているので，これらをこまめに取り除き，バクテリアの発生による組織の腐敗を抑えることが成功の秘訣である．

ⓒ 成熟分裂の再開，放卵・放精の誘発

ウニ類のようにすでに成熟分裂が完了した卵を卵巣内にもつ例もあるが，多くの動物は成熟分裂が途中で停止しており，成熟分裂を再開して放卵・放精，次いで受精を可能にするために何らかの物質，あるいは外的要因を必要とする．エチゼンクラゲの場合，それが光であることを筆者らは明らかにした．つまり前述の処理によって受精準備の完了した生殖巣を，最後に暗黒下で一晩培養し，その後100 lux程度の光を照射すると，雄の場合は直ちに放精が始まる．雌の場合は光照射約60分後に，卵黄の蓄積を終えた一部の卵母細胞の卵核胞の崩壊が始まり，全体的に黒く不透明になる（図4a）．これが成熟分裂再開のサインとなる．次いで80分ころから放卵が始まり，100分ころに

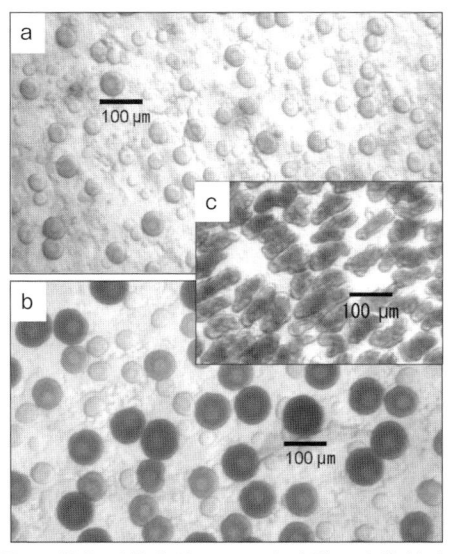

▶図3 模擬漂着実験による生殖巣の人為的成熟促進
エチゼンクラゲを桟橋の波打ち際に吊した網に拘束し，漂着状態を模擬的に再現した．
(a) 実験開始直後の雌の生殖巣の実体顕微鏡写真，
(b) 実験開始3日後の雌の生殖巣（Aと同じ個体），
(c) 雄の生殖巣，実体顕微鏡で観察すると，不定形な精子嚢の形状から容易に卵巣と区別できる．

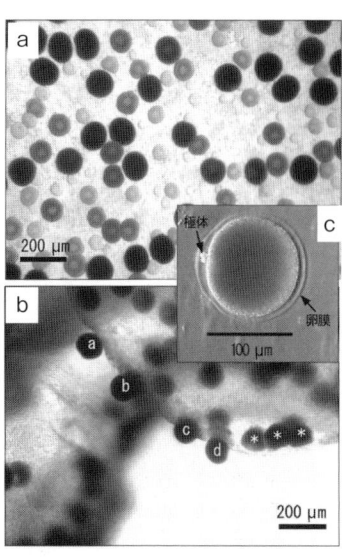

▶図4 光照射によって誘発された放卵中の卵巣
(a) 光照射60分後，一部の卵母細胞が黒くなり，卵核胞が崩壊して成熟分裂が再開されたことがわかる．
(b) 光照射100分後の卵巣の側面写真，a～dは卵巣表面に現れた卵，＊は卵巣内に留まる未熟卵母細胞，
(c) 放出された卵の顕微鏡写真（光照射2時間後），2個の極体があり，すでに成熟分裂が完了している．

ピークに達し（図4b），約120分後にはほぼ終了する．放出された卵の卵膜の内側には2個の極体があり，成熟分裂が完了して受精準備が整ったことがわかる（図4c）．精子はこの強固な卵膜バリヤーを通過して受精する．放卵（放精も同様）は暗黒処理と光照射のセットによって4～5日間繰り返して起こるが，実験には1～2日目の放出卵を使うほうが良い．

d 受精，胚発生，ポリプへの変態

ウニやヒトデの場合と異なり，放精直後のエチゼンクラゲの精子はぴくぴくと体をひねるような動きを繰り返すだけでまったく泳がない．しかし90～120分後には激しく泳ぎ始める．おそらく90分ほど遅れて起こる卵放出までの待機時間に，エネルギーの消耗を避けるための行動と推察される．放卵された卵をパスツールピペットで別の濾過海水を満たした腰高シャーレに移し，放精後約2時間経過した精液を添加すれば，ほとんどの場合，同調して100%受精する．しかしウニの場合と異なって受精膜が形成されないので，受精完了のサインは明確ではない．卵割は少なくとも初期は放射型であるが，8細胞期を過ぎるあたりから割球の配列，分裂の同調性に乱れを生ずる．約10時間（23℃）で孵化して幼生となって海中に泳ぎ出る．孵化後約1～2日で基質への付着，次いでポリプへの変態が始まる．付着用の基質としてはスチロールシャーレが適している．筆者らは約500 mLの海水を入れた直径15 cmの大型容器に小型のスチロールシャーレ（30～100 mmϕ）を「たらい船」のように浮かせて，その底面に付着させて収穫している．これは後の飼育にとっても好都合で，ポリプは野外でもおそらく懸垂状態で浮遊物の底面に貼りついていると推察される．

e ポリプの飼育

ポリプの飼育には，市販の熱帯魚用の餌のブラインシュリンプの幼生を，卵から孵化させて使用する．しかし変態直後のポリプは非常に小さく（直径約100 μm），ブラインシュリンプ幼生のほうがはるかに大きく餌として適さない．筆者らは遅れて孵化させたエチゼンクラゲの幼生を別途用意し，餌として与えている（共食い）．2～3日後には300 μm程度に成長し，ブラインシュリンプ幼生を食べることができるようになる．3～4日に1回程度，十分量の餌を与え，換水は餌の投与後，食べた餌を吐き出した後（約8時間後）に行う．

f ストロビラへの変態，エフィラ・稚クラゲの飼育

ポリプはポドシストを産生しながら移動を繰り返し，約半年後には十分な大きさに成長する（図1③）．ストロビラへの変態の引き金は低温処理であり，自然条件でも冬季にかけての水温の低下がその要因と考えられる．実験室では恒温器の温度を23℃から13℃に下げることで変態を誘発している．約1～2カ月後にはストロビラ（図1④）が出現し，散発的にエフィラ（図1⑤）の放出が始まる．その後温度を23℃に戻してやると，一気に放出が盛んになり，やがて終息する．

エフィラの餌にはポリプ同様，ブラインシュリンプ幼生を使用する．1日に2回程度，餌を控え目に与える．ポリプの場合と異なり与えすぎないほうが良い．数時間後には餌を吐き出すので，水質が低下しないようにパスツールピペットでこまめに吸い取り，除去する．換水も1日に2回程度行う．エフィラは1カ月後には稚クラゲ（図1⑥）に成長する．筆者らの研究室での最大成長記

録は直径6cmであり，これ以後の飼育は手間が掛かることと，スペースの問題で，実験室内では非常に難しい．

3. おわりに

内湾性のミズクラゲと異なり，外洋性のエチゼンクラゲは漂流先での定着に特化した繁殖戦略をもつ．元気なうちはできるだけ遠くに新天地を求めて漂流し，時には日本海から津軽海峡を越えて太平洋，銚子沖に至る．座礁すると急速に生殖巣を成熟させ，果てるまでに最後の営みを行う．まだ証明されていないが，エチゼンクラゲは体内受精であると推察される．つまり雄の精子放出が雌の卵放出に90分ほど先行し，かつその間精子が泳がずに待機している理由は，おそらく拍動の負圧によって雌の胃腔内に吸い込まれ，胃腔内に放出される卵と効率的に会合するための巧妙な戦略だと想像している．雄，雌2個体が同時に海岸に漂着すれば繁殖の機会がある．しかし今のところ，彼らの日本海沿岸への入植作戦は成功していない．理由は定かではない．毎年クラゲの被害に悩む漁師さんには申し訳ないが，彼らのひたむきな繁殖努力を目の当たりにすると，エチゼンクラゲもあながち憎めない存在と感じてしまう．被害を食い止めるために活動している研究者のジレンマである．

4. 参考文献

1) Kawahara, M., Uye, S. *et al*.（2006）Unusual population explosion of the giant jellyfish *Nemopilema nomurai*（Scyphozoa: Rhizostomeae）in East Asian waters. *Mar. Ecol. Prog. Ser*., **307**, 161-173.

2) Ohtsu, K., Kawahara, M. *et al*.（2007）Experimental induction of gonadal maturation and spawning in the giant jellyfish *Nemopilema nomurai*（Scyphozoa: Rhizostomeae）. *Mar. Biol*., **152**, 667-676.

3) Ikeda, H., Ohtsu, K. *et al*.（2010）Structural changes of gonads during artificially induced gametogenesis and spawning in the giant jellyfish *Nemopilema nomurai*（Scyphozoa: Rhizostomeae）. *J. Mar. Biol. Assoc. UK*, **91**, 215-227.

イソギンチャク

柳 研介

1. はじめに

a 分類学的位置づけ

　イソギンチャク（**写真1〜4**）は，刺胞動物門花虫綱イソギンチャク目に属する動物であり，水深7,000 mに達する超深海から潮間帯，熱帯から極域まで，あらゆる海域に生息する．英語では"sea anemone"と表記されるが，この場合，広義には花虫綱の他の分類群（ハナギンチャク目，スナギンチャク目やホネナシサンゴ目など）を含むことがある．刺胞動物は，現生の多細胞動物では，海綿動物に次いで原始的な動物であり，イソギンチャクを含む花虫綱は，そのなかでも最も初期に分化した動物群と考えられている[1,2]．イソギンチャク目内部の系統関係は必ずしも明らかではないが，近年DNA解析により解明が進みつつある[3]．日本産のイソギンチャク類については，未同定種を含む約150種程度が生息すると考えられているが[4]，その分類学的研究は遅れており，身近に生息する種であっても同定が困難である場合が少なくない[5,6]．

b 各研究分野の現状

　代謝，生理活性，成長，繁殖，生物間相互作用などの基礎分野については，Shick[7]によって包括的にレビューされているが，近年の分子生物学的手法などの発達により，下記のような研究分野が飛躍的に進展している．

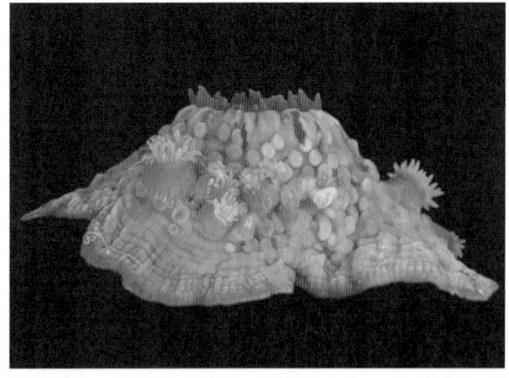

▶写真1　体表に子どもを保育するコモチイソギンチャク　　　　　（カラー写真は口絵5左参照）

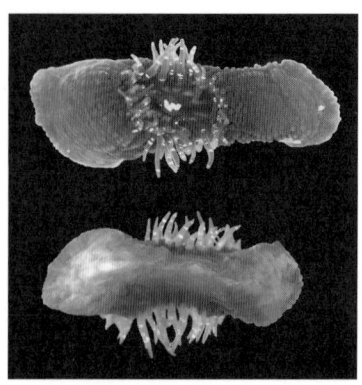

▶写真2　縦分裂中のヒオドシイソギンチャク　上面側から（上）と付着面側から（下）の写真．

▶写真3 ウメボシイソギンチャク（奥）と放出されたクローン個体（手前）
（カラー写真は口絵5中央参照）

▶写真4 飼育水槽中のミドリイソギンチャク
（カラー写真は口絵5右参照）

(1) ゲノム解析・ポストゲノム

イソギンチャク類のなかでも祖先的形質を残していると考えられているムシモドキギンチャク類のうち，*Nematostella vectensis* については，2004〜05年にゲノム解析が行われ，475,000,000塩基対全配列が決定され，27,000の遺伝子の存在が確認された．これを受け，左右相称動物の起源などの進化学的研究や，ポストゲノム研究が進展している[8]．

(2) 蛍光タンパク質・生理活性物質など

各種クラゲやイシサンゴと同様，イソギンチャクからも蛍光タンパク質などが同定されており[9,10]，これらは生細胞イメージングにおける標識としての利用が期待されている[11]．サンゴイソギンチャク由来のKatushkaや，ヘビイソギンチャク由来のasFP595など，すでに商品化されているものもある．

(3) 刺胞発射のメカニズム

イソギンチャク類は，他の刺胞動物と同様，刺細胞内に刺胞とよばれる毒液の詰まったカプセルをもち，餌生物や外敵などによるさまざまな刺激によりこれを発射する[12,13]．刺胞発射のメカニズムは非常に複雑であるが，近年，物理的な仕組み[14,15]，生理学的仕組み[16]，神経化学的な仕組み[17,18]，などについて，研究が進みつつある．

飼育スタート物品一覧

品　名	型　式	メーカー	参考価格
ガラス水槽	30〜40 cm程度		2,000〜5,000円
水槽ふた			1,000円程度
外掛式フィルター	オートワンタッチフィルター AT-30（20〜36 cm水槽用）	テトラ	1,800円
アルテミア卵		各社	5,000円（425 g）
人工海水	マリンアートBR 25 L用	大阪薬研	18,900円（20袋）

（4）生理活性物質

イソギンチャクの毒については，刺胞動物のなかで最も研究が行われてきた[19]．イソギンチャク毒は，大きくペプチド毒とタンパク毒に分けられる．前者の多くは，ナトリウムチャネルやカリウムチャネルの機能を阻害する[20]．分子量の大きいタンパク毒は，海洋生物のなかでもその性状が明らかとなっていないものが多いなか，イソギンチャク類については，とくに研究が進んでいる[21]．

（5）共生生物

クマノミとイソギンチャクとの共生など，イソギンチャクと他の生物の共生関係についての詳細は，従来未知の部分が多かったが，近年，その関係について，共生藻類との栄養の収受にフォーカスした新たな展開が見られ始めている[22, 23]．

以上のように飛躍的に研究が進展した分野も少なくないが，Shick によるレビュー[7]以降，生殖腺の成熟周期や発生，分類学的研究などの基礎分野については，必ずしも大きな進展が見られず，未解明のままとなっている部分が少なくない．分類学的データベース[24]が整備されつつあることや，モデル生物化も視野に入れ，各種で初期発生の研究[25]など，徐々に情報が蓄積されてはいるものの，前述の大きな研究の進展からは取り残されており，材料の同定ができないといった状況がしばしば起こりうる．日本産のイソギンチャク類では，生殖周期や初期発生が明らかになっている種も数少ない[26〜29]．

2. 飼育方法

熱帯魚店などでは，クマノミ類の「家」として，おもにハタゴイソギンチャクの仲間が売られている．これらのグループは，褐虫藻が共生し，大型になることもあって，飼育が難しく，実験生物として飼育するには向かないが，愛好家を対象とした飼育解説の書籍[30]などがあるので，必要に応じて参照してほしい．

本書では，以降，とくに入手・飼育が容易である潮間帯のイソギンチャクを対象として紹介する．なお，イソギンチャクは年齢査定形質が見つかっていないものの，基本的に長寿であるとされており，自然下においても，ウメボシイソギンチャクの仲間では 50 年以上[31]，ヨロイイソギンチャクの仲間で 150 年以上[32]と見積もられている．採集した個体を殺さずに実験を行うことができるのであれば，ほぼ自らの研究人生をともにお付き合いいただけるはずである．

ⓐ 入手方法

（1）対象種

潮間帯の種，とくに岩礁海岸に生息する種類であれば，日本全国どこの磯でも複数種を得ることができる．潮間帯は，急激な温度・塩分の変化，乾燥，激しい波当たりなど，生物にとって非常に苛酷な環境である．翻ってみれば，このような環境に生息しているイソギンチャクは，比較的容易に飼育することができるといえる．全国の磯浜でごく一般的に見られるイソギンチャクは以下のとおりである．

○北海道〜本州中部：コモチイソギンチャク *Cnidopus japonicus*（**写真 1**）

　　　　　クロガネイソギンチャク *Anthopleura kurogane*
　　　　　ヒオドシイソギンチャク *An. pacifica*（**写真 2**）
　　　　　オオイボイソギンチャク類 *Urticina* spp.
　　　　　ヒダベリイソギンチャク *Metridium senile*
○本州中〜南部：ウメボシイソギンチャク *Actinia equina*（**写真 3**）
　　　　　ヨロイイソギンチャク *An. uchidai*（褐虫藻有）
　　　　　ミドリイソギンチャク *An. fuscoviridis*　（**写真 4**）
　　　　　ヒメイソギンチャク *An. asiatica*（褐虫藻有）
　　　　　ベリルイソギンチャク *An.* sp.（褐虫藻有）
　　　　　タテジマイソギンチャク *Diadumene lineata*（＝*Haliplanella lineata*）

　これらのうち，ヒダベリイソギンチャク，タテジマイソギンチャクは，足盤の一部がちぎれて無性的に増える．また，ヒメイソギンチャク，ヒオドシイソギンチャク，タテジマイソギンチャクは，縦分裂により増殖する（**写真 2**）．また，ウメボシイソギンチャクは，体内で幼体を無性的に産出し，口から吐き出すことが知られている[29,33]（**写真 3**）．これらの種は，クローンからなる密な集団を形成していることが多い．また，コモチイソギンチャクは，体内受精であり，ある程度成長した段階で，雌個体が自らの体壁に子どもをくっつけて保育する（**写真 1**）という繁殖方法を取ることが知られている[34]．

(2) 採集方法

　岩礁に生息する種類の多くは，岩の隙間や表面に足盤でしっかりと付着しており，安易に剥がそうとすると，個体を傷つけてしまう．金属のへらなどで，岩の一部を削り取るようにして採集するとうまくいく場合が多い．砂に半分埋もれている場合などは，はじめに砂を取り除き，付着部を確認してから採集する．ただし，岩の割れ目の奥深くに付着している個体などは，採集時に殺してしまう可能性が高いので，避けたほうが無難である．

　採集した個体は，やや空気を多めにしたビニール袋や小容器に個別に入れ，夏季であればクーラーボックスなどに入れて持ち帰る．この状態で通常，1週間程度なら問題なく生存する．ビニール袋の中で2〜3日放置しておくと，表面の付着物などが取れるので，その後，輸送容器からふたたび丁寧に剥がして飼育容器に投入する．おおむね数時間内にふたたび飼育容器に付着する．

ⓑ 飼育環境

　基本的にこれらの種の飼育は容易であり，プラスチックまたはガラスビーカーなどの小さな容器に，海水または人工海水を入れて，止水環境で飼育できる．ウメボシイソギンチャクやヨロイイソギンチャクの仲間では，個体どうしを近づけると，触手の付け根にある"アクロラジ"とよばれる攻撃器官を膨らませ，互いにそれを押し付ける行動が認められる．アクロラジには，同種攻撃用の特殊な刺胞が詰まっており，場合によっては一方が死ぬこともあるため，単独飼育が好ましい．ある程度の個体数をストックするためには，やや大型で濾過槽付きの水槽を使用するのが簡便である（**写真 5**）．水槽内には基本的には何も入れる必要はないが，収容個体が多い場合には，岩などを配置するとよい．

▶写真5 水中ポンプと一体型の外掛式の濾過器を設置したガラス水槽

　水温は，上記本州中南部に生息するイソギンチャクの場合，おおむね20℃前後，夏期でも25℃以下に水温を維持できるとよい．飼育容器ごとインキュベーターに入れてもよい．

　潮間帯のイソギンチャク類は，常に強い波当たりにさらされており，体表面に粘液とともに排出される老廃物が常に洗い流される環境にある．このため飼育下では，表面に粘液による膜が生じることが多い．定期的に強い水流を当てる，飼育容器ごと強く撹拌するなどして，表面をきれいにしておくことが必要である．

❸ 餌の調製

　週に2回程度，アルテミアのノープリウス幼生を，直接触手に吹きかけるなどして給餌する．日本産の種については，餌と成長量の関係などの研究事例がないが，北米産の種を中心にデータが示されているものもある．給餌量については文献7)を参照されたい．アルテミアの代わりに，冷凍されたアサリの剥き身やオキアミを与えてもよいが，この場合，水の汚れが著しい．止水環境の場合，1週間に一度程度，循環水槽の場合，1カ月に一度程度の水換えを行う．

3. おわりに

　イソギンチャクは長寿とされる反面，個体群に子どもが加わる新規加入がきわめてまれであることも知られている．このため，同じ場所で大量に採集すると，個体群の存続に影響を及ぼす可能性もある．このため，採集する場合は，必要最低限にする心配りが必要である．また，採集時や飼育時に，刺胞毒によって刺傷を受けることがある．なるべく素手で触らないように注意が必要である．

　身近なイソギンチャク類の多くは飼育が容易であるうえに，長寿であるため，生涯つきあうことさえ可能である．見た目も美しい種が多く，飼育する楽しみも少なくない．調子が悪くなると縮こまったりして，世話のし甲斐もある．また，身近な種でも，まだ明らかになっていない事象も多く残されており，飼育によって初めて得られる知見もあるだろう．身近にいるのに，イソギンチャクの世界にはまだ多くの謎が残されており，研究上も十分魅力があるものと思う．

4. 参考文献および Web サイト

1) Martindale, M. Q., Pang, K. and Finnerty J. R. (2004) Investigating the origins of triploblasty: 'mesodermal' gene expression in a diploblastic animal, the sea anemone *Nematostella vectensis* (phylum, Cnidaria; class, Anthozoa). *Development*, **131**(10), 2463-2474.
2) Ryan, J. F., Burton, P. M. *et al*. (2006) The cnidarian-bilaterian ancestor possessed at least 56 homeoboxes: evidence from the starlet sea anemone, *Nematostella vectensis. Genome Biology*, **7**(7), R64.1-20.
3) Rodrìguez, E. and Daly, M. (2010) Phylogenetic Relationships among Deep-Sea and Chemosynthetic Sea Anemones: Actinoscyphiidae and Actinostolidae (Actiniaria: Mesomyaria). *PLoS ONE*, **5**(6), 1-8(e10958).
4) 内田紘臣・楚山 勇 (2001) 『イソギンチャクガイドブック』. 158 pp., ティビーエス・ブリタニカ.
5) 柳 研介 (2006) 相模灘のイソギンチャク相と本邦産のイソギンチャク分類の現状について. 国立科学博物館専報, (40), 113-173.
6) 柳 研介 (2009) 我が国における刺胞動物研究-II, 日本産イソギンチャク類分類の現状と展望. 月刊海洋, **41**(6), 292-301.
7) Shick, J. M. (1991) "A Functional Biology of Sea Anemones". 395 pp., Chapmann & Hall.
8) Finnerty, J. R. "Nematostella Org" The starlet anemone web resource. http://www.nematostella.org/ (last update 2007.6.24,).
9) Chan, M. C. Y, Karasawa, S. *et al*. (2006) Structural characterization of a blue chromoprotein and its yellow mutant from the sea anemone *Cnidopus japonicus. J. Biol. Chem.,* **281**(49), 37813--37819.
10) Wilmann, P. G., Petersen, J. *et al*.(2005) Variations on the GFP chromophore: a polypeptide fragmentation within the chromophore revealed in the 2.1 A crystal structure of a nonfluorescent chromoprotein from *Anemonia sulcata. J. Biol. Chem.*, **280**, 2401-2404.
11) Wiedenmann, J, Oswald, F. and Nienhaus, G. U. (2009) Fluorescent proteins for live cell imaging: opportunities, limitations, and challenges. *IUBMB Life,* **61**(11), 1029-1042.
12) Fautin, D. G. (2009) Structural diversity, systematics, and evolution of cnidae. *Toxicon,* **54**, 1054-1064.
13) Thorington, G. U. and Hessinger, D. A. (1988) Control of discharge: factors affecting discharge of Cnidae. *in* "The biology of Nematocysts" (eds. Hessinger, D. A. and Lenhoff, H. M.), pp. 233-253, Academic Press.
14) Tardent, P. (1995) The cnidarian cnidocyte, a high-tech cellular weaponry. *BioEssays,* **17**(4), 351-362.
15) Nuchter, T., Benoit, M. *et al*. (2006). Nanosecond-scale kinetics of nematocyst discharge. *Current Biology,* **16**(9), R316-318 with supplemental data.
16) Kass-Simon, G. and Scappaticci, Jr. A. A. (2002) The behavioral and developmental physiology of nematocysts. *Canadian J. Zool.,* **80**, 1772-1794.
17) Osacmak, V. H., Thourington, G. U. *et al*. (2001) *N*-Acetylneuraminic acid (NANA) stimulates in situ cyclic AMP production in tentacles of sea anemone (*Aiptasia pallida*): possible role in chemosensitization of nematocyst discharge. *J. Exp. Biol.,* **204**, 2011-2022.
18) Westfall, J. A. (2004), Neural pathways and innervation of cnidocytes in tentacles of sea anemones. *Hydrobiologia,* **530/531**, 117-121.
19) 永井宏史 (2009) 我が国における刺胞動物研究-I, 刺胞動物の持つタンパク質毒素. 月刊海洋, **41**(5), 267-274.
20) Honma, T. and Shiomi, K. (2006) Peptide toxins in sea anemones: structural and functional aspects. *Mar. Biotechnol.* (*NY*), **8**, 1-10.
21) Anderluh, G. and Macek, P. (2002) Cytolytic peptide and protein toxins from sea anemones (Anthozoa: Actiniaria). *Toxicon,* **40**, 111-124.
22) Schwarz, J. A. and Weis, V. M. (2003) Localization of a symbiosis-related protein, Sym32, in the *Anthopleura elegantissima - Symbiodinium muscatinei* association. *Biol. Bull.,* **205**, 339-350.

23) Gleveland, A., Verde, E. A. and Lee, R. W. (2010) Nutritional exchange in a tropical tripartite symbiosis: direct evidence for the transfer of nutrients from anemonefish to host anemone and zooxanthellae. *Mar. Biol.,* **158**(3), 589-602.

24) Fautin, D. G. Hexacorallians of the World. http://geoportal.kgs.ku.edu/hexacoral/anemone2/index.cfm (last update, 2010.12.22).

25) Simon, K., Davy, K. S. and Turner, J. R. (2003) Early development and acquisition of zooxanthellae in the temperate symbiotic sea anemone *Anthopleura ballii* (Cocks). *Biol. Bull.,* **205**, 66-72.

26) Fukui, Y. (1995) Seasonal changes in testicular structure of the sea anemone *Haliplanella lineata* (Coelenterata: Actiniaria). *Invert. Reprod. Develop.,* **27**(3), 197-204.

27) Fukui, Y. (1991) Embryonic and larval development of the sea anemone *Haliplanella lineata* from Japan. *Hydrobioogia,* **216/217**, 137-142.

28) Yanagi, K., Segawa, S. and Okutani, T. (1996) Seasonal cycle of male gonad development of the intertidal sea anemone *Actinia equina* (Cnidaria: Anthozoa) in Sagami Bay, Japan. *Benthos Research,* **51**(2), 67-74.

29) Yanagi, K., Segawa, S. and Tsuchiya, K. (1999) Early development of young brooded in the enteron of the beadlet sea anemone *Actinia equina* (Anthozoa: Actiniaria) from Japan. *Invert. Reprod. Develop.,* **35**(1), 1-8.

30) 円藤 清（2005）『クマノミとイソギンチャクの飼育法―ANEMONEFISHES & SEA ANEMONE』. 127 pp., エムビージェー.

31) Ottaway, J. R. (1980) Population ecology of the intertidal anemone *Actinia tenebrosa*. IV. Growth rates and longevities. *Aust. J. Mar. Freshw. Res.,* **31**, 385-395.

32) Sebens, K. P. (1983) Population dynamics and habitat suitability of the intertidal sea anemones *Anthopleura elegantissima* and *A. xanthogrammica*. *Ecolo. Monogr.,* **53**, 405-433.

33) Gashout, S. and Ormond, R. (1979) Evidence for parthenogenetic reproduction in the sea anemone *Actinia equina* L. *J. Mar. Biol. Ass. U. K.,* **59**, 975-987.

34) Ishimura, M. and Nishihira, M. (2003) Direct attachment of eggs to the body wall in the externally brooding sea anemone *Cnidopus japonicus* (Actiniaria; Actiniidae). *J. Ethol.,* **21**(2), 93-99.

ヒドラ

小泉　修

1. はじめに

a ヒドラの紹介

　ヒドラは，刺胞動物門に属す．多細胞動物の系統樹上では海綿動物の次に位置し，中胚葉をもたない二胚葉性の原始的な動物群である．この動物門には，淡水産のヒドラ以外に海の各種ヒドロ虫類，鉢虫類や箱虫類（クラゲ），花虫類（イソギンチャク，サンゴ）などの仲間がいる．

　ヒドラは，再生能力が強いことで知られ，再生や形態形成の研究や幹細胞の研究にも古くから使われている．これらの生物学研究のお陰で，ヒドラは，刺胞動物のなかで最も細胞レベル・組織レベルの知見が豊富な動物になっている．これも，研究室での飼育が比較的簡単にできるからである．

　ヒドラは高校の生物の授業では，出芽などの無性生殖，原始的な神経系，散在神経系などで登場する．しかし，実際に実物を見たことのある人は少ない．ヒドラは単純な形をした，全長たかだか1～2 cm程度の淡水産小動物である（**写真1a**）．増殖は，出芽という親の胴体より子どもが直接出てくる無性生殖で行う．そして，状態が悪くなると，卵や精巣が胴体に現れて，有性生殖も行う．

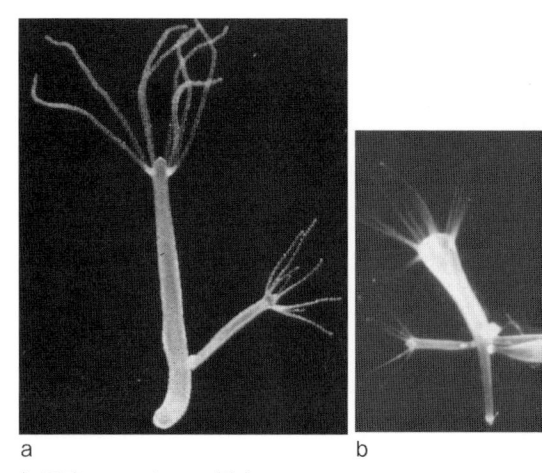

▶**写真1　ヒドラの写真**
（a）正常 *Hydra magnipapillata*，（b）上皮ヒドラ

ⓑ いろいろなヒドラ

　高校の生物の先生や筆者らは，このヒドラを見つけて飼うのが望みであるが，これをひどく嫌っている人たちもいる．それは，熱帯魚屋のオジサンである．彼に言わせると，「ああ時々水槽に大繁殖して，熱帯魚を殺す奴ね．一度湧くとなかなか駆除できない厄介者だ」となる．筆者のイメージとはまったく違うが，立場が違うとこうなるものかと納得している．ヒドラは，クラゲなどと同様，触手に刺胞細胞をもち，餌などがこれに触ると，捕鯨の銛のごとく刺胞を発射し，先端から毒を出す．これは，血球細胞を壊す脂質分解酵素や神経毒が含まれるカクテルである．同じ刺胞動物門のカツオノエボシの刺胞毒により，オーストラリアでは毎年数人の死人が出ると聞く．また，忍者は，クラゲの触手を乾燥させて粉にし，この刺胞毒を逃げるときの目潰しに使っていたと聞く．

　ヒドラは，ヒドロ虫類の中の1つの属の名前である．ヒドラは，大きく分けて4つのグループに分かれ，それぞれ，普通ヒドラ，足長ヒドラ，緑ヒドラ，かわいいヒドラと名づけられている．**表1**にそれらの特徴と代表的な種名を記してある．緑ヒドラは，その名のごとく緑色のヒドラで，内胚葉の上皮細胞（消化細胞）にクロレラが共生している．この緑ヒドラは，飢餓に強く，環境変化にも強い．

飼育スタート物品一覧

品　名	型　式	メーカー	参考価格
インキュベーター（低温恒温器）	MIR-254[*1]	SANYO	57万円
	MIR-154	SANYO	39万円
ポータブル保冷庫[*2]	MSO-R1025	Masao	1.5万円
ブラインシュリンプエッグ（アルテミア乾燥卵，ヒドラの餌）[*3]	Brine Shrimp Eggs（米国，ユタ）Bio Marine（米国，カリフォルニア）	A&A MARINE（藤本太陽堂）新東亜交易	1万円（1缶）
食塩[*4]		塩事業センター	500円（5 kg）
ポンプ[*5]	力 α-6000	ニッソー	5,500円
自動温度調節器サーモスタット[*5]	Thermostat AX-1	KOTOBUKI	2,000円
ヒーター[*5]	アルファーセラミックヒーター100	ニッソー	780円
Trizma base[*6]	T1503 1KG	Sigma	2万円
EDTA[*6]	4NA（EDTA・4Na）	DOJINDO	5,000円（500 g）

[*1] 多量飼育なら，このサイズが必要．
[*2] 家庭用でいろいろなものが1～2万円で売り出されている．光が取り込める窓がついているほうがよい．20℃前後で使えるものを選ぶ．
[*3] 1缶買わなくとも，熱帯魚屋で少量購入できる．米国製のものがよい．いろいろなメーカーのものがある．
[*4] アルテミア孵化用，食卓塩は不可．
[*5] アルテミア孵化用．
[*6] ヒドラ飼育液用．

▶表1　さまざまな種類のヒドラ

グループ	特徴	代表的な種
Common hydra 普通ヒドラ		*Hydra vulgaris* *Hydra magnipapillata*
Stalked hydra 足長ヒドラ	肉茎が細く長い	*Hydra oligactis* *Hydra robusta*
Green hydra 緑ヒドラ	クロレラが共生	*Hydra viridissima* *Hydra viridis*
Gracile hydra かわいいヒドラ	体が顕著に小型	*Hydra utahensis* *Hydra circumcincta*

2. 飼育方法

　筆者らの研究室でのヒドラの大量飼育について説明しよう．筆者は学生時代には，大型のハエを飼育していた．そのときには，卵，幼虫，さなぎ，成虫のすべての飼育が別々に必要で，何種類もの動物を飼っているようでたいへんであった．それに比べれば，ヒドラの飼育は慣れれば，水遊びレベルである．

a 入手方法

　ヒドラは，野外ではきれいな水の池などに棲んでいる．水草などに足でくっついて，頭部の触手を伸ばしてゆらゆらしている．しかし，水の動きなどですぐに縮んでしまうので，なかなか見つけにくい．現場では水草を採って研究室に持ち帰り，ビーカーの中でヒドラがリラックスして伸びてくるとようやく見つけることができる．とくに寒い時期には，この方法が必要である．比較的小さな水のきれいな池が採集場所にはよい．

　このヒドラをすぐには人工の飼育液に移さず，元の池の水に飼育液を少しずつ加えて慣れさせ，健康な状態なら完全な人工飼育液に移す．その途中で，いろいろな寄生生物を除くために，0.3%（w/v）のNaClで10分ほど処理をする．あるいは，抗生物質入りの溶液で，1週間くらい処理する．抗生物質は，リファンピシン（たとえばBoehringer）なら50 μg/mL程度の濃度で使う．

　しかし，実験に使うのであれば，種の同定された実験動物として確立したものを使うのが良い．日本では国立遺伝学研究所が，ヒドラの株保存のセンターになっていて，筆者らは，通常はここから種の同定されたヒドラを入手している．下記の住所のどちらかに連絡してもらえれば，種の同定された実験動物として無料でヒドラを提供できる．すでに筆者らは，福岡県の多くの高等学校に提供している．

・〒813-8529　福岡市東区香住ヶ丘1-1-1
　福岡女子大学環境理学科　小泉　修
　Tel　092-661-2411（内線353）
　e-mail: koizumi@fwu.ac.jp

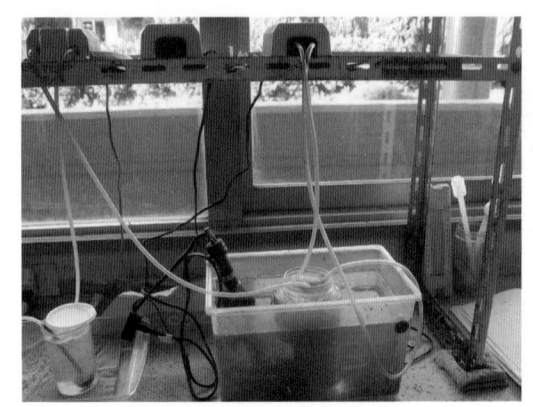

▶写真2 アルテミアの飼育状況
右の方に孵化中のアルテミア卵の容器が,左の方に孵化後のアルテミアの容器が見える.

・〒411-8540 静岡県三島市谷田1111
国立遺伝学研究所発生遺伝研究部門 清水 裕
Tel 0559-81-6770
e-mail:hshimizu@lab.nig.ac.jp

ⓑ 餌

次に餌である.動物の継続的な飼育には,餌の簡単で安定な供給が必須である.研究室での大量飼育にとっては,アルテミア幼生が餌として非常に役立つ.アルテミアの乾燥卵を必要な分のみ,人工海水か粗塩の液(10 Lの水道水の置き水あたり200 gの粗塩(食卓塩ではなくあらじお,食塩)を溶かしたもの)に入れて,エアレーションをすると,翌日には沢山のノープリウス幼生が孵化してくる.

ブラインシュリンプ(アルテミア,*Artemia*)の乾燥卵は,最近では,熱帯魚屋,栽培漁業,水族館など,さまざまなところで稚魚の餌として使われていて,広く市販品が入手できる.北米産,中国産などいろいろあるが,今現在では,北米産が一番良い.新東亜交易などから1缶(450 g程度)単位で購入できる.少量でよければ,熱帯魚屋で必ず購入できる.

筆者らは,25℃の水槽に入れたインスタントコーヒーの空瓶の中で,一晩で孵化させている(**写真2**).これをエアレーションをやめて静置すると,底に未孵化の卵が残り,その上にアルテミアの幼生が集まるので,それをスポイトで集める.これを,網を使って塩水を除き,ヒドラに与える.幼生は小さいので,ストッキングなどの目の細かいもので網をつくる必要がある.

ⓒ 飼育液

ヒドラの飼育は,飼育水と飼育温度が最重要である.飼育液は,蒸留水やイオン交換樹脂を通した完全に重金属を含まないものが必要である.飼育水は,純水10 Lに下記の原液各20 mLを加えたものである.

▶写真3　ヒドラの飼育状況（1）：飼育場所

　　原液A：0.5 M CaCl₂, 0.5 M NaCl, 0.05 M KCl
　　原液B：0.5 M トリス-(ヒドロキシメチル)-アミノメタン，HClにて pH 7.6に調整
　　原液C：0.05 M MgSO₄
　　原液D：0.01 M EDTA·4 Na，これは，水質に不安がある場合に入れる．
　それ以外にもいろいろな飼育液が使われているが，良質の純水が得られない場合には重金属の作用を除くためにキレート剤を加えたものを用いる．以下にその場合の比較的簡単な飼育液の作り方を示す．
　　原液A：0.1 M CaCl₂
　　原液B：0.01 M EDTA（pH 7.6）
　水道水または井戸水に，上記原液各10 mLを加えて，1 Lとしたものを使用する．

d 飼育・増殖

　ヒドラの飼育には，ガラスシャーレを使っている（**写真3**）．表面積の広いものなら何でもよい．蓋はあったほうがよい．18〜20℃で飼育する．恒温室があれば一番よいが，インキュベーターでもよい．飼育温度15℃以下では増殖は非常に遅くなり，25℃以上では病気になりやすい．また，28℃以上になると，ヒドラはやけど状態（熱ショックタンパク質のみを生産するようになる）になり，しばらくすると死亡する．
　餌は，毎日朝10時ころ与え，昼に食べ残しの死んだアルテミアを飼育液の交換で除く．そのときには，網の目がアルテミアは抜けてヒドラは残るサイズの網で洗う．蚊よけの網戸程度の網で大丈夫である．熱帯魚用のソフトネットの小型のものを買ってきて，それでは網目が少し大きすぎる

▶写真4 ヒドラの飼育状況（2）：ヒドラの洗浄など
(a) 緑ヒドラを網で洗っている，(b) 飼育シャーレ中の普通ヒドラ．

ので，網の部分のみ張り替えて用いている（**写真4**）．ヒドラは食事の約6時間後に未消化物を口から出すので，夕方再度飼育液を新しくする．その際，シャーレの底を指サックをつけた指できれいにする．ヒドラは底から外れるので，古い液はシャーレの蓋のほうに移し，シャーレに新しい飼育液を入れて，それにヒドラをパスツールピペットで戻す．面倒であれば，このときにも網を使ってもよい．しかし，時々シャーレの底を清掃することは必要である．

　飼育に問題なければ，個体数は倍加時間（doubling time）3日間くらいの速度で増加する．

　カンザス州立大学の研究室では，Carolina Biological Supply社から*Hydra littoralis*を購入していた．その研究室では微細形態の研究をしており，入手後にすぐにすべてを電子顕微鏡用標本処理するので飼育する人がいない．それで，自分で飼育していたのだが，ヒドラの飼育のプロと自認する筆者でも，なかなか飼育が上手くいかない．

　状態が良くなって喜んでいると，とたんに個体数が減ってしまう．シャーレの底に，沈殿のようなものが時々見えるので，ここは水がよほど硬水なのかなーと思っていたら，その塩の沈殿と思ったものがもぞっと動いた．エーと思って顕微鏡で見てみたら，アメーバだった．本でよく見たヒドラの天敵，ヒドロアメーバだったのだ．これが出ると，ヒドラはいつも全滅していた．

e 簡易飼育

　ヒドラの個体数がそれほど必要ないときには，週2〜3日の給餌でよい．新鮮な水と温度のみ注意が必要である．大量飼育でなければ，ヒトが飲む市販のミネラルウォーターでよい．また，餌のアルテミアも，バットに薄く海水を張って，それに乾燥卵をぱらぱらと撒いておくと幼生が出てく

るので，それをとって餌とすればよい．あるいは，イトミミズを買ってきて，これを与えてもよい．熱帯魚屋に行くとおちょこ1杯300円ほどで買える．これをバットに入れ，エアレーションをしておくと何カ月ももつので，それを週1度くらい与えればよい．イトミミズはヒドラの何倍もの大きさがあるが，ヒドラの刺胞毒によってのたうち回り，結局ヒドラの胃腔に取り込まれる．それは，壮絶な戦いである．

生きていない餌は，今のところ上手くいかない．また，簡易飼育でも温度のコントロールは必要である．最近では1万円程度で家庭用の食料保存用のインキュベーターが買えるので，それを利用すればよい．高校の先生にはこのようなものを紹介して，喜ばれている．

f さまざまなヒドラの実験系

ヒドラでは，神経回路網形成をいろいろな実験系で観察できる．再生系，出芽系，解離再集合系などである．さらに再導入系といって，神経細胞をまったく含まないヒドラ個体（上皮ヒドラ，**写真1b**）をつくり，これに神経細胞の前駆細胞（多分化能幹細胞）を導入して神経網形成を見ることができる．

この上皮ヒドラは，自分で餌を捕まえることも，取り込むこともできないが，再生や出芽などの形態形成はできる．浸透圧調節も上手くいかないため，腹がパンパンになる．この上皮ヒドラを飼育するときは，胃の洗浄を行った後，胃の中にアルテミアを1匹ずつ入れてやる．本当に飼育がたいへんである．

3. おわりに

筆者らの研究室では，筆者も含め全員で担当を決めて，正月も盆も365日飼育をしている．朝餌をやり，昼に水換えをするのを1st，夕方水換えをするのを2nd，とよんで毎日2名のローテーションで飼育をしている．実験に使うものをE（experiment），保存用のものをS（storage）とよんで，Eは毎日，Sは月，水，木，土に餌を与えている．日曜日はさすがに学生に気の毒なので，餌やりなしで，筆者が翌日の餌のセットと水洗のみをしている．ヒドラの飼育は，水と温度がすべてである．重金属を含まないきれいな淡水と，27℃を超えない20℃前後の温度管理である．これができれば，いろいろな餌で殖やすことができる．

4. 参考文献

本文では引用していないが，ヒドラの飼育に関する有益な図書を2つ紹介する．

1) Lenhoff, H. M. ed.（1983）"Hydra: Research Methods", Prenum Press.
2) 杉山 勉（1985）『再生―無脊椎動物（ヒドラ）』，実験生物学講座11 発生生物学（金谷晴夫・山上健次郎編），pp.313-325, 丸善.

コラム 4

形態形成の基本思想の登場―細胞選別と発生

高久康春

　再生とは，損傷を受けた生体の部位が復元したり，細胞レベルまでバラバラになったものが全身を回復することをいう．この過程やメカニズムは，さまざまな手技によって研究されてきた．クラゲやイソギンチャクといった刺胞動物の仲間であるヒドラは，淡水に棲む体長1 cmほどの動物である．内胚葉と外胚葉の2層を形づくっただけの単純な体制をとり，強い再生能力を併せもつために200年以上にわたって形態形成解析のモデル生物として用いられている．

　ヒドラは個体を細胞一つひとつにまで解離しても，細胞の再集合体から約1週間で完全な形態および機能を回復する（**写真**）．この再生過程の初期には，細胞がランダムに混ざり合った状態から，内胚葉性上皮細胞は内側に外胚葉上皮細胞は外側に，それぞれに移動・集合し再配列する．この過程は細胞選別現象とよばれ，

写真　解離細胞再集合体からの再生.
END：内胚葉性単一上皮細胞，ECT：外胚葉性単一上皮細胞．細胞選別過程（～12 hr）．
内部は中空になり，内-外胚葉単シート構造が形成される（～48 hr）．

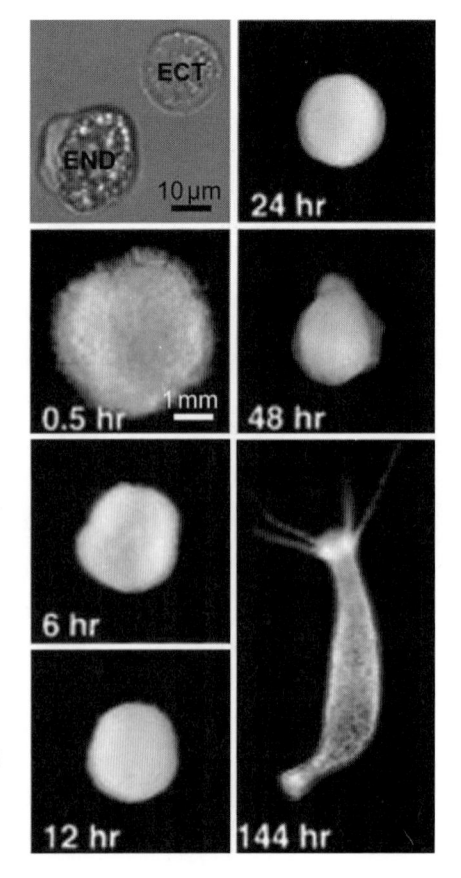

TownesとHoltfreterによって，イモリの予定表皮細胞と神経板細胞を混ぜ合わせた実験から1955年に発見されたものである．多細胞動物では，このように同じ種類の細胞どうしが集まり接着する性質があり，カイメンのような系統的に古くに分岐した動物からニワトリやマウスなどの高等動物に至るまで広く解析されてきた．選別が起こった細胞群は，それぞれ異なる組織に分化することから，細胞選別は発生において重要な役割を果たしている．

細胞選別は，基本的に細胞間接着が原動力になる．たとえば2種類の細胞AとBが混ざり合っている場合，細胞間に生じる接着力がA-A＞A-B＞B-Bならば，A細胞はB細胞を押しのけ塊の内側へと相対的に移動・集合していく（差次接着仮説）．SteinbergとTakeichiは，接着能をもたない培養細胞に接着分子カドヘリンを異なる量で発現させ，発現量の多い細胞が塊の内側に配置することを示し，接着力の差だけで細胞選別が起こることを初めて証明した[2]．しかし筆者らは，接着特性に加えアクチン系による細胞運動が，ヒドラでは必須の選別駆動力となっていることを見つけた[3]．ヒドラ内胚葉性上皮細胞は運動性が高く，数時間で塊の内側へと能動的に移動するが，運動能を阻害すると選別は起こらない．一方，外胚葉性上皮細胞の運動性を阻害しても細胞選別は機能する．内胚葉性上皮細胞と外胚葉性上皮細胞の，接着特性と運動特性が総合的に作用したとき，はじめて選別が可能になる．

単一細胞からの形態形成は，進化をたどる過程と似ているかもしれない．ヒドラ単一細胞が自他認識により小ユニットを形成し，およそ10万個からなる複雑な多細胞体制を作り上げていくプロセスは圧巻である．人工多能性幹細胞系譜が確立され，発生・再生機構は医工学的に新しい時代を迎えている．形態形成メカニズムの更なる解明は次世代研究の目玉の一つとなるであろう．

● 参考文献

1) Townes, P. L. and Holtfreter, J. (1955) *J. Exp. Zool.* **128**(1), 53-120.
2) Steinberg, M. S. and Takeichi, M. (1994) *Proc. Natl. Acad. Sci. USA*, **91**, 206-209.
3) Takaku, Y., Hariyama, T. and Fujisawa, T. (2005) *Mech. Dev.*, **122**(1), 109-122.

カイウミヒドラ類

並河 洋

1. はじめに

　刺胞動物は，刺胞という微小な毒液のカプセルをもつという特徴でまとめられた動物である．これら刺胞動物は，二胚葉性で，体のつくりとして基本的に胃腔部の出入口が1つであることも特徴である．つまり，一般的に動物は「消化管」をもち，その入口（口）と出口（肛門）があるのに対し，刺胞動物は袋状の胃腔をもち，口が肛門を兼ねているのである．有性生殖以外に，出芽や分裂など無性生殖を行うものが多い．基本的な生活形としては，付着生活するポリプと浮遊生活するクラゲとがある．一般にクラゲはポリプから無性生殖でつくられる．刺胞動物には，内部構造や生活形をもとに4つの大きなグループ（綱）が含まれている．それらは，内部構造の複雑なポリプのみをもつ花虫綱（サンゴやイソギンチャク類），小さなポリプと大型のクラゲをもつ鉢虫綱（ミズクラゲやエチゼンクラゲなど），小さなポリプと箱形のクラゲをもつ箱虫綱（アンドンクラゲ類），そして，比較的簡単な構造をしたポリプとクラゲの両方またはどちらか一方をもつヒドロ虫綱である．

　上述のようにヒドロ虫類には生活形としてポリプとクラゲとがあるが，外洋性の特殊な種群を除いて，ポリプがヒドロ虫類の基本形と考えられる．ヒドロ虫類では，無性生殖によりポリプからポリプが形成されるが，ポリプが離れることなく相互に走根などで繋がった状態のままのものがいる．

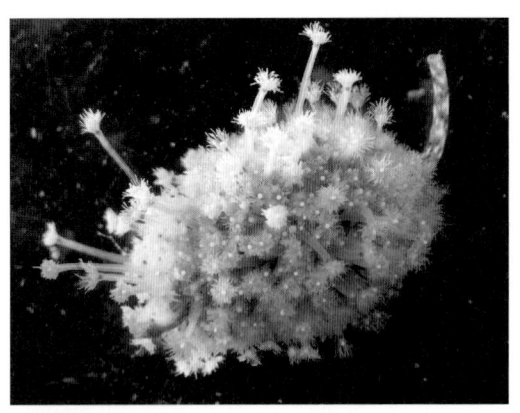

▶写真1　シワホラダマシの貝殻上のカイウミヒドラ *Hydractinia epiconcha* の群体
巻貝の殻長は約 15 mm.

この繋がった状態のことを群体という．群体性ヒドロ虫類の場合，走根などを通してポリプ間で栄養のやり取りや刺激の伝播がなされる．

　花虫類ではポリプの胃腔部に，鉢虫類や箱虫類ではクラゲの胃腔部に生殖巣が形成されるのに対し，ヒドロ虫類ではポリプの体表に生殖巣が形成される．なお，ヒドロ虫類では，生殖巣にあたる器官を生殖体とよぶ．生殖体はポリプの胴部や走根上などに形成されるが，種によって生殖体がポリプから離れ，しばらく餌を食べて自由生活するものがある．この自由生活する生殖体がクラゲである．

　刺胞動物のなかで，ヒドロ虫類は比較的小型であり実験室内での飼育が容易なものも多く，無性生殖を利用したクローンの確保が可能なため，研究材料として有用な動物である．しかしながら，ヒドロ虫類のなかで，これまで研究材料として用いられてきたのはおもに淡水域で単体生活するヒドラ類である（「ヒドラ」の項参照）．ヒドロ虫類のなかで淡水に生息するのはヒドラ類とマミズクラゲのみであり，ほとんどが海産である．また，海産のヒドロ虫類には群体を形成するものが多く存在し，その群体という特性を利用して，ヒドラとは違った視点での研究が考えられる．たとえば，走根が網目状に張り巡らされた群体で，あるポリプを刺激すると，群体全体でポリプの収縮が起こ

飼育スタート物品一覧

品　名	型　式	メーカー	参考価格
水槽・容器共通			
人工海水　シーライフ	25 L用	マリン・テック	700 円
ピペット	1～2 mL	アズワン	200～300 円程度
ブラインシュリンプエッグ	20 mL	テトラ	780 円
水槽飼育用			
45 cm水槽	NS-4M	NISSO	3,000 円
底面濾過フィルター	NBF-500	NISSO	600 円
エアーポンプ		NISSO	1,500 円
エアーチューブ	5 m	各種メーカー	500 円程度
サンゴ砂	パウダー状	各種メーカー	700 円（5 kg）
	濾材用	各種メーカー	700 円（5 kg）
テトラミンフレーク	20 g	テトラ	670 円
ペルチェ式冷却装置	クールタワー CR-2	テトラ	19,000 円
容器飼育用			
丸形V式（スチロール製）	各種サイズあり	アズワン	50～100 円（1個）
ポータブル保冷庫	温度コントロール付きのもの	各種メーカー	10,000～20,000 円程度

る．この現象は，ネットワーク上の刺激の伝播についての研究に活用できるであろう．本稿では，これまで研究に利用されてきた海産の群体性ヒドロ虫類のなかでとくに入手のしやすさや小型容器内での飼育の容易さの点からカイウミヒドラ類に焦点を絞り解説する．

「カイウミヒドラ」という和名は，本来，ウミヒドラ科ウミヒドラ属（Hydractiniidae, Hydractinia）で日本特産種の *Hydractinia epiconcha* にあてられたものである．しかし，ここでは，ウミヒドラ科に属する種の総称として「カイウミヒドラ類」を用いて，解説を進めることとする．それは，ウミヒドラ科の種間で共通する点も多数あり，さらに，地域により材料の入手の容易さの問題もあるために総論的に扱うほうがよいと考えたからである．「ヒドラ」としてエヒドラやチクビヒドラなどを含めて解説するのと同じと考えていただきたい．

カイウミヒドラ類は，海産の群体性ヒドロ虫類である．雌雄異体である．カイウミヒドラという名前が示すように，この類はおもに生きている巻貝の貝殻やヤドカリが居住する巻貝の貝殻上など他の動物体上に生息している（**写真 1**）．また，ポリプに分業が見られ，餌を食べるための栄養ポリプ（**写真 2a**）や有性生殖に関与する生殖ポリプ（**写真 2b**）などをもつことがカイウミヒドラ類の特徴である．カイウミヒドラ類では，生殖体が生殖ポリプの体表に形成される．この類において，生殖体は，種によって単純な袋状のものからクラゲとなって遊離するものまで，さまざまなタイプがある．

後述のように，ポリプを容器に移植し群体を形成させることにより，扱いが容易となる．これまで欧米を含めてカイウミヒドラ類を使った研究としては，配偶子形成や走根の成長などを扱ったものがある．

2. 飼育方法

ⓐ 入手方法

カイウミヒドラ類は，以下に紹介する巻貝類を採集することで入手可能である．なお，個々の巻貝類の形などは貝類図鑑などで確認していただきたい．

岩礁域では，地域によって，いくつかの巻貝にカイウミヒドラ類が生息している．これらを採集するためには，石の表面やすき間などを探して目当ての巻貝を見つけることになる．房総半島以南では，シワホラダマシという巻貝の貝殻上に *Hydractinia epiconcha* が，また，ウズイチモンジガイの貝殻上にアミネウミヒドラ属（*Stylactaria*）の *Stylactaria carcinicola* というカイウミヒドラ類が生息している．東北から北海道にかけては，エゾサンショウガイの貝殻上に *Stylactaria conchicola* が生息している．

一方，本州以南の内湾の砂泥域に生息するムシロガイ類キヌボラの貝殻上にも *Stylactaria misakiensis* やコツブクラゲ属（*Podocoryna*）の一種 *Podocoryna* sp. が生息している．これらについては，魚肉トラップでキヌボラがかかることを利用して採集することができる．この場合，魚肉トラップを一晩かけておくとよい．

いずれの場合にも，カイウミヒドラ類が生息する巻貝類の貝殻表面は，橙色〜桃色のやわらかな房状のものがたくさん生えているように見えるためわかりやすい（**写真 1**）．

▶写真2　シワホラダマシの貝殻上から切り出した *Hydractinia epiconcha* のポリプ
(a) 栄養ポリプ．栄養ポリプには大小2タイプが存在する．
(b) 雌の生殖ポリプ．ポリプ胴部の体表についている球状のものが生殖体（左側は未成熟で，右側は成熟した状態）．生殖体中に見える顆粒状のものは卵．スケールバーは0.5 mm．

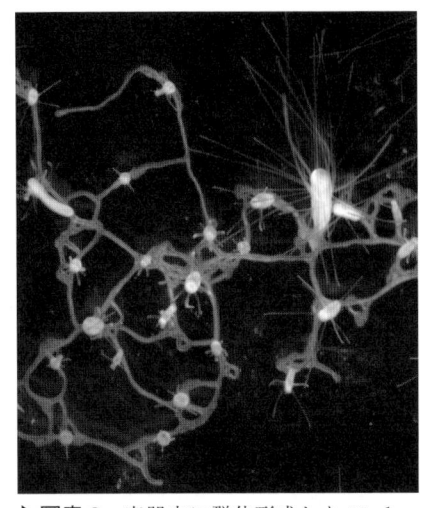

▶写真3　容器内に群体形成した *Hydractinia epiconcha*
移植した栄養ポリプ（群体中で最も大きなもの）から走根が伸長し，新たな栄養ポリプが形成されている．この後，群体の成長が進むと走根上に生殖ポリプが形成されてくる．

ⓑ 室内飼育

　カイウミヒドラ類が貝殻上に生息する巻貝類は，水槽内で飼育する．30 cm 程度の水槽であれば，巻貝類数個程度は飼育可能であろう．水槽の濾過環境は，サンゴ砂を敷いた通常の底面濾過でよい．キヌボラの場合，砂に潜る習性があるため，濾過砂の上にパウダー状のサンゴ砂を数 cm 入れておく．カイウミヒドラ類には，ヒドラと同様に，アルテミア幼生を餌として与える．この場合，ピペットを使ってアルテミア幼生をポリプ近くに吹きかけるように与えると，ポリプが効率よく餌を捕まえることができる．カイウミヒドラ類が生息する巻貝類には海産無脊椎動物用のペレット状の餌を与える．餌を与える頻度は，2〜3日に一度くらいが適当であるが，1週間に一度でも維持はできる．

　カイウミヒドラ類は，小さな容器（直径6〜10 cm 程度）で群体（写真3）を飼育することが可能なヒドロ虫類である．容器内での群体の飼育は，ポリプを貝殻上から切り出して容器の底に移植することから始まる．ポリプの移植は，小さなハサミかメスを使って貝殻上のカイウミヒドラ類の群体からポリプを切り出し，ピペットを使って群体飼育用の容器の底に移すことで行う．この作業は海水が満たされた容器に巻貝を入れて実体顕微鏡下で行うとやりやすい．ポリプ移植後の容器は，揺れるとポリプが付着しないので，静置しておく．ポリプがうまく容器の底に付着すると，走根が伸長し，走根から新たなポリプが形成される（写真3）．新たなポリプが形成されたころから，ピペットを使ってアルテミア幼生をそれぞれのポリプに餌として与える．容器内で群体を飼育する場合は，餌を与えた数時間後に水換えを行う．このとき，容器底などに付着した食べかすはピペッテ

ィングなどにより除去する．

　このような飼育により，人為的に群体を維持することができる．容器底全体に群体が広がった場合などには，その群体からポリプを切り出して別の容器に移植すること（植え継ぎ）で新たな群体を形成させることができる．この方法により，クローンの群体を維持し，また，多数揃えることができる．なお，栄養ポリプや生殖ポリプをそれぞれ移植し，ポリプの種類によって群体形成に違いがあるかなども調べておくとよいであろう．

　カイウミヒドラ類の水槽および容器での飼育には市販の人工海水を利用する．人工海水であれば，内陸部での海水確保が容易であろう．人工海水には，製品によって善し悪しがあるため，研究用とされる製品（シーライフ，マリン・テック製など）を利用するのが望ましい．

　飼育時の水温は，採集場所の水温を目安に設定する．最近は，ペルチェ式の冷却方法による水槽用小型クーラーや市販のポータブル保冷庫が販売されているので，それらを準備して水温管理をするのが望ましい．

c 飼育するうえでの注意事項

　カイウミヒドラ類を容器内で飼育する場合，同じ貝殻上から複数のポリプを同じ容器に移植する．ポリプには状態の善し悪しがあるので，そのなかでよいもの（新しいポリプの形成が速いなど）を選ぶ．なお，残りのポリプはメスやピンセットを使って容器から除いておく．容器内に群体が成長するとともに，どうしても藻類の繁殖が起こる．藻類の繁殖が少ない場合は，割箸の先端をエンピツ状に削り，実体顕微鏡下で，走根を傷つけないように藻類をこすり落とすことで対応する．藻類が非常に繁殖し，走根も被うような状況の場合には，新しい容器にポリプを植え継ぎ，そのクローンを維持する必要がある．

3. おわりに

　ヒドロ虫類においてさまざまな研究は「ヒドラ」で行うことが可能であり，実際これまでに多くの研究が蓄積されてきた．「ヒドラ」ではなく「カイウミヒドラ類」の研究材料としての魅力は，「ヒドラ」にはない"群体"というシステムをもつことであろう．群体は，一般の動物では見られないシステムであり，その成り立ちや機能を研究することで，新たな研究分野の開拓も可能と思われる．たとえば，群体内のポリプはすべてクローンであるが，カイウミヒドラ類では，ポリプ間に分業が生じる．それはいったいどういうメカニズムなのか．

　群体というシステムは，サンゴ類やコケムシ類，そして，ホヤ類にも見られるものである．しかし，ヒドロ虫類，とくにカイウミヒドラ類のように実験室内の小さな容器内で飼育することのできるものは，ほかにはない．このことが，カイウミヒドラ類を研究材料として活用していく所以である．

ニハイチュウ

古屋秀隆

1. はじめに

　ニハイチュウ（二胚虫）（**写真1**）は底棲の頭足類（タコ類やコウイカ類）の腎嚢を生活の場とする体長数百µm～数mmほどの多細胞動物である．その体制はきわめて簡単で，体を構成する細胞は多細胞動物のなかで最も少なく，40個にも満たない．そのため，後生動物にみられる組織や器官に相当する構造が，ニハイチュウにはみられない．その体制の単純さから，ニハイチュウは原生動物と後生動物との中間に位置づけられ，中生動物門が設けられた．その後の研究で，原始的な多細胞動物の分類体系が見直され，ニハイチュウは二胚動物門（Dicyemida）として扱われるようになった．

　内部寄生虫は外部寄生虫に比べ，飼育や培養が困難である．とくにニハイチュウの場合，頭足類の腎嚢内という特殊な環境に生活しているため，一般的な飼育方法が適用できない．現在まで試験管内（*in vitro*）での培養系は確立されていないが，1～2カ月間の飼育は可能であるので，その飼育の方法について述べたい．

2. 飼育方法

　はじめにニハイチュウの生息場所はどのような環境か，そこでニハイチュウはどのように生活しているかを簡単に述べる．

ⓐ 生息環境

　一般に海産無脊椎動物では，腎臓でつくられた老廃物は体外に排出されるが，頭足類の場合は直

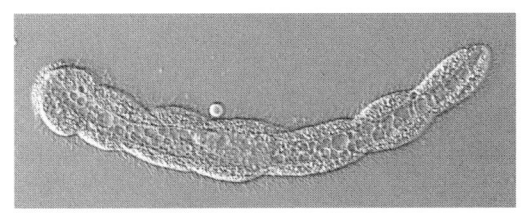

▶**写真1** 飼育容器内のヤマトニハイチュウの若い個体
体長は約200 µm．

接体外に排出されることはなく，一時腎嚢内に溜められる．腎嚢内を満たす尿は，腎嚢の収縮によって腎孔という微小な排出口から外套腔に少量ずつ排出される．このように頭足類の腎臓は無脊椎動物のなかでも独特な構造であるが，この構造こそがニハイチュウにとって生活の場として利用しやすい環境となっている．ニハイチュウはその尿中の成分を養分としていると考えられるが，口や消化管をもたないニハイチュウは，体の表面から飲作用により養分を吸収しているらしい．よって，ニハイチュウが寄生することで，直接に腎臓の細胞に害が及ぶことはない．また宿主がニハイチュウの寄生によって利益を得ているようにもみえない．このことから，ニハイチュウは頭足類に対して片利共生の関係にあると考えられる．

ⓑ 形態と生活史

　ニハイチュウの生活史には無性生殖と有性生殖の2つのサイクルがみられる（**図1**）．ニハイチュウ（二胚虫）の名は，「2つの胚（幼生）をもつ動物」という意味であるが，これは無性的に発生する蠕虫型幼生と，受精卵から発生する滴虫型幼生とよばれる2種類の幼生がみられることに由来する．蠕虫型幼生を生じる個体（ネマトジェン）や滴虫型幼生を生じる個体（ロンボジェン），および蠕虫型幼生は，それぞれ長虫状をなしているため蠕虫型個体としてまとめられ，滴虫型幼生と形態的に大別される．この蠕虫型個体の体は，体内部にある円筒形の軸細胞とそれを取り囲む10～40個の体皮細胞からできている．生殖細胞は軸細胞のなかに入れ子式に含まれているが，この構造はニハイチュウ独自の特徴である．一方，滴虫型幼生では，その体の内部に生殖細胞を入れ子式に含む細胞（芽胞嚢細胞）が位置し，その外表部には繊毛をもつ細胞やフィチン酸を含有する細胞（頂端細胞）がみられる．

　蠕虫型個体は頭足類の腎嚢内で生活し，滴虫型幼生は宿主の尿とともに海水中に泳ぎ出て海水中で生活する（**図1**）．つまり，(1) 蠕虫型幼生→成体→蠕虫型幼生という，宿主の腎嚢内で完結する成長・増殖のサイクルと，(2) 成体→蠕虫型幼生→成体→滴虫型幼生→？→成体という，旧宿主から新宿主への到達と新宿主の腎嚢内で成長するというサイクル，の2つのサイクルがある．海水中に泳ぎ出た滴虫型幼生が，その後どのようなプロセスを経て成体に至るのかは不明であるが，

飼育スタート物品一覧

品　名	型　式	メーカー	参考価格
恒温器	MIR-154	サンヨー	390,000 円
浸透圧計	オズモ 210	フィスケ	1,200,000 円
pH メーター	A58746	ベックマン	150,000 円
倒立顕微鏡	CKX41	オリンパス	398,000 円
クリーンベンチ	MCV-710ATS	サンヨー	375,000 円
冷蔵庫	MPR-162D（CN）	サンヨー	230,000 円
人工海水	マリンアート SF-1	冨田製薬	2,000 円
細胞培養用フラスコ	430168	コーニング	45,000 円

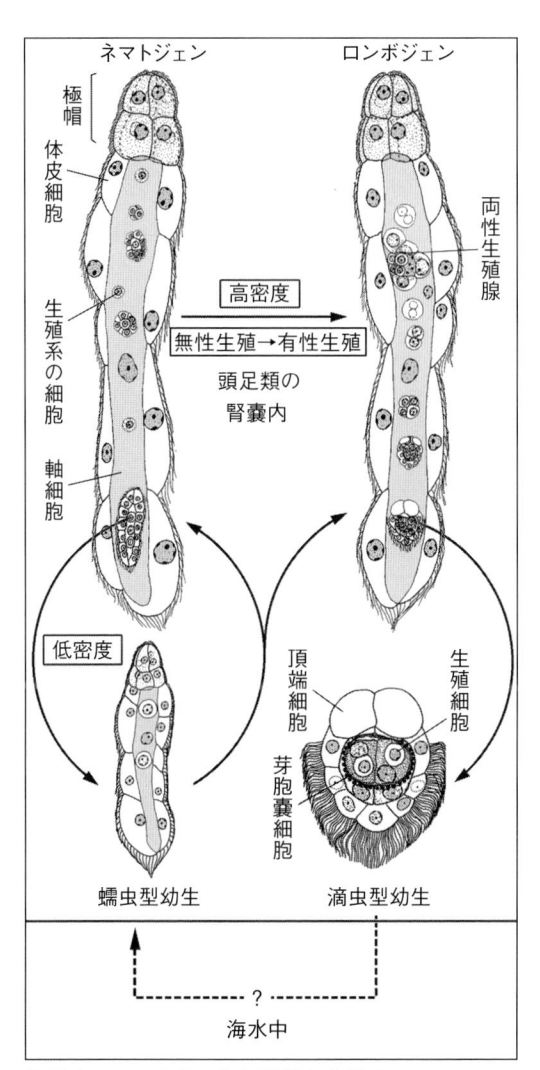

▶図1 ニハイチュウの形態と生活史
頭足類の腎嚢内での経路（上）と海水中での経路（下）を示す．無性生殖によって腎嚢内の個体群密度が増大すると，有性生殖のサイクルに移行する．そこで発生した滴虫型幼生は宿主の排尿に際して海中に分散し，新たな宿主に到達すると考えられている．この間，中間宿主が存在するかどうかは不明であるが，中間宿主がなくとも新宿主に寄生できる．破線で示したプロセスは不明．

▶表1 簡易培養液の組成（100 mL 用）

組成	
ウシ胎児血清（fetal calf serum）またはウマ血清（horse serum）	0.5 mL
人工海水	99.5 mL
ペニシリン	4 mg
ストレプトマイシン	5 mg

▶表2 培養液の組成（100 mL 用）

組成	
MEM aminoacid solution（50×）(Gibco)	1 mL
MEM non-essential aminoacid solution（100×）(Gibco)	1 mL
MEM vitamin solution（Gibco）	1 mL
NCTC 109 Medium（100×）(Sigma-Aldrich)	25 mL
ウシ胎児血清（fetal calf serum）(0.5％)	0.5 mL
人工海水	71.5 mL
塩酸（1N）	700 μL
蒸留水	18 mL
ペニシリン	4 mg
ストレプトマイシン	5 mg

　試験管内での観察から，滴虫型幼生は約2日間遊泳できることと，その後生殖系の細胞のみが1カ月間ほど生存することが明らかになっている．
　以上，ニハイチュウの特徴を簡単に述べたが，他の生物学的諸特性の詳細は，総説[1]を参照されたい．

c 飼育の準備

ニハイチュウは尿中で生活しているため，尿の成分を反映した培養液を作製しなければならない．Lapan と Morowitz はニハイチュウを培養するために頭足類の尿の組成を基本に培養液を作製した[2]．しかしこの培養液では，飼育は可能であるが，ニハイチュウの増殖がみられないため，完全な培養系とはいえない．また，この培養液は飼育目的であれば利用できるが，試薬の調合が複雑なため一般的でない．ここでは筆者が作製した2通りの飼育用培養液を紹介する．

ニハイチュウが生息する腎嚢内は，血液から濾し出された無菌状態の尿で満たされている．また尿中には，いろいろなアミノ酸類が含まれ栄養分が豊富である．ニハイチュウはそれらを養分として吸収していると思われる．そのためニハイチュウを飼育する場合，バクテリアなどのコンタミネーションを防ぐための滅菌操作が必要である．よって解剖用具，ガラス器具などは，オートクレーブで滅菌して用いなければならない．飼育容器は滅菌済みの細胞培養用プラスチック容器を使用すると便利である．

d 培養液の調製

（1）短期飼育

数日〜1週間の飼育であれば，抗生物質を加えた人工海水にウシ胎児血清あるいはウマの血清を加えた簡単な培養液（**表1**）が適当である．

（2）長期飼育

人工海水に市販の必須アミノ酸類，非必須アミノ酸類，ビタミン類，培養用培地，血清，および抗生物質を加えた培養液（**表2**）を作製する．混合後，培養液から一定量をとり，pHと浸透圧を測定する．塩酸（1 N）で pH を 6.0 に調整する．ブドウ糖（グルコース）溶液（0.2%）で浸透圧を 980 mOsm に調整する．浸透圧の測定には浸透圧計を用いる．

e 頭足類の入手

日本沿岸にみられる頭足類のなかで，最も入手しやすい種はマダコである．マダコは四季を通じて漁があり，漁港に併設されている直売所では水槽でストックされている．百貨店や大型スーパーなどでは，生きているマダコを店頭で販売していることもある．そのほか，鮮魚店で生かしたマダコを注文することもできる．マダコでは3種類のニハイチュウ（**表3**，**図2**）がみられるが，ふつう 1, 2 種がみられ，全3種がみられることはまれである．

f ニハイチュウの単離

マダコの腹部外套膜を正中線にそって切り開き内臓部を露出させる．左右の鰓の基部から内臓の中心部にかけて位置する茶色または黄土色の臓器が腎臓である．腎臓は薄く透明な腎嚢膜に包まれている．

腎嚢膜を 70% アルコール入りの霧吹きで消毒し，アルコールで滅菌した紙でよく拭き取る．腎嚢膜の一部をピンセットでつまみ上げ，解剖バサミで数ミリの切れ目をいれる．そこにパスツールピペットを差し込み，腎嚢内の尿を吸い取る（**図3a**）．ニハイチュウの蠕虫型個体は尿中で生活し

▶表3 マダコにみられるニハイチュウ類とその特徴

ヤマトニハイチュウ（*Dicyema japonicum*）
生息場所：腎臓（腎上皮）の表面に頭部（極帽）で接着している
体長：最大2 mm
極帽：円盤状
体皮細胞数：22

トガリニハイチュウ（*Dicyema acuticephalum*）
生息場所：腎臓（腎上皮）のくぼみに体の前部を挿入している
体長：最大1 mm
極帽：円錐状（輪郭はなめらか）
体皮細胞数：16~18

ミサキニハイチュウ（*Dicyema misakiense*）
生息場所：腎臓（腎上皮）のくぼみに体の前部を挿入している
体長：最大2 mm
極帽：円錐状（ひょうたんのようなくびれがみられる）
体皮細胞数：22

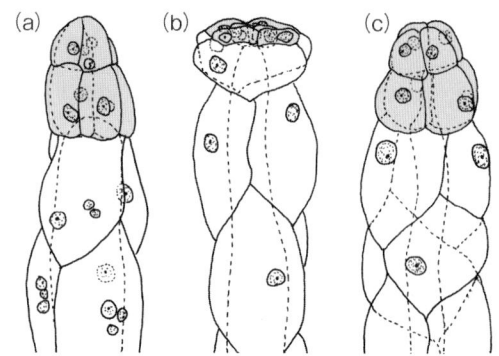

▶図2 マダコにみられる3種類のニハイチュウの前頭部
(a) トガリニハイチュウ，(b) ヤマトニハイチュウ，(c) ミサキニハイチュウ．極帽の部分をグレーで示した．表3を参照．

ているが，尿中を自由に泳ぎ回っているわけではなく，頭部を腎上皮の隙間に挿入して体を固定，または頭部で上皮の表面にゆるく接着している（**写真2**）．一方，滴虫型幼生は尿中を自由に遊泳している．パスツールピペットで吸い取った尿のなかには，表面に接着しているヤマトニハイチュウの蠕虫型個体や滴虫型幼生が含まれる．この際，一部の尿をホロウスライドガラスにとり，カバーガラスをかけて光学顕微鏡で観察するとよい．

遠心管（50 mL）に抗生物質を2倍量含んだ培養液を入れ，そこに吸い取った尿を移す．遠心管を冷蔵庫内（4℃）で30分ほど静置し，底にニハイチュウが沈むのを待つ（**図3b**）．飼育容器に適量の培養液（底から5 mm）を入れる．遠心管のニハイチュウが底に沈んだところで，クリーンベンチ内で上清を捨て飼育容器に移す（**図3c**）．飼育容器は恒温器に入れ16℃に保つ．

観察は倒立顕微鏡を用いる（**図3d**）．翌日，ニハイチュウの様子や飼育容器の底にバクテリアなどのコンタミネーションがないかどうかを確かめる．バクテリアのコンタミネーションがあった場合は，新たにマダコを用意して最初から作業をやりなおす．また，ニハイチュウが運動していない場合や体が折れ曲がっていた場合は，培養液のpHや浸透圧をチェックする必要がある．

培養液は2日に1回，クリーンベンチ内で2/3を交換する．交換する前に，培養容器をゆっくりとまわして培養液をかるく撹拌する．ニハイチュウが底に沈んだところで，上清を捨て新しい培養液と交換する．コンタミネーションがなければ，少なくとも1カ月間は飼育が可能である．

ニハイチュウをピペットで吸い出す際に，頭足類の腎臓由来の細胞が混入する．この細胞は飼育容器の底に接着し増殖するが，この細胞をできるだけ増殖させたい．この増殖により，培養液に含

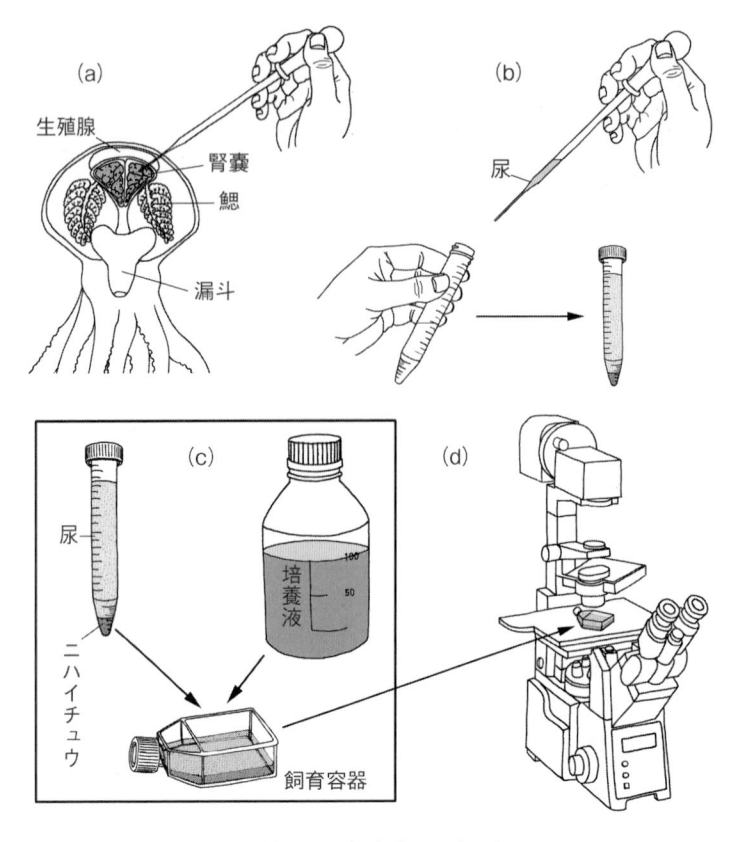

▶図3 ニハイチュウの単離から観察までの概要
(a) マダコの腎囊からピペットを用い，尿とともにニハイチュウを吸い取る．(b) 遠心管（抗生物質を溶かした人工海水を入れておく）に吸い取った尿とニハイチュウを入れる．冷蔵庫（4℃）などで，ニハイチュウが底に沈むのを待つ．(c) クリーンベンチ内で，寝かせた飼育容器に培養液を注ぎ，次に遠心チューブの底に沈んだニハイチュウを飼育容器に移す．(d) 飼育容器内のニハイチュウを倒立顕微鏡で観察する．

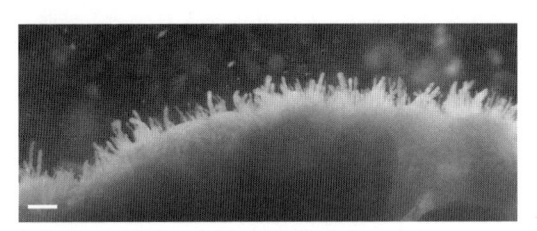

▶写真2 腎臓の表面にみられるニハイチュウ
腎臓の表面に多数のニハイチュウが寄生し，多くの短い毛がはえているようにみえる．スケールバー：200 μm．

まれていない要素がニハイチュウに供給され，ニハイチュウの飼育状況がよくなるからである．腎臓由来の細胞を別の容器で培養し，その上清をコンディションメディウムとしてニハイチュウの飼育容器に加えてもよい．

　飼育中のニハイチュウは，培養容器の壁面に沿ってゆっくりと泳いでいる．これはニハイチュウ

が接触走性をもち，体を常に何か物体に接触させようとするからである．この性質によって，ニハイチュウは腎臓に接着し，尿とともに排出されないようにしていると考えられる．一方，滴虫型幼生は接触走性をもたないため，培養液中を四方八方に泳ぎ回っている．これは，滴虫型幼生が尿とともに海水中に泳ぎ出るためであると考えられる．

3. おわりに

現在，ニハイチュウを増殖させ生活史をまっとうさせることはできないが，以上の培養液を用いれば，一定期間の観察は可能である．この飼育方法でとくに注意が必要な点は無菌操作である．この飼育方法により，多細胞動物のなかで，最小の細胞数からなる動物の姿がどのようなものか，寄生生活のはてに体制が極度に単純化した動物の姿とはどのようなものか，少なくともその神秘を感じることはできるだろう．

4. 参考文献

1) 古屋秀隆（2007）『中生動物の分類と自然史』，21世紀の動物科学 （日本動物学会編），pp.11-37，培風館．
2) Lapan E. A. and Morowitz, H. J.（1975）The dicyemid Mesozoa as an integrated system for morphogenetic studies. 1. Description, isolation and maintenance. *J. Exp. Zool.*, **193**, 147-160.
3) 越田 豊・古屋秀隆（1999）中生動物門，『動物系統分類学 追補版』，pp. 28-35，中山書店．
4) 古屋秀隆（2000）中生動物門『無脊椎動物の多様性と系統』，バイオデイバーシティ・シリーズ 第5巻，pp. 102-106，裳華房．
5) 古屋秀隆（2004）中生動物ニハイチュウの形態と生活史の適応 比較生理生化学，**21**, 128-134.
6) 古屋秀隆（2010）中生動物ニハイチュウの分類，系統，生活史 *Jpn. J. Vet. Parasitol.*, **9**, 13-20.

プラナリア

阿形清和

1. はじめに

a プラナリアについて

　プラナリアとは扁形動物門渦虫類三岐腸類の淡水性のものをよぶ俗称である．扁形動物というと，サナダムシとか日本住血吸虫とかの寄生虫が属し，ヒルでもないのにコウガイビルという名前を与えられたものがいたり，何かしら不気味なイメージのある動物門である．が，一方で再生能力が高く，チャーミングな目つきで人気の高いプラナリア（**図1**左端）を含む動物門としても知られている．

　プラナリアの再生能力の高さについては，18世紀にイタリアの僧侶が見いだしており，19世紀のヨーロッパにおいてその驚異の再生能力は広く知られていたようである．事実，ダーウィン（Darwin, C.）の『ビーグル号航海記』にも，ダーウィンがプラナリアの再生実験に固執するくだりがある．彼は，オーストラリアの東海岸近くで悲願のプラナリアを採集することに成功し，嬉々として切るが移動中の船の中で再生半ばにして死んでしまう．そこで，オーストラリアの西海岸近くで採集した後は，完全な再生を確認するまで船を停泊させている．そして，その再生を確認してから満足して英国への帰路についている．

　そのようなプラナリアに魅了されたもう一人の偉大な科学者に，トーマンス・ハント・モーガン

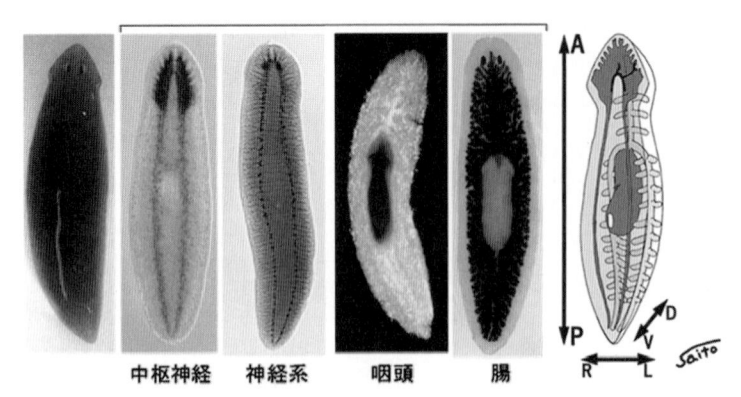

▶**図1　プラナリアの体の構造**
各種の分子マーカーで神経，咽頭，腸を染めてある．右端には，プラナリアの体の構造を模式的に示してある．　　（カラー写真は口絵6参照）

（Morgan, T. H.）がいる．ショウジョウバエの遺伝学の開祖であり，ノーベル賞受賞者である彼がこだわったのがプラナリアの再生研究である．1900年の論文で，プラナリアにショウジョウバエの眼玉を餌に与えると，眼を食べたプラナリアの腸が眼の赤い色素で染まり，腸の観察ができると喜んでいる．これがショウジョウバエの科学論文でのデビュー記事である．ショウジョウバエは，その後2度にわたってノーベル賞の栄誉を授かるが，論文デビューはプラナリアの餌としてである．何とも面白い話だ．

日本におけるプラナリア研究は，岡田 要（京都帝国大学の教授であり，東京帝国大学の教授でもあった）によって開始され，岡田は京都帝国大学においてプラナリアを横切りにしたあと，それぞれを前後ひっくりかえしてからつなぎ直して，咽頭だらけのプラナリアをつくっている．一方，東京帝国大学では，金谷晴夫（元・基礎生物学研究所所長）が，チューブリンの合成阻害剤で処理してからプラナリアを切ると，尻尾の代わりに頭が再生してくるという，極性転換の現象を見いだしている．その後，多くの研究者がプラナリアを用いた再生研究を行っている．

また，米国のマコーネル（McConnell, J. V.）は，プラナリアを記憶と学習の研究材料として使い，照明と電気ショックを組み合わせた学習実験を繰り返すことで，光を当てただけで体を縮めるプラナリアをつくることに成功している．さらに，学習したプラナリアを餌として与えたプラナリアに記憶が移ったという実験までし，大きな反響をよんだ．しかし，記憶物質はRNAだという話しのあたりから雲行きが怪しくなり，過去の実験として葬り去られた歴史がある．

日本のプラナリア研究には，おもにナミウズムシ（*Dugesia japonica*）という，田んぼのある日本ではどこにでもいる普遍種が使われている．カズメウズムシという小さい眼が数十個あるプラナリアや，山間部に生息するミヤマウズムシ，再生能力の低いコガタウズムシとか，いろいろな種類のプラナリアが日本には存在するが，再生能力が高いこと，どこでも採集できることや，飼育のしやすさから，ナミウズムシが一般に実験に用いられる．ここでは，ナミウズムシを対象とした飼育方法を紹介したい（ナミウズムシの飼育方法が，必ずしも他種のプラナリアの飼育方法に適用できるわけではないので注意すること）．

b プラナリアの体の構造

プラナリアの飼育を行うためには，体の構造とその特性を理解しておくことは不可欠である（**図1**）．まず，プラナリアでは口と肛門は分離しておらず，体の中央腹側に口であり肛門でもある咽頭口という1つの穴しか開いていないことに注目してもらいたい．それゆえに，昔の形態を基本とした系統分類では，扁形動物は，先口動物と後口動物（発生の最初に開く原口が将来の口になる

飼育スタート物品一覧

品 名	備 考
飼育桶	規模に応じては，プラスチック製の容器やシャーレでもよい．
飼育水	汲みおき水や，市販の天然水など．
鳥レバー	包丁で小分けして，アルミホイルに包んで冷凍庫で保存．

のか肛門になるかで分類していた）が分岐する前に位置づけられていた．つまり，放射相称の体制・散在神経系をもつ刺胞動物から左右相称の体制・集中神経系をもつようになった最初の動物群として位置づけられていたのだが，近年の分子系統樹解析ではミミズやイカなどと同じ担輪動物群に分類されるようになった．

　プラナリアは餌をみつけると，この咽頭口から咽頭というラッパ状の筋肉細胞の塊である構造物を出し，それで餌に吸い付いて食べる．食べた餌は体前方部に広がる腸管の主枝に入り，蠕動運動によって後方へ運ばれるとき，咽頭の根本の三又部分で，後方の左右の主枝へと入っていく．その後，主枝から細かい支枝へと運ばれ，全身に栄養がいきわたるようになる．そして，老廃物はふたたび咽頭口から排泄される．

　プラナリアでは血管系がないために，血管系の代わりに腸管が頭の先にまで分布している．眼は頭部の背中側に一対あるのに対して，中枢神経系は腹側に局在している．体の表面は繊毛上皮細胞に覆われ，基本は繊毛によって泳いでいる．しかし，繊毛上皮層の直下に筋肉層があり，神経によって筋肉の動きを制御することで，体の方向転換や停止を行ったりしている．

ⓒ 消化酵素に注意せよ

　プラナリアは先に述べたように，全身に腸管がひろがっており，強力な消化酵素が全身に分布している．よって，何かのきっかけでプラナリアから消化酵素がでてくると，あっという間に体は溶け始め，そして，溶けたプラナリアが他のプラナリアをも溶かしてしまう．昔，広島大学に数百匹のプラナリアを宅配便で送った際に，着いたときにはまったく跡形もなくなっており，プラナリアを入れ忘れて水だけを送ったと勘違いされたほどである．そのため，いったんプラナリアの体調が悪くなるとリカバリーするのは難しく，レスキューしたい場合は，1個体ずつを小分けして飼育することを勧める．集団でリカバリーさせることは困難至極である．

2．プラナリアの飼育の仕方

ⓐ 飼育の歴史

　ここでは，ナミウズムシの飼育の仕方を解説する．ナミウズムシは比較的飼育の容易な生き物であるが，1990年に当時基礎生物学研究所の助教授をしていた渡辺憲二によって，初めて実験室でクローン（1匹のプラナリアから増やすこと）として株化（絶えることなく増え続けること）が行われた．渡辺は，鳥のレバーを餌として，水道水をオートクレーブした水を用いた．この条件ですべての野外から採集してきたプラナリアが馴化するわけではなく，プラナリアにも個性があって，このような飼育条件下に適応したプラナリアが無性生殖によって増殖して，クローンとして増えたと考えられている．この初めてクローン化されたナミウズムシは，岐阜県の入間川由来だったことからGI株と命名された（**写真1**）．ここでは，渡辺によって確立された最も簡易な飼育方法を述べる．

ⓑ 入手方法

GI株の取得：オリジナル・クローンは兵庫県立大学の渡辺憲二研究室で維持されている．そこか

ら分株されたものは，筆者らの京都大学のみならず，最近では日本全国，世界各地へ分株されている．宅配便にて輸送可能で，夏場は冷蔵輸送が不可欠である．譲渡をどこに依頼するにしても，着払いでお願いするのが礼儀と思われる．

野生のナミウズムシの採集：やはり自分で野外から採集してきたプラナリアを自分で増やすのが飼育の醍醐味であるが，なかなか簡単ではない．一番の問題は飼育水に起因すると思われる．

c 飼育環境

(1) 水の準備

飼育水については，汲みおき水，実験室では水道水をオートクレーブしたもの，市販の天然水などが使用可能である．ただし，いずれの水を使うにしても馴化が必要である．送られてきた，あるいは野外で採集してきたプラナリアについて，少しずつ自分のところの飼育水へと馴らしていくことが必要である．筆者も相生から岡山，神戸，京都と研究室を移動したが，そのたびごとに個体数が激減することも少なくない．母集団の数が多いから絶滅していないが，慎重に馴らしていくことを勧めたい．

(2) 水 温

これが一番，難題かもしれない．プラナリアを専門で実験する研究室ならともかく，サイド・ワークとしてプラナリアを使いたい研究室や一般家庭で23℃以下の水を一年中確保することは難しい．23℃以上は飼育危険温度となる．また低温のほうには耐性を示すものの，一度に10℃以上の温度変化は致命傷になりかねない．夏休みの自由研究にプラナリアの再生実験をする子どもがいるが，夏休みが終わる直前になってもう一度プラナリアを送って欲しいという連絡を受けることが多い．一般家庭では，夏場はクーラーボックスに冷媒を入れて保管することが不可欠となる．

冷蔵庫でも飼育可能であるが，先に述べたように，10℃以上の急激な変化は危険であり，23℃

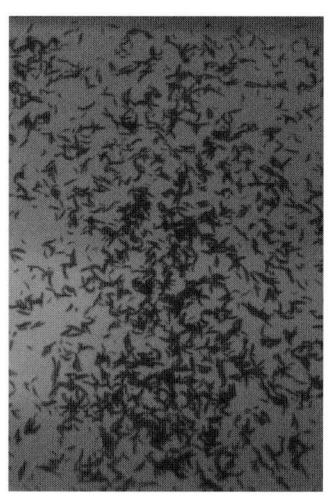

▶写真1　1つの桶に数千匹のGI株が飼育されている

▶写真2　渡辺式飼育の様子
23℃の恒温器に，薄みどり色の桶で飼育している．

で飼育しているプラナリアをいきなり冷蔵庫に移すことは絶滅をもたらす．冷蔵庫に移す前に馴化が必要である．いったん，14〜15℃の水に馴らしてから，冷蔵庫に移すようにしてもらいたい（もちろん，逆に冷蔵庫で飼育していたプラナリアをいきなり23℃に移すことも危険である）．

なぜ23℃かというと，研究者はできるだけ早く再生の結果を得たいという思いがあり，どんどん個体数が増え，しかも最も早く，安定的に再生するプラナリアを得る温度として23℃が選ばれている．少ない数のプラナリアを長く飼育したい場合は，低い温度で飼育することを勧める．

(3) 餌について

安くてプラナリアが好んで食べるという理由で，鳥のレバー（肝臓）が実験室での餌となっている．もちろん，天然のプラナリアが鳥のレバーを食べているはずがないので，人工的な餌といえよう．鳥レバーは水が汚れやすいので脾臓を使ったり，無菌のプラナリアをつくるときにはマウスの肝臓を与えたり，白っぽいプラナリアをつくるために牛レバーを与えたりすることもある．しかし，鳥レバーが最も手軽なので，ここでは鳥レバーを餌として解説する．スーパーマーケットで鳥レバーを購入したら，まな板と包丁で，小指の先ほどの大きさに切り，それぞれをアルミホイルに小分けして包み，それを冷凍庫に保管する．そして，必要なときに，必要な分だけ解凍して，餌として与える．

(4) 飼育の方法

以上の留意点を頭にいれてから，実際の飼育を開始してみよう．まずは，プラナリアの動きに注意してみよう．動き回るようなら元気な証拠である．また，容器を動かしたときに，ハッとしたように止まるのも元気な証拠である．翌日もまた，いったん水を揺すってから，プラナリアの動きをみてみよう．元気に動いていて，容器を揺らしたら止まる，その反応をみて，前日と同じようなら，飼育条件としては問題ないことがわかる．

調子が悪そうなときには，餌を与えるのは避けたほうがよい．餌は与えずに水だけを交換して，新しい環境に馴染んだら，餌を与えてみよう．冷凍庫に小分けしておいた鳥のレバーを，必要な分だけ解凍し，再びナイフなどでさらに細かく切って（このとき，レバーの薄い皮に包まれた部分をできるだけ減らす工夫をしてもらいたい．皮の部分からはプラナリアは吸い付きにくいので），プラナリアを飼育している容器に与える．プラナリアは，餌に反応して，鳥レバーに近づき咽頭を出してレバーを食べ始める．餌を食べる様子をみているだけでしばらく飽きずにプラナリアを観察できる．そのうち，お腹が一杯になると，餌から離れ始める．

餌を与えてから，餌から離れるまでのだいたいの時間を計っておくとよい．水は，餌から離れてからできるだけ早めに交換したい．鳥レバーで水が汚れるのと，長く置いておくとバクテリアなどが繁殖して水質の悪化を招き，プラナリアの調子が悪くなるからである．めやすの時間になれば，すみやかに水を交換しよう．水を何回か交換した後に，最後は別の容器にプラナリアを移して，新しい水を加えることを勧める．そのままの容器を使うと，容器の表面がヌルヌルするようになって，水質の悪化を招くケースが多い．使っていた容器は，石けんは使わずにスポンジなどで洗い，お湯で熱湯消毒してから干しておくとよい．

次は，どういう頻度で餌を与えるかだが，渡辺式飼育法では，週に2回の餌やりで，2週間で個体数が倍になるというのがめやすとなっている．週1回だと個体数は横ばいであり，維持するだ

けの場合は週1回で十分となる．順調に個体数が増えたときには，今度はプラナリアの密度に注意する必要がある．密度が高くなりすぎると，三つ眼の個体が増えたり，白眼の境界がぼやけてくる．それらは調子が悪くなってきた兆候なので，その場合は，水を交換する頻度を増やす，あるいは2つの容器に分けるということをする必要がある．

3. おわりに

　筆者の研究室では，渡辺式飼育法を踏襲して，23℃に設定した恒温器の中で，薄みどり色の四角いバケツに数千匹をめやすに飼育している（**写真2**）．また，何年かに一度，培養株細胞を扱うのと同じように，ふたたびクローニングを行っている．24ウェルのプレートの穴に1個体ずつ入れ，餌やりをしながら個体数を増やしていき，(1) よく増えること，(2) 染色体の核型がしっかりしていることを満たすクローンを選抜して，それを増やして実験に使っている．ゲノム時代の解析に耐えられるように，できるだけゲノム配列が均一な集団を得るためである．

　ゲノム配列データと遺伝子発現データベースについては近々Web上に公開する予定である．個々の遺伝子の機能解析については，鳥レバーと標的遺伝子の二本鎖RNA（dsRNA）を混ぜた餌を与えることでRNAの機能阻害（RNAi）が行える．実験動物として近代化されたプラナリアを使う環境はかなり整えられてきている．

センチュウ

松浦哲也

1. はじめに

2002年ノーベル生理学・医学賞受賞者の一人はSydney Brennerである．彼の研究対象生物がセンチュウ *Caenorhabditis elegans*（通称　シー・エレガンス）であったことをご存じだろうか？ センチュウ（線虫）は体長約1 mmの非寄生性の線形動物で，「ある行動が発現するにはどの遺伝子が重要なのか」という疑問に対して，その答えを提供することのできる格好のイキモノである（**写真1**）．発生や行動に関与する遺伝子のはたらきを解明するためのモデル実験系として，センチュウを用いた研究が注目されている．

センチュウの多くは雌雄同体であり自家受精により増殖する．雄は約1,000匹に1匹の割合でしか出現しない．20℃でセンチュウを飼育した場合，受精から孵化までの胚発生の期間は約18時間で，孵化後4回の脱皮を行い3日ほどで幼虫段階（L1〜L4）を終える（**図1**）．その後、生殖能力をもった成虫へと成長する．雌雄同体のセンチュウは，十分に餌のある状態で平均20日ほど生存し，その間に約300個の受精卵を産むといわれている．センチュウの飼育はきわめて簡単であるが，餌となる大腸菌を塗った飼育寒天培地を準備しなければならない．飼育寒天培地の作製にはいくつかの理化学機器や薬品が必要となる．本稿では実験室での飼育方法について紹介するが，代替

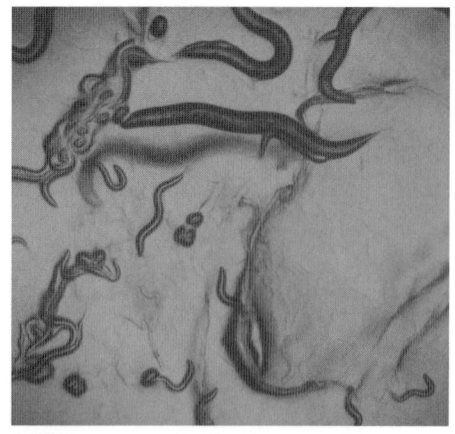

▶写真1　センチュウ *Caenorhabditis elegans*

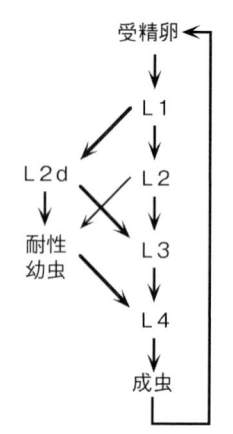

▶図1　センチュウの生活環

や代用が可能な機器や装置については脚注として提案してある．

2．飼育方法

a 入手方法

筆者は最大の入手先である Caenorhabditis Genetics Center（CGC）を利用している．Web（http://www.cbs.umn.edu/CGC/）上から申し込むことができ，野生型はもちろん，さまざまな変異体を1株7ドル（送料込み）で提供してもらえる．あるいは，国内でセンチュウを扱っている研究者に連絡すると快く譲ってもらうこともできる．センチュウをはじめて飼育する場合は，その後のサポート（飼育に関して何らかのアドバイスを受けたい場合など）を考え，国内の研究者に譲渡を依頼することを勧める．

b 飼育寒天培地（飼育プレート）の作製

前述のように，センチュウは餌となる大腸菌を塗った飼育寒天培地上で飼育する．ここでは，飼育寒天培地の作製方法について述べる．センチュウ研究者は，飼育寒天培地のプレートをNematode Growth Medium（NGM）プレートとよんでいるが，本稿では飼育プレートと記載する．まず，2 Lのやかんを水道水で洗浄後，蒸留水で濯ぐ．スターラーバーをあらかじめ入れておくと，この後の薬品の撹拌に都合が良い．やかんに蒸留水975 mLを入れ，スターラー[※1]を回転させながら，塩化ナトリウム（3.0 g），ポリペプトン（2.5 g；Bacto Peptone），培地用寒天（17.0 g；フナ

飼育スタート物品一覧

品 名	型 式	メーカー	参考価格
クリーンベンチ	CT-600N-UV	アズワン（株）	135,000 円
スターラー	SRS	ADVANTEC	10,800 円
オートクレーブ	KTS-3022	アルプ（株）	328,000 円
電子天秤	BL-320S	SHIMADZU	69,000 円
ウォーターバス	SB-350	EYELA	35,000 円
恒温器	MIR-153	三洋電機バイオメディカ（株）	350,000 円
透過型実体顕微鏡	SZ	オリンパス（株）	300,000 円
冷凍庫（−80℃）	VT-78	日本フリーザー（株）	480,000 円
ディッシュ	φ6 cm	Valmark	13,000 円
フィルター（0.20 μm）	25CS020AS	ADVANTEC	11,000 円
白金線	φ0.2 mm	（株）ニラコ	9,500 円
ポリペプトン（試薬）	500 g	DifcoLaboratories	15,700 円
イーストエクストラクト（試薬）	500 g	DifcoLaboratories	18,200 円

[※1] 雑菌の混入に注意し，滅菌したガラス棒などで撹拌しても良い．

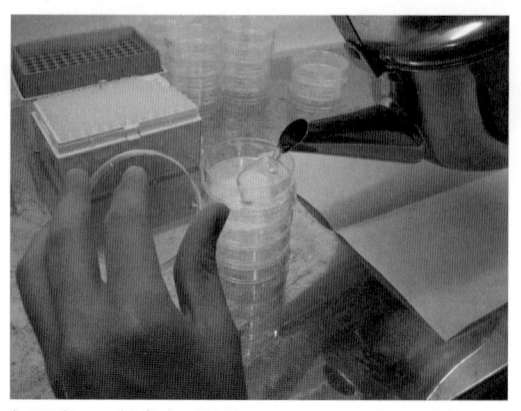

▶写真2 飼育寒天培地のディッシュへの分注

▶写真3 大腸菌の繁殖前（左）と繁殖後（右）のLB培地

コシ INA AGAR）を加える．ほこりなどの混入を防ぐため，この作業は敏速かつ丁寧に行い，やかんの蓋はその都度閉めたほうが良い．次に，やかんを120℃に設定したオートクレーブ[※2]に入れ，20分間の加圧滅菌を行う．このとき，やかん全体をアルミ箔で隙間なく覆うことで，ほこりなどのやかん内への進入を防ぐことができる．

　滅菌が終了したら，オートクレーブからやかんを取り出し50～60℃に設定したウォーターバス[※3]に入れ，溶液が50～60℃になるまで10分ほど放置する．高温で次のステップに進むと溶液内に結晶を生じることがあるため注意する．また，投入する薬品の順番を間違えても結晶を生じることがある．濃度が5 mg/mLとなるようコレステロールを99.5%のエタノールに溶かした溶液（1 mL），1 Mの塩化カルシウム（1 mL），1 Mの硫酸マグネシウム（1 mL），水酸化カリウムでpH 6.0に調整[※4]した1 Mのリン酸二水素カリウム（25 mL；リン酸緩衝液）をやかん内の溶液に加える．塩化カルシウムと硫酸マグネシウムは1 mLの注射器で，リン酸緩衝液は30 mLの注射器を用い，おのおのの滅菌用フィルターを介して投入する．撹拌後，適当量（約5 mL）を6 cmディッシュ（シャーレ）に分注し（**写真2**），翌日まで放置する．飼育プレートの寒天培地はセンチュウの餌となる大腸菌が繁殖する組成であるため，他の雑菌も育つ環境となっている．そのため，これらの作業はクリーンベンチ[※5]の中で行う．

　LB培地（後述）で増殖させた大腸菌を，マイクロピペット[※6]を用いて1滴ずつ飼育プレートの寒天上に滴下し，スプレダー（またはコンラージ棒）を用いて広げる．ディッシュ側面まで大腸菌を広げると，センチュウがその側面を登り乾燥死することがあるので注意する．雑菌の付着を防止するため，スプレダーはビーカー（100 mL）[※7]内のエタノールに浸し，使用中はライターなどを用いてときおり加熱滅菌すると良い．大腸菌を塗った飼育プレートは水滴の流落を防ぐため，逆さま

[※2] 十分な煮沸滅菌でも代替できるが，水分の蒸発を考慮する必要がある．少量なら電子レンジを用いても良い．
[※3] お湯を入れた洗面器でも代用可能（温度を保つためのお湯の入れ替えは必要）．
[※4] pHメーターがない場合は，pH試験紙で良い．
[※5] 準備できない場合は可能なかぎり清潔な場所を使用する．また，アルコールランプなどで上昇気流をつくり，その近傍で行うと良い．
[※6] 溶液を飲み込まないよう注意すれば，使い捨て滅菌済プラスチックピペットで代替できる．
[※7] ビーカーにこだわる必要はない．

にして一晩放置する．以上の操作は室温でかまわない．作製した飼育プレートは，4℃の冷蔵庫[※8]で2カ月程度保存できる．

[参考] 簡便な飼育プレートの作製法：簡便な飼育プレートの作製法として以下のような方法が知られている．pHの調整や滅菌後の薬品の投入が不要であるが，継代飼育には適していない．学生実験など短期的な飼育を目的とした場合に使用できる．やかんに蒸留水500 mLを入れる．蒸留水はスーパーなどで購入できるイオン交換水でも代用できる．次に，塩化カルシウム5 g，ポリペプトン4 g，リン酸二水素カリウム1.5 g，リン酸水素二カリウム0.25 g，コレステロール4 mg，寒天10 gをやかんに加えて溶かす．加圧滅菌（120℃で20分）を行うか十分な煮沸滅菌後に，適当量を6 cmディッシュに分注し，翌日まで放置する．LB培地で増殖させた大腸菌を飼育プレートの寒天上に滴下し，スプレダーを用いて広げ，一晩放置する．

c LB培地の作製と大腸菌の増殖

蒸留水100 mLをビーカーに入れ，塩化ナトリウム（1.0 g），ポリペプトン（1.0 g），イーストエクストラクト（0.5 g；Bacto Yeast Extract）を静かに加えながら溶かす．スターラーを用いると良い．必ずしも必要はないが，筆者の場合，この溶液に5 N水酸化ナトリウムを200 µL加えpHを7.0に調整している．このようにして作製したLB培地を5 mLずつ試験管に分注し，二重にしたアルミ箔で蓋をする．試験管立に立てたまま120℃に設定したオートクレーブに入れ，20分間加圧滅菌する．滅菌したLB培地は室温にて暗所で保存できる．

滅菌した爪楊枝などで大腸菌（OP50株）をLB培地に移し，37℃の恒温器内[※9]に一晩放置する．このとき，振とうやエアレーションは必ずしも必要としない．透明なLB培地が混濁していれば，大腸菌が増殖したことを意味している（**写真3**）．センチュウの飼育プレートの寒天培地には，このようにして増殖させた大腸菌を塗ることになる．

d センチュウの継代飼育

譲り受けたプレートや餌のなくなったプレートに存在するセンチュウを，餌の豊富な飼育プレートに移動させるにはピッカーを使用する．ピッカーは，直径0.2 mmの白金線を2 cm程度に切断し，パスツールピペット[※10]の先端に取り付けたものである．センチュウを拾い上げるためには，白金線の先端をコイン（側面がギザギザしていないもの）の側面でつぶして平らにする．パスツールピペットの先端をバーナーあるいはアルコールランプの火であぶり，溶解したガラスにこの白金線の端を1 mm程度埋めて固定する．扁平にした白金線の先端の角を紙やすりを用いて落とすと，センチュウを傷つけることが少ない．透過型実体顕微鏡[※11]下で白金線の先端をセンチュウの下に入れてすくい上げ，新しい飼育プレートに移動させる（**写真4**）．センチュウの乗ったピッカーを

[※8] 家庭用冷蔵庫で良い．
[※9] 市販の小型冷温庫で代替可能．また，冬期以外は室温でも大腸菌は増殖する．冬場はコタツの中に入れても良い．
[※10] 割箸でも代用できる．白金線は瞬間接着剤で固定する．爪楊枝の先端を削ったものをピッカーとして使用する研究者もいる．
[※11] 4万円程度の安価なものも販売されている．

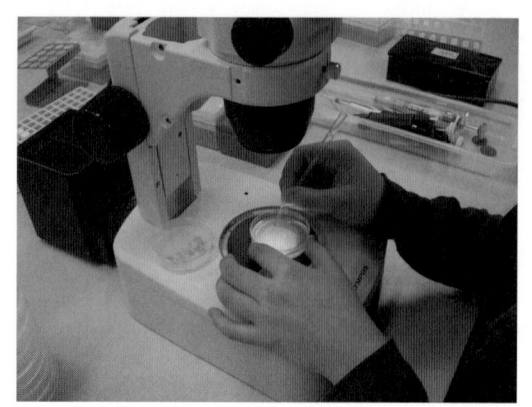

▶写真4　センチュウの植え継ぎ

大腸菌が存在する飼育プレートの表面に置き，センチュウがピッカーから降りるのを待つ．この作業は慣れるまでに時間を要することがあるが，可能なかぎり手早く移すことが肝要である．また，飼育プレートの寒天表面を傷つけると，傷ついた部分からセンチュウが潜り込んでしまう．そのため，飼育プレートの表面を傷つけないよう注意する必要もある．

センチュウを移した飼育プレートは，20℃の恒温器[*12]で飼育する．25℃以下であれば室内に放置しても飼育は可能である．飼育プレートの乾燥や雑菌の混入を防止するために，ディッシュはパラフィルム[*13]を巻いてシールする．20℃で野生型のセンチュウを飼育した場合，約4日で卵をもった成虫に成長する．餌がなくなった状態が続くと，センチュウは耐性幼虫となり（図1），そのままでも3カ月程度生き延びることができる．常時成虫を保持したい場合は，定期的に植え継いだほうが良い．

センチュウの飼育では，雑菌などの混入（コンタミネーション）に注意する．飼育プレートにカビが生えた場合はもちろん，センチュウの成長が悪くなった場合もコンタミネーションを疑うべきである．また，大腸菌を同じ株から長期間継代培養すると，大腸菌が変異する可能性も考慮したほうが良い．センチュウが餌である大腸菌を避けるかのように，その周囲に集まるような場合は注意を要する．多くの場合，コンタミネーションが起こっても新しい飼育プレートの上を1日程度這わせることで体に付着した雑菌は取り除くことができる．このようにして雑菌を取り除いた幼虫を，さらに新しい飼育プレートに移動させ飼育する．雑菌の繁殖を防ぐために，あらかじめ飼育プレートに抗生物質を入れる場合もあるが，本稿では省略する．

ⓔ 凍結保存

センチュウは−80℃の冷凍庫で半永久的に保存できる．入手したセンチュウ株などを凍結保存しておくと，必要なときに解凍して使用できるため便利である．餌がなくなる直前あるいはなくな

[*12] 小型冷温庫で代替可能．
[*13] 市販のセロハンテープでも良い．

った直後の飼育プレートに存在する孵化後間もない幼虫（L1またはL2ステージの幼虫）を準備する．センチュウを後述のM9緩衝液に混濁し，同量の凍結溶液（蒸留水に，塩化ナトリウム0.58 g，リン酸二水素カリウム0.68 g，グリセロール30 g，1 M水酸化ナトリウム560 μLを加え100 mLにメスアップしたもの）を加える．これをマイクロピペットで凍結保存用バイアル数本に分注し，−80℃の冷凍庫で保存する．凍結後24時間以上経過したバイアル1本を流水で温め，解凍後にマイクロピペットなどを用いて保存溶液と一緒にセンチュウを飼育プレートに移動させ，生存を確認する．凍結保存がうまくいかなかった場合を考慮し，解凍後のセンチュウの生存が確認できるまでは，飼育プレートでの飼育を継続したほうが良い．なお，一度解凍したものをそのまま再凍結に用いることはできない．

M9緩衝液の作成法を以下に示す．まず，リン酸二水素カリウム3 g，リン酸水素二ナトリウム6 g，塩化ナトリウム5 gを蒸留水に溶かし100 mLにメスアップする．この原液10 mLに蒸留水90 mLを加え，オートクレーブで120℃，20分間の滅菌処理を行う．50〜60℃に冷めた後，1 M硫酸マグネシウム100 μLと2%ゼラチンを1 mL加える．これが，凍結保存時に用いるM9緩衝液となる．作製したM9緩衝液は4℃の冷蔵庫内で保存する．

3. おわりに

センチュウの神経系はわずか302個のニューロンで構成されており，それらすべての接続が明らかにされている．したがって，感覚の受容から行動の発現に至る情報の流れが比較的容易に理解できる．また，飼育が簡単で孵化してから成虫に成長するまでの期間が短く，必須な遺伝情報であるゲノムの全塩基配列が明らかであるため，遺伝学の研究材料としても優れている．センチュウは行動とその神経基盤，そして遺伝子のはたらきを結び付けることのできる数少ないモデル動物の1つであるといえよう．この動物のもつ驚くべき高度な行動やその神経基盤の解明は，行動遺伝学や神経行動学などの研究分野の発展に大きく貢献すると確信している．

センチュウは高等学校の生物実験などの教育教材としても優れた一面をもっている．飼育プレートを作製できれば，センチュウの飼育はきわめて簡単であるため，学校教育現場における普及も期待できる．文献やセンチュウの研究者コミュニティー（虫の集い：http://www.wormjp.umin.jp/jp/index-j.html）では，飼育方法はもちろん，さまざまな情報が公開されている．センチュウを教材や研究対象として使用する場合の参考となるので活用していただきたい．センチュウを実験対象とする研究者の一人として，この動物に興味を抱く仲間が少しでも増えることを望んでいる．

本稿の執筆にあたり岩手大学工学部の若林篤光博士から多大なるご助言をいただいた．この場を借りてお礼を申し上げる．

4. 参考文献

1) 小原雄治編（2000）『線虫［1000細胞のシンフォニー］』ネオ生物学シリーズ⑤，共立出版．
2) 飯野雄一・石井直明編（2003）『線虫　究極のモデル生物』，シュプリンガー・フェアラーク東京．
3) 三谷昌平編（2003）『線虫ラボマニュアル』，シュプリンガー・フェアラーク東京．

イタチムシ

鈴木隆仁

1. はじめに

　イタチムシは腹毛動物門イタチムシ目に属する小型の水棲無脊椎動物で，その外観はボーリングピン状で，1対か2対のひげと2本の尻尾をもつ（**写真1**）．体長はわずか0.06〜0.7 mm（単細胞生物のゾウリムシほど）であるが，体は数百個の細胞からなる．ワムシと外観が似ているため，慣れるまでは見分けることが難しい．実体顕微鏡下で見分けるこつはイタチムシでは頭部の繊毛冠がない点，体が前後にあまり縮まない点である．また，移動の様子をよく観察すると，イタチムシ特有の滑るような滑らかな動きや，しなやかな首を振る動作からも見分けがつく．

　さて，イタチムシと聞いてすぐそれをイメージできただろうか．イタチムシは湖沼，河川，水田など，水がある場所であればたいてい見つけることができる動物である．それにもかかわらず，日本ではまだ30種ほどしか知られておらず，その生態や系統関係は不明な動物である．それゆえ，イタチムシ類の飼育法はいまだ確立されていない．ここでは，比較的飼育しやすい小型で淡水産のイタチムシの種とその飼育法を紹介する．

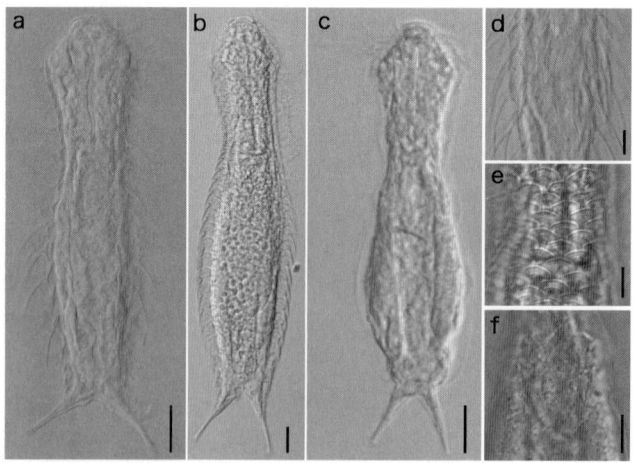

▶写真1　研究室で飼育中のイタチムシ
(a) マチカネイタチムシ，(b) ウロコイタチムシ，(c) ハダカイタチムシ，(d) マチカネイタチムシの鱗，(e) ウロコイタチムシの鱗，(f) ハダカイタチムシの表皮．スケールバー：a〜c 10 µm, d〜f 5 µm.

2. 飼育方法

ⓐ 入手方法

イタチムシの多くは水草に付着したり，水底の泥や沈んだ落ち葉の上を這い回っている．水中に漂って生活する浮遊生物（プランクトン）に対し，このように水底を這い回って生活する動物を底棲生物（ベントス）とよぶ．イタチムシを効率よく採集するには水底の落ち葉や水草を周囲の水ごと採取する．そして，その水草や落ち葉を池の水で洗い，洗い出した水をシャーレに移して実体顕微鏡で観察する．実体顕微鏡は暗視野照明が使えるものが望ましい．簡易濃縮装置（**写真 2a**）をつくり，それで洗い出した水の中のイタチムシを濃縮すると，より観察しやすい．また，イタチムシの姿が見られなくても，残った水草や落ち葉をバケツなどに入れて魚用のエアーポンプで空気を送りながら1～2週間ほど放置すると，多数のイタチムシが出現することもある．バケツを放置する際には，採集物に付着していたボウフラからカが発生することがあるため，採集物を入れた容器には蓋をしておくこと．

ⓑ 飼育環境

イタチムシは非常に小型であるため，シャーレで維持，飼育する（**写真 3**）．一般に淡水種では雌しか見られず，卵は単為発生する．しかし，ウロコイタチムシなど一部の種は，20～28℃以外の水温で雄化する．雄化すると産卵しなくなるため，恒温器を使い，水温を25℃に保つ．餌はバクテリアか小型の藻類を与えるが，小型の藻類を用いる場合は，恒温器内に蛍光灯を設置する．昼夜に関しては敏感ではないため，点灯時間を厳密に決める必要はない．

動物飼育を行ううえでは，野外から持ち込まれた動物が飼育環境に順応できるかが問題である．イタチムシにおいても，飼育液への移し替えが常に成功するとはかぎらない．そこで，イタチムシを維持するために，洗い出し後の観察に用いたシャーレを捨てずにとっておくと，うまく順応できなかった際にやり直しがきく．また，このときイタチムシの捕食者である大型の肉食動物（プラナリア，カイミジンコ，大型のワムシ，大型の繊毛虫など）は，取り除いておく．

実験で特定のイタチムシを使用する場合は，他種のイタチムシや他の動物の混入を防ぐため，上

飼育スタート物品一覧

品　名	型　式	メーカー	参考価格
ペトリシャーレ 焼口　75 mm	82-1684-3	三商	3,360 円（10 枚）
フィルターネット	T-No.380T 91-1217	三商	22,050 円（1 m）
	T-No.255T 91-1222	三商	6,615 円（1 m）
実体顕微鏡	SZ61	OLYMPUS	151,200 円

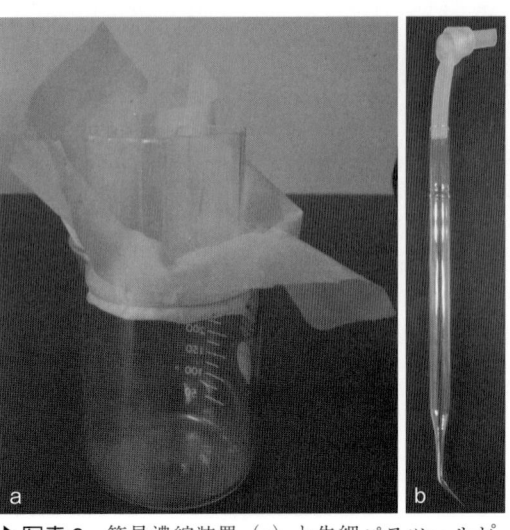

▶写真2　簡易濃縮装置（a）と先細パスツールピペット（b）
簡易濃縮装置は輪切りにしたペットボトルにフィルターネットを輪ゴムで固定して使う．ネットの目は60 µm以下のものが望ましい．

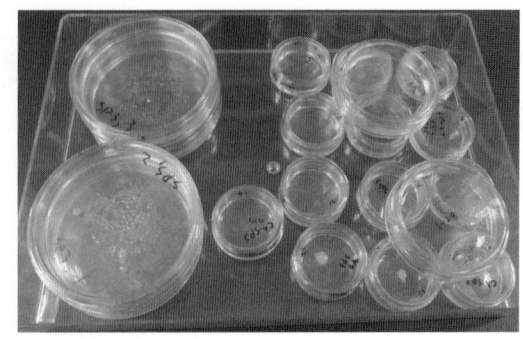

▶写真3　イタチムシの飼育状況

記の維持用シャーレから1匹のイタチムシを取り出して他の飼育用のシャーレへ移す．イタチムシを移すとき，他の生き物を吸わないように，先を熱して細くしたパスツールピペット（**写真2b**）を用いる．一度別のシャーレに移動させ，別のピペットに変えたうえで飼育用のシャーレへ移動させるとよい．とくに繊毛虫類はピペットの表面について移動することも多く，数が多いときには注意する．飼育には煮沸殺菌したシャーレ（直径約6 cm）に汲みおいた水道水を入れて行う．繊毛虫用のチョークレー液（塩化ナトリウム1 g，塩化カリウム0.4 g，塩化カルシウム0.14 gを蒸留水1 Lに溶かしたものをストック液とし，使用時に100倍に薄めて使う）やミネラルウォーターも利用できる．水換えは，水が濁ってきた際におよそ半分から2/3を入れ替える．水位は，バクテリアの餌（後述）として入れている麦粒や玄米が隠れる程度がよい．麦粒や玄米は，1カ月で新しいものと交換する．水の濁りが激しい場合は，水換えをしたうえで数日間麦粒を取り除いて様子を見る．

❶ 餌の調製

イタチムシに与える餌は，バクテリアと小型の藻類である．バクテリアはおもに0.15 mm以下の小型のイタチムシの餌として，藻類はそれ以上の中型から大型のイタチムシの餌として用いる．バクテリアはイタチムシを飼育していると自然に増殖してくるが，電子レンジで2分以上煮沸した麦粒をイタチムシの飼育液に加えることで維持できる（**写真4b**）．もみ殻付きの麦を使用するが，入手が困難な場合，玄米で代用できる．バクテリアを餌とするイタチムシ類のなかには，飼育開始初期にバクテリアや有機物の量が少ないほうが飼育しやすい種がある．このような種には，前もってシャーレの底にバクテリアのフィルムをつくっておき，初期は麦粒を加えずに飼育する．バクテリアのフィルムは，煮沸殺菌したシャーレに汲み置きの水道水と麦粒を入れ，25℃に設定し

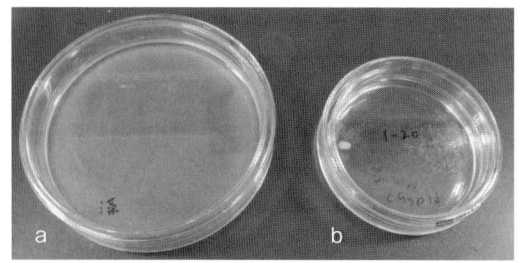

▶写真4　シャーレの様子
(a) 大きめのシャーレ（直径 10 cm）で培養中の藻類，(b) バクテリアで培養中のイタチムシ．

た恒温器内で4日ほど放置し，シャーレの底がうっすらと白くなれば完成である．フィルムができたら麦粒を取り除き，水を完全に入れ替えたうえでイタチムシ用の飼育皿とする．すでにイタチムシが増えているシャーレがあれば，その水を1滴加えることでフィルムをつくる期間を短縮できる．

　藻類を餌に用いる場合は 0.01 mm 以下の緑藻もしくは珪藻類がよい．イタチムシは特定の種の藻類を餌としているのではないため，口に入るサイズかどうかが重要である．飼育は基本的に恒温器内で行うため，光量不足から藻類が十分に増殖しないこともある．そのため藻類はイタチムシとは別に培養し，維持しておくとよい．藻類の培養もシャーレで行う（**写真 4a**）．培養液としては，市販の植物用栄養剤を汲み置きの水道水かミネラルウォーターで薄めたもの（たとえばハイポネックス®の場合，1万倍に薄めたもの）を用いる．培養は明るい場所で行い，このときシャーレが高温にならないよう直射日光は避けること．

d 飼育開始時の注意

　イタチムシは体長の半分にもなる大きな卵を産む．これは大型の卵を少数産むという生存戦略で，2週間ほどの寿命の間に1個体の産卵数はわずか5個前後である．そのため，増殖が非常に遅く，小型のワムシが培養開始後10日で1,000匹ほどに増えるのに対して，イタチムシではせいぜい50〜100匹程度である．とくに個体数の少ない飼育開始直後はシャーレの隅にいて気づかなかったり，死骸が残りにくいため死んでしまったと勘違いすることもある．しかし，1週間ほどでまず見落とさない程度の数に増えるため，開始直後は植継ぎに失敗したと思い込まず，1週間は様子を見るとよい．

e 飼育しやすいイタチムシ

　淡水産イタチムシは25属が知られるが，研究室で飼育できているのは，そのうちの3属3種，マチカネイタチムシ（*Chaetonotus machikanensis*，イタチムシ属，**写真 1a**），ウロコイタチムシ（*Lepidodermella squamata*，ウロコイタチムシ属，**写真 1b**），ハダカイタチムシ（*Ichthydium podura*，ハダカイタチムシ属，**写真 1c**）である．これら3属を見分けるには，体の表面にある鱗や棘を観察する必要があるので，光学顕微鏡，とくに微分干渉顕微鏡を用いるとよい．**表1**にこ

▶表1　飼育可能なイタチムシの見分け方と飼育法

種		マチカネイタチムシ (写真1a)	ウロコイタチムシ (写真1b)	ハダカイタチムシ (写真1c)
見分け方	鱗の形状	多数の棘の生えた鱗をもつ(写真1d).ただし,尾が胴体の半分近い場合は*Polymerurus*属のイタチムシである.	平らな鱗をもつ(写真1e).鱗に縦方向の筋がある場合はスジウロコイタチムシ属(*Heterolepidoderma*)のイタチムシである.	鱗をもたない(写真1f).
	体表面	本種は長い棘をもつため,実体顕微鏡でも体表面の棘を観察できる.種によっては棘が非常に短く,光学顕微鏡による観察でないと見づらい.	実体顕微鏡下ではハダカイタチムシと見分けが付きにくいが,光学顕微鏡を用いると特徴的な逆魚鱗模様が観察できる.	実体顕微鏡下ではウロコイタチムシと見分けが付きにくいが,光学顕微鏡を用いても体表面に何も構造が観察できない.
餌		飼育初期はバクテリアフィルムを用い,30匹ほどに増殖した後,麦粒を1粒加える.	バクテリア,藻類.飼育開始時に麦粒を1粒,50匹ほどに増殖した後,2粒目を加える.藻類の場合,初めに藻類とともに1粒加える.	バクテリア.飼育開始時に麦粒を1粒加え,50匹ほどに増殖した後,2粒目を加える.
注意点など		大型種では藻類を用いることで維持が可能であるが,継代飼育は難しい.	うまくいかない場合,飼育初期にバクテリアフィルムを用いる.	

れら3属3種のイタチムシの飼育法と注意点を挙げる.飼育はすべて直径6 cmのシャーレを用いて行うものとする.

3. おわりに

イタチムシの飼育法については,これまでに報告がなく,以上は筆者が原生動物の飼育法に変更を加えて考案したものである.イタチムシの飼育でやっかいな点は,種によって餌の与え方など飼育法が異なってくることである.ここで解説しなかった種の飼育に関しては,紹介した方法を基本に改良の必要があるかもしれない.

ゴカイ類

加藤哲哉

1. はじめに

　ゴカイとは，環形動物多毛綱に分類される動物の総称で，多毛類ともよばれる．多毛類の体は柔らかく，多数の体節からできていて細長いものが多い．通常，岩の隙間に隠れたり，砂や泥に潜ったりして生活しており，目立つところに出てくることは少ない．このため，観賞目的やペットとして飼育されることはほとんどない．しかし例外的に，ケヤリムシ科，カンザシゴカイ科の大型種は，頭部に鰓冠とよばれる摂食と呼吸の両方に使われる器官が色とりどりで美しく，海中に咲く花のようであるためサンゴやイソギンチャクなどと同様に観賞用として飼育・販売されている．

　多毛類は実験動物として一般化した種もなく，研究目的での飼育も少ない．これには発生初期に浮遊幼生期をもつものが多いことや，同じ環形動物でも淡水で飼育でき，直接発生をするため継代飼育しやすい貧毛類やヒル類のほうが用いやすいことなどが理由と思われる．

　筆者は，多毛類の分類学が専門で，現在は水族館で生物の飼育を担当しており，多毛類も飼育展示を行っている．このため，さまざまな多毛類の飼育を行っているが，実験動物としての大量飼育や継代飼育は行っていない．本文では，飼育観察を目的に少数個体数の多毛類を飼育する方法について紹介したい．とくに，捕食性のウミケムシ科，ウロコムシ科，イソメ科，濾過摂食性のケヤリムシ科，カンザシゴカイ科，デトリタス食性のフサゴカイ科，ミズヒキゴカイ科の各科について取り上げたい（**写真1**）．釣り餌のための養殖に関しては，イソゴカイ（*Perinereis nuntia*）について吉田により詳細な飼育法が紹介されている[1]ので参考にされたい．

2. 飼育方法

ⓐ 入手方法

　ケヤリムシ科，カンザシゴカイ科の大型種は，海水魚店などで販売されている．採集は，岩礁の潮間帯が容易である．ケヤリムシ科では，本州中部以南では岩棚の下面などにケヤリムシを見つけることができ，東北から北海道ではエラコの群生が比較的容易に採集できる．これらは，粘液でつくった棲管の中に入っているので，虫体を傷つけないよう棲管を岩などから丁寧に剥がしとって採集する．カンザシゴカイ科では転石の裏側などに石灰質の棲管をつくって付着している．これらは剥がしとることができないので転石ごと採集する．

　南日本では生きたイシサンゴ類に棲管を埋在してイバラカンザシ（*Spirobranchus giganteus*）

など大型のカンザシゴカイが見られることがある．これらの採集にはイシサンゴごとの採取が必要になるが，サンゴの採集には許可が必要な地域があるので確認のうえ採集する必要がある．なお，採集の際などに手荒に扱うと鰓冠を自切してしまうことがあるので，できるだけ優しく扱うようにするが，自切してしまった場合でも少し時間がかかるが再生する．

　捕食性の多毛類では，アオゴカイ（*Perinereis aibubitensis*），イソゴカイなど一部の種は，釣り餌として釣具店で生きたまま販売されているが，それ以外の大部分の多毛類は自家採集をしなければ入手できない．

　研究用に特定の種を必要とするのでなければ，岩礁や転石海岸の潮間帯での採集が容易である．このような環境は，水温や塩分濃度が変化しやすいため，飼育下でも悪条件に耐える飼育しやすい種が多い．転石を起こして裏側を探すと隠れている多毛類を見つけることができる．採集の際には，ピンセットなどでつまむと，傷をつけたり，自切により体を2つに切ってしまうこともあるので，できるだけピペットで吸い取るようにする．飼育下で容器を交換するときの動物の移動なども，同様にピペットで行う．しかしながら大型種では，ピペットで扱うのが困難なためピンセットを使わねばならないことがあるが，傷つけないよう慎重に扱う．

　フサゴカイ科の仲間は，転石の下側に粘液と砂粒などで棲管をつくりその中にいるので，棲管ごと採集するとよい．ミズヒキゴカイ類は岩の割れ目に入っていることが多く採集しづらいが，砂に半ば埋まった大きめの石を起こしてみると，その下にいることもある．

　このほか，水族館や観賞魚店の水槽で，分裂により無性的に繁殖すると思われる多毛類が見られることがあり，時におびただしい数となって本来の飼育対象の妨げになることがある．これらには，ウミケムシ科，ミズヒキゴカイ科，ツバサゴカイ科などの種が含まれる．このような種を野外で採

飼育スタート物品一覧

品 名	型 式	メーカー	参考価格
密封できる蓋付きのプラスチック製容器	動物の大きさに合わせる	各種	100円程度〜
水槽	30 cm〜動物の大きさ・個体数にあわせる	各種	各種
底面もしくは上部濾過槽	水槽に合わせた観賞魚用	各種	各種
ピペット	プラスチックもしくはガラス製	各種	100円程度〜
海産無脊椎動物用液体餌料[*1]		各種	1,500〜2,500円程度
人工海水[*2]	無脊椎動物用と表示されているもの	各種	1,000円程度〜
無脊椎動物用液状飼料	KENT マイクロ・バート[*3]	マーフィード	1,700程度（235 mL）

[*1] ケヤリムシ科やカンザシゴカイ科に用いる．
[*2] 海水が用意できない場合．
[*3] 観賞魚店で販売されているものならとくに選ばない．

▶写真1 本稿で紹介する多毛類
(a) ウミケムシ（*Chloeia flava*, ウミケムシ科）, (b) ミロクウロコムシ（*Halosydna brevisetosa*, ウロコムシ科）, (c) イワムシ（*Marphysa sanguinea*, イソメ科）, (d) オニイソメ（*Eunice aphroditois*, イソメ科）, (e) ケヤリムシ（*Sabellastarte japonica*, ケヤリムシ科）, (f) オオナガレカンザシ（*Protula magnifica*, カンザシゴカイ科）, (g) チグサミズヒキ（*Cirratulus cirratus*, ミズヒキゴカイ科）, (h) チンチロフサゴカイ（*Loimia verrucosa*, フサゴカイ科）. （カラー写真は口絵7参照）

取するのは困難であるので，研究に用いるなどの場合には交渉によっては厚意で提供してもらえるかもしれない．

b 飼育環境

ほとんどの多毛類は海産であるため，海水での飼育が必要となる．清浄な自然海水が入手できれば理想的ではあるが，困難な場合は人工海水を用いることができる．その場合，無脊椎動物用と明

▶写真2　奥行き1cmのポケット型水槽でのオニイソメ飼育の様子

示されている商品を用いるのが望ましい．

　ケヤリムシ科やカンザシゴカイ科の飼育容器は，観賞魚用の水槽が利用できる．水槽の大きさは飼育する多毛類の大きさと個体数で選べばよいが，60cm程度の大きさがあると水質，塩分濃度を安定させやすく，飼育が容易になる．濾過装置も海水魚飼育用に準じるが，底面濾過もしくは上部濾過槽程度で十分であろう．水槽中には底砂を敷き，カンザシゴカイの付着した石などを配置する．これに接するようにケヤリムシの棲管を配置しておくとやがて棲管を固着させる．できるだけ水流が当たるように配置すると餌あたりもよく，調子よく飼育できるようである．

　太さ5mm以上の大型の捕食性多毛類や，フサゴカイ科，ミズヒキゴカイ科なども観賞魚用の水槽で飼育できる．細かい底砂を敷き，死んだサンゴや石などを配置すると隠れ場所になり，フサゴカイなどはその下に棲管をつくる．

　イワムシやオニイソメなどは，水槽で飼育すると石の下や砂の中に隠れてしまい，飼育は問題がないが，ほとんど観察できない．筆者の勤める水族館では，オニイソメなどを観察できる状態で飼育するために，厚さ約1cmのポケット状の水槽を本体水槽内につるし，その中で飼育を行っている[2]（写真2）．これは，塩化ビニル板で作ったごく薄型の水槽で，奥行きを動物の太さ程度にし，動物が狭い隙間に入って落ち着くようにしたものである．正面側は動物を観察できるよう透明塩化ビニル板を用い，裏側の面には換水のための孔を多数開けてある．上面は給餌などのための開口部とし，水面の上に出るようにしているが，脱出防止のため蓋は必要である．水槽の自作が必要になるが，じっくりと観察できるので挑戦してみてもよいだろう．

　1～3cm程度の小型の多毛類は，水槽で飼育すると，どこにいるかわからなくなるため，タッパー®のようなプラスチック製の密封できる蓋付きの小型の容器で止水飼育するとよい．この方法では，多毛類がより観察しやすいメリットがある．蓋付きの容器を用いると，水の外に這い出して死んでしまうことを防げ，水の蒸発による飼育水の塩分濃度の上昇の心配がない．容器に砂や石などを入れる必要はない．蓋付きの容器と蓋の隙間に隠れることがよくあるので，開閉の際につぶさないように気をつける．直径7cm，深さ4cm程度の容器で，体長3cm程度の多毛類1個体を飼育した場合，水温15℃程度であれば週1回飼育水を交換するだけでエアレーションは必要ない．

大部分の多毛類は，複数個体を同一の容器で飼育しても問題ないことが多いが，イソメ科など強い顎をもったグループでは同種または異種の複数個体を一緒に飼育すると噛み殺してしまうことがある．筆者の経験では，オニイソメ，イワムシは単独飼育の必要がある．他のイソメ科および近縁の科でも注意する必要があると思われる．

なお，河川の汽水域に生息するカワゴカイ類は汽水もしくは淡水での飼育が可能である．筆者はキンギョを飼育している水槽の底砂の中にカワゴカイ類を数カ月飼育したことがある．

ⓒ 餌の調製

ケヤリムシ科，カンザシゴカイ科などプランクトンなどを濾過摂食するものは，観賞魚店で販売されているサンゴ・無脊椎動物用の液状餌料（KENTマイクロ・バートなど）を利用するのが簡単である．製品の使用法を目安に適量を給餌する．大量飼育の場合には餌料を自作することも可能である．筆者の勤務する水族館では，釣り餌用のナンキョクオキアミ，アミエビと魚用の配合飼料（一晩水につけてふやかしたもの）をフードプロセッサーでミンチ状にしたものを与えている．いずれの場合も，餌は余分に与えず，飼育水の汚れを防ぐことが重要である．

捕食性の多毛類は，獲物を丸のみにするものが多いので，エビ，魚，アサリなどの切り身を飼育する多毛類にあわせて飲み込める大きさに切って与える．ゴカイ科などは観賞魚用の配合飼料でも飼育でき，釣り餌用の養殖場では専用の配合飼料が用いられている．ウミケムシなど素早く動き回るものは，飼育容器に餌を投入すると動物は自ら餌を探し出して食べる．ウロコムシ類など動きの遅いものには，ピンセットで口の近くに餌を差し出して与える．捕食性の多毛類の多くは，消化管の前端が翻出可能な口吻になっており，これを伸ばして餌を捕食する．ピンセットで給餌するとその様子が観察でき，面白い．飼育水を汚さないよう，残餌はピンセット・ピペットなどで早めに取り除く．プラスチック製容器で飼育する場合は，給餌後に飼育水を取り替える．餌を毎日与える必要はなく，週に1回程度でも十分に飼育できる．むしろ餌のやりすぎによる水の汚れによって死亡させることが多いので，餌のやりすぎと残餌の処理に注意する必要がある．

3. おわりに

これまでの解説で，飼育水の汚れを防ぐことに，とくにしつこく触れてきた．多毛類の多くは，飢餓に強い．多少餌が足りなくてもすぐに死ぬことはないが，過剰な餌による水の汚れと，そこからくる酸素の不足には非常に弱いものが多い．

多毛類の多くはとくに危険のない動物であるが，オニイソメなど大型のイソメ類は強い顎をもっており，頭部周辺を不用意にさわると噛まれることがある．また，ウミケムシ類は剛毛に刺毒のあるものが多く，触れると剛毛が刺さり激しく痛む．また，釣り餌にも用いられるイソメ科の種で体内にネライストキシンなどの毒をもつものがあり，これを扱っていた人が頭痛や吐き気，ひどいときには呼吸困難におちいることが知られている．家庭などでの少数個体の飼育では心配ないが，研究室などでの大量飼育の際には動物に素手で過剰に触れるのを避ける，大量死した際の飼育水に触れないなどの注意が必要であろう．

多毛類は，一般にはほとんど釣り餌のイメージしかなく，見た目が気持ち悪いとされるものが多

い．しかし，釣り餌として目にする多毛類は，本来水中にいる生き物が水の外に出され，苦しんでいる姿なのである．元気のよい多毛類を本来の生息場所で見ると，全体に透明感があり，剛毛や触手などをさまざまに広げ，非常に美しい．是非一度飼育して，多毛類の本当の美しさを知ってほしい．

　一部の多毛類では飼育の最後に悲しい別れの前兆が見られることがある．生涯の最後に生殖群泳を行い放卵放精するゴカイ科などの多毛類で，遊泳に適した剛毛に生え替わるなどの変態が起こるのである．これを見ると，飼育下で生涯を全うさせることができたことをうれしく思うと同時に，間近に迫った別れに寂しさを感じるのである．

4. 参考文献

1) 吉田俊一（1984）イソゴカイの飼育生態と養殖に関する研究．大阪水試研究，**6**, 1-63.
2) 太田　満・山本泰司・加藤哲哉（2008）ポケット水槽によるオニイソメとクモヒトデ類の飼育展示．瀬戸臨海実験所年報，**19**, 35-40.

ミミズ

黒川 信

1. はじめに

ミミズの仲間には大別してイトミミズ（*Tubifex tubifex*）のような水生の種類と，陸上に生息するフツウミミズ（*Pheretima communissima*，**写真1**）やシマミミズ（*Eisenia fetida*）などの種類がいる．本稿では，行動や神経の生理学的研究に実験動物として用いられることが多い陸生のミミズについて，入手方法や飼育方法を述べる．

ミミズの体のつくりは人間と大きく異なっているが，ほかの多くの無脊椎動物と違って，鉄を含む酸素運搬タンパク質をもつために血液が赤い点や，動脈と静脈の間に毛細血管系があって血液が連続した血管の中を流れる閉鎖血管系である点，心臓の拍動リズムを発信するペースメーカー機能が神経細胞にではなく心筋細胞によって担われているという点など，ヒトを含む脊椎動物と思わぬ共通点をもつ．また頭部には脳があり，それから続いて体の全長にわたって腹側に延びる腹髄とあわせて，いわゆるはしご状の中枢神経系をもつ．ミミズに条件反射を成立させて，学習・記憶を担う中枢神経系のはたらきの原理を調べる研究も行われている．腹髄の中には沢山の神経細胞のほかに非常に太い巨大神経線維が通っている．この巨大神経線維は，普段ゆっくりとした蠕動運動を行うミミズがいざ危険を感じたときに素早く逃げるために全身の筋肉に高速で指令を伝える神経であ

▶写真1　フツウミミズ
飼育用のケースの上部の腐葉土の上に置いて撮影したもの．通常は，腐葉土やその下の土の中に潜っている．

▶写真2　フツウミミズの採集
冬期にでも，腐葉土の下の地面を30 cm程度掘ると，巣穴の中にいるフツウミミズを採集することができる．

る．この巨大神経線維からは神経を伝わる活動電位を容易に記録することができるので，その伝導のしくみや速度を調べる実験では格好の材料となっている．

19世紀に『種の起原』を著したチャールズ・ダーウィン（Darwin, C.）はミミズの研究者としても有名であり，晩年の著書『ミミズと土』[1]のなかで肥沃な大地を生み出すミミズの偉大な力について明らかにしている．今日では畑の土作りはもとより生ゴミの堆肥化の循環システムの主要な担い手として，あるいは環境教育の素材としてもミミズは広く世界的に活用されている．

2. 飼育方法

ⓐ 入手方法

陸上に生息するミミズでも種類によって適応する環境が異なっている．おもに落葉や堆肥塚，野菜くずの下などにいるツリミミズ科のシマミミズに代表される種類と，おもに野山や畑の地面に穴を掘って地中に暮らすフツウミミズ科のフツウミミズに代表される種類である．野外で自ら採集する場合，前者はスキなどで堆肥や落葉を除くと出てくるが，後者はスコップがあったほうがよい．また，フツウミミズは基本的に1年生のようで，冬は繁殖せず，土を深く掘らないかぎりほとんど見かけなくなる（**写真2**）のに対して，シマミミズは冬でも温もりのある堆肥塚の中などに見ることができる．

シマミミズは，生ゴミ堆肥化のコンポスト用に商業的にも販売されており，また釣具屋でも餌として販売されているので年間を通して容易に入手可能であり，飼育も比較的容易である．しかしこれらは必ずしも日本在来のシマミミズではないこともあるので，使わなくなった個体を自然に放すことは避けるべきである．体長が通常20 cm以下で比較的細いシマミミズに比べて，フツウミミズは太く，大きいものでは体長25 cm以上にもなる．そのため，解剖して行う実験には好都合のこともある．しかし，フツウミミズは人工繁殖が難しく生ゴミ処理用のコンポストには向かないこともあって，商業的にはほとんど繁殖，販売されておらず，落葉が積もった野山や畑などを自分で掘って探す必要がある．

飼育スタート物品一覧

品　名	型　式	備　考	参考価格
蓋つきの発泡スチロールの箱	蓋がきちんと隙間なく閉まるタイプ	スーパーなどで流通に使われていた中古品をわけてもらってもよい	0円
トレイ	箱のサイズに合ったもの	少し大きい発泡スチロールの蓋でもよい	1,000円以下
腐葉土	園芸用	採集場所で集めることも可能	1,000円以下
霧吹き			数百円

b 飼育環境

　ミミズは環境変化に対してデリケートな動物であり，いずれの種を飼育するにしても，それぞれの生息環境に合わせて最適な条件を整える必要がある．もし，十分な飼育条件が準備できず，入手後，短期間だけ維持しておきたいということであるならば，5～10℃の低温状態において保持する方法もある．その場合は，プラスチック製の密封容器の底に，汲みおいたきれいな水に浸してよく絞ったガーゼを数枚重ねて敷き，その上にミミズをのせて，上から絞ったガーゼを1枚かけておく．蓋には小さな孔をいくつか開けておく．冷蔵庫の中では冷えすぎと乾燥を避けるために，手ぬぐいなどで容器全体を覆っておくとよい．

　長期間の飼育では，シマミミズの場合は小規模のものから大規模のものまでさまざまなタイプのミミズ利用のコンポストが考案され商品化されているので，それらを用いるのが一つの方法である．それぞれに，使用方法やノウハウがあるほか，生ゴミリサイクルに関する一般書，実用書[2]が多数出版されているのでそれらを参考にされたい．これらのコンポストはシマミミズの飼育，繁殖そのものが目的ではないが，条件さえ整えば結果的に年間を通して継代繁殖させ小規模のものでも数百匹以上のシマミミズを比較的容易に飼育することができる．しかし，堆肥作製が目的でなければそこまで大量に必要としない場合が多いと考えられるので，以下では数十匹程度を飼育する場合について紹介する．上述のとおりフツウミミズとシマミミズとでは生息環境が異なっており，一緒に飼育することは避けたほうがよいので，飼育方法の違いを述べつつ両者に共通する注意点などに併せてふれていこう．

　飼育用のケースには深さ20 cm程度の蓋付きのものを用い，縦横も20 cm以上のものを準備する（**写真3**）．ケースの素材は軽くて扱いやすいプラスチック製でも発泡スチロール製でもよいが，木製ならば適当な湿度を維持しやすい利点がある．ミミズは容易に側面を這い上がってケースから脱走することがあるので蓋は隙間なくきちんと閉められる必要がある．底には直径5 mm程度の孔を数cm間隔で沢山開ける．蓋にも同じ大きさの孔を約5 cm間隔で開ける．フツウミミズの場

▶**写真3**　フツウミミズの飼育用ケースの例
蓋つきの発泡スチロールの容器を利用したもの．通気性を保つために蓋と底に孔を開けてあり，底は床面に密着しないように浮かせてある．

合は，採集した場所の土を 10 cm 程度入れ，その上に同じく採集場所で集めた腐葉土を 5 cm 以上たっぷりと入れる．園芸用に市販されている腐葉土でもよいが，もともと棲んでいた場所のもののほうがよい．ただ，自然の土や腐葉土の場合はその中にムカデなど他の小型の土壌動物がいれば取り除いておかないと，ミミズを捕食してしまう可能性がある．シマミミズの場合は，土を入れずに腐葉土だけを 10 cm 以上入れる．いずれの場合も，容器の一番底に園芸用品として販売されているヤシガラマットや水苔を敷いておけば，通気性と保湿性が保ちやすくなる．採集，あるいは購入したミミズを入れたあと，その上から濡らした新聞紙を 1 枚かける．ミミズはとくに埋めたり腐葉土をかけたりする必要はない．暗いところにしばらく置いておくと腐葉土の中に潜っていく．潜っていかない個体は注意して観察し，死ぬ前に取り除く．死んだ個体がそのまま入っていると他の個体も急速に弱るので，弱った個体や死にそうな個体はできるだけ早く取り除く必要がある．新しい環境に移したミミズは落ち着くまでの数日間はあまり頻繁に腐葉土や土をよけたりせず，刺激しないように注意する．

　自分で採集してきた場合は，その場所の土や腐葉土，堆肥などの湿り具合をよく観察しておき，飼育箱内でできるだけその状態を再現するように心がけることが大切である．シマミミズは多湿の腐葉土の隙間を好むのに対してフツウミミズは多湿より，少し湿っている程度の土壌環境が適しており，若干の乾燥にも耐性がある．飼育箱の状態やそれを置いている環境などによって土や腐葉土の乾燥の仕方は変わるので，安定するまでは中の様子に注意し，必要に応じて霧吹きなどで湿気を与える．飼育箱は直射日光が当たらず，風通しの良い，雨が当たらない場所に底を少し浮かせて置く．夏は暑くなりすぎると，とくにフツウミミズは弱るので，クーラーの効いた室内に置いたほうがよい．また，フツウミミズの成体は冬の寒さにも弱いので，秋までに採集した個体を冬期に飼育する場合は 20〜25℃ の室内に置き，20℃ 以下にならないようにする．

　ミミズが腐葉土の上に出ていたり側面や蓋の裏側に登ってきているようだと，環境があまり良くないことを示しているのでその原因を考え，改善する．考えられるものとして，温度，湿度，餌，土や腐葉土の質，糞の量，他個体の死骸などがある．

ⓒ 餌やりと糞の回収

　フツウミミズもシマミミズも基本的に腐葉土を食べるので，健康な状態なら 2 週間に 1 回程度，腐葉土が減っているようなら足す．腐葉土の下を覗くと，減った分は糞塊となっている．たまりすぎた糞塊はミミズにとって害を及ぼすので適宜回収する．腐葉土は腐敗を防ぎ分解を進めるために時々軽くかき混ぜたほうがよい．このとき穴を掘って巣をつくることをしないシマミミズの場合はあまり気にする必要はないが，フツウミミズの場合は巣穴から無理に引っ張り出したり，巣穴を壊さないように注意しながら静かに行う．シマミミズは，コンポストにも利用されるように生ゴミもよく食べる．キャベツやレタスの外側の葉を刻んだものや，コーヒーやお茶ガラなどを食べ残しがないように量をみながら数カ所に塊にして置いて与えてもよい．フツウミミズはこれらをあまり好まないし，湿度が上がりすぎる原因にもなるので与えないほうがよい．1 年程度飼育して，たくさん糞が広がっているようなら，底に敷いたヤシガラマットや土ごと交換する．

3. おわりに

　地球環境のなかでミミズが果たしている役割の偉大さは広く知られているところである．また，ミミズは漢方薬として古くから利用され，その有効成分も一部明らかになっている．一方でミミズは直接見ることができない地下の世界に生息しており，われわれは彼らの生活になかなか想像が及ばない．ミミズには，まだ明らかにされていない行動やわれわれが知りえない能力が沢山あると考えられる．土の中での実際の生き方がさらに探求されることで，ミミズのからだの未知のしくみや能力が今後新たに発見されるかもしれない．

　本稿をまとめるにあたり，大学院生としてミミズの心臓循環系の神経支配機構を研究するために，年間を通してフツウミミズを飼育していた安野華英さんから，経験に基づいた貴重な助言をいただきました．

4. 参考文献

1) Darwin, C. (1881) "Vegetable mould and earth-worms". London: John Murray（渡辺弘之訳 (1994)『ミミズと土』，平凡社ライブラリー，平凡社）．
2) たとえば，グローバル・スクール・プロジェクト編，中村好男監 (2003)『だれでもできる楽しいミミズの飼い方―ミミズに学ぶ循環型社会』，合同出版．

ヒ　ル

千葉　惇

1. はじめに

　ヒルの種数は，日本では約60種，世界では約800種とされている[1,2]．多くのヒルは，生きている小さな幼虫，ミミズなどや小さな動物の死骸を捕食している．一部のヒルは，孵化後の幼個体を腹で保護する保育行動をとるものもいる．ヒルをグロテスクで気持ち悪いことで有名にさせているのは，吸血行動があるからで[3]，一方で古くから世界各地で瀉血のような医療に利用されてきた．無菌化したヒルに患部の血を吸わせることで組織の壊死防止や血管再生に関与するが，現在日本ではあまり普及していない．また，医蛭とよばれるヒルの乾燥粉末は，漢方薬（神農本草経）の水蛭として用いられる．その効能は，最近では，生活習慣病の改善とされているが，クリニカル・エビデンスは少ない．このようにヒルは，ヒトとのかかわりは古いながら，詳しいヒルの生態や生活史に関しては，まだ，未知の部分が多い．

　一般的な形態の特徴としては，体の前後に吸盤があり，この吸盤を使って移動する（図1）[3]．水中では遊泳する．動物学の分類では，環形動物ヒル綱に属する．さらにヒル綱は，3亜綱に分類される．代表的なものでは，体前方に剛毛をもつ毛蛭目，口から鋭い吻を出す吻蛭目，顎が発達し前吸盤に顎歯が並んでいる顎蛭目，顎がなく咽頭をもつ喉蛭目がある．これらは共通して，無脊椎で細長く，左右対称で，体長が5〜12cmで34の体節をもつ．内部構造では，閉鎖血管系でありながら心臓はなく，弁のある血管自体が収縮することで血液を循環させている．体内での酸素運搬をヘモグロビンが行っている点はヒトと共通であるが，酸素は皮膚呼吸により取り入れている．そのため皮膚表面がヌルヌルしている．体内の消化器系は吻口から尾口まで直線的である．脳神経節と

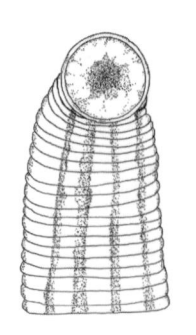

▶図1　ヒルの吸盤と体節

▶写真1 チスイビル
(a) 全身．(b) ビーカーの中のヒルの集団．ビーカーの壁についたヒルの吸盤が観察できる．

腹側神経索のはしご状神経系を形成しており，単純な神経回路網をもつものとして，しばしば神経の研究の対象となっている[4]．生殖と発生をみると雌雄同体で，卵生で交尾の形態は種によって異なる．ウオビル（吻蛭目）は，精包を相手の体の表面に付着させ，精子が皮膚から侵入し，体腔の間隙を縫うように移動して卵巣に達するという交尾形態をとる．ヤマビルやチスイビル（顎蛭目）は，陰茎の挿入によって交尾を行う．受精後には環帯器官で卵囊を形成した後に産卵する．成長の様式は直達発生型とよばれ，成体がそのまま成長する．コウガイビルという名称のヒルがいるが，ヒルの仲間ではなく扁形動物である．ヒルの行動映像は，一部でDVD化されている[5]．

人畜に被害を及ぼす吸血のヒルは，日本ではわずか3種類である．いまではほとんど見かけることはない．日本の高度経済成長（昭和30〜40年代）のころの農村の田植えで素足にしばしばヒルがついているシーンがある．これは水田にいる緑色で水棲のチスイビル（*Hirudo nipponia*，**写真1**）である．山登りで背中や足について大騒ぎすることのあるヒルはヤマビル（*Haemadia zeylanica japonica*）である．ヤマビルは陸生のヒルで，北海道を除く日本全土の山林地帯に分布している．動物の息の中の二酸化炭素や足音（振動），体温などで接近を感知し，移動する．約1時間かけて吸血前の平均4〜5倍の体重になるまで吸血する[6]．養殖されている医用ヒル（*Hirudo medicinalis*）は，無菌下で飼育されているところや，自然のままの沼や池に囲いをつくっているところなど，業者によりさまざまである．

ヒルの吸血方法には2タイプあり，歯で寄主の血を吸う顎蛭型と鋭い吻を寄主に突き刺して

飼育スタート物品一覧

品　名	型　式	メーカー	参考価格
キンギョ用の水槽やカブトムシ用の飼育箱*	金魚水槽（GB-30GS） ベタ水槽	テトラ 水作	3,980円 1,260円
昆虫ゼリー		クワガタ天国 三晃商会	380円（1袋） 178円（1袋）

*蓋がメッシュの（空気が出入りできる）もの．

血を吸う吻蛭型に分けられる．吸血されたときの対処法としては無理にヒルを引っ張らないことである．爪楊枝のようなものでついたり，ヒルの忌避物質の塩水，竹酢液や炭酸，アルコールのような刺激物をかけ，ヒルが自発的に離れるまで待つ．そして傷口付近をきれいな水で流し，感染防止のため消毒する．また，ヒルの吸血時に分泌する抗凝血物質（ヒルジン）によって血が止まりにくくなる．ヒルを除去しても出血しているのはこれが原因である．このようなときには，ハンカチやガーゼで圧迫止血し，絆創膏でとめる．

2. 飼育方法

生態について詳しいことはまだわかっていない点が多いが，陸棲と水棲のヒルについて研究室で飼った経験を紹介する．

a 入手方法

市街地区以外の田園や山林地区で探す．都市化や農薬散布によって，かなり山の奥まで行かないと採集は難しい．おもに田んぼや田園付近の水路，池や沼の水際に水棲のチスイビルがいる．陸棲のヤマビルは北海道を除く日本全土の山林地帯の樹木や草，落ち葉のあたりに棲んでいる．落ち葉や石の陰に息を吹きかけると隠れているヤマビルが出てくる．水棲，陸棲ともに傷つけないように割り箸，あるいは木製かプラスチック製のピンセットで捕獲する．医用ヒルは，インターネットから容易に購入できるが，検疫でとめられることがあるので注意を要する．業者を介して購入した際には，湿った布に包まれた小さい木箱で包装されて届く．手に入れたら，水棲，陸棲のヒルはともに布で蓋をした透明な水槽に入れる（**図2**）．水槽の半分を陸にし，残りを水を張ったプールにしておく．大切なことは，ヒルは皮膚呼吸なので湿った状態に保つことである．泥抜きとして1週間ほど餌を与えずに先ほどの水槽に入れておく．その後に新しい水槽に入れる．水棲のヒルは，水槽の2/3を水深2～3 cmのプールにしておく．陸棲のヒルは，水槽の2/3を陸にする．実験室では，発砲スチロールで陸を作り，その上に石や木を設置していた．水は，ミネラルウォーターか，水道水を一度煮沸後にさましたものを用いるのがよい．

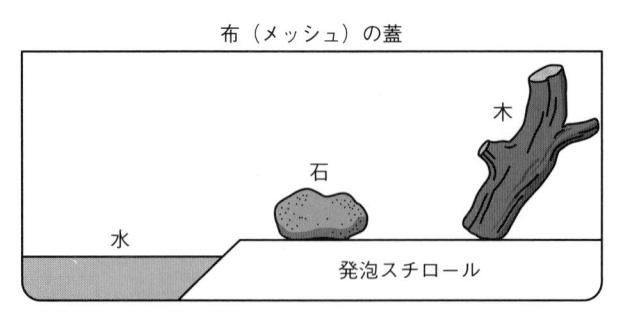

▶図2 ヒルの飼育箱
透明なアクリル製の水槽を側面から見た陸棲ヒル用のもの．全体の約2/3以上を陸地とする．水棲用の場合には逆に水プールを全体の2/3以上にする．

ⓑ 飼育環境

特別な飼育管理はいらない．採集したところのヒルの自然環境に合わせればよい．水棲，陸棲ともに地面より上の方へ移動することが多いので，水槽から逃げ出さないように水槽の蓋を布でしっかりと結んでおく．水は1週間に1回換えたが，採集直後はすぐに汚れるので，3日に1回くらい換えるとよい．

ⓒ 餌の調節

水棲では1週間に1回程度，小さい魚（メダカ），ドジョウやキンギョを与える．チスイビルの場合は餌の体に巻き付いて体液を吸う．陸棲のヒルは，生きた小さい魚（メダカ），ドジョウやキンギョは捕食しないが死骸は食べる．水棲，陸棲ともに刻んだ生肉，レバーや市販されているカブトムシ用のゼリーを与えると食べる場合もある．餌が残っても次の日には取り出しておく．また，ヒルはエネルギー消費が小さいので当分の間餌を与えなくとも生きていける．

ⓓ 産　卵

ヤマビルの場合を見ると，1個体あたりの平均生涯産卵回数は2回で，1回の産卵で平均3個の卵嚢を産み付け，1つの卵嚢には1～8個の卵が入る．産卵から孵化までは約1カ月で，寿命は平均で2～3年らしいが，不明である．シマイシビルでは産卵は春から秋にかけて行われ，交尾から2～7日後に直径3.5～7.0 mmの扁平な楕円形の卵嚢を水底の石の上などに産み付ける．卵嚢には5～10個ほどの卵が入り，約1カ月で孵化する．

ⓔ 他のヒルの特徴

日本産に限るとヤマビル研究会のホームページにいろいろなヒルの特徴や退治法が写真とともに記載されている[7]．また，医用ヒルの販売会社のホームページに扱い方のほかに産卵から出荷の様子が公開されている[8～10]．

ウマビル：淡水性のヒルで，体はやや扁平で背面には5条の縦縞があり，体長100～150 mm．
カニビル：海水性．カニの甲羅に産卵する．
キバビル：陸棲のヒルで，暗褐色で口に3本の牙をもつ．
ハナビル：淡水性．渓流の水辺に生息．動物の咽頭や鼻腔，眼球に寄生する．ハイキングで沢の水を飲んで気道に寄生した例があった．

3. おわりに

ヒルは見た目が少しグロテスクでありながら，ヒトとのかかわり合いは古い．しかしその詳細な生態は不明である．都市化や農薬散布のため，最近は，ヤマビルやチスイビルですら身近で見かけることが少なくなってきたが，観察対象としては面白いだろう．

4. 参考文献およびWebサイト

1) 石川　等編　（2010）ヒル類，『生物学辞典』，pp. 1098-1099，東京化学同人．
2) 佐藤隼夫・伊藤猛夫（1961）12-4 ヒル類，『無脊椎動物・採集・飼育実験法：(図譜・分類表)』．pp. 231-234，北隆館．
3) リチャード・コニフ著，長野　敬・赤松真紀訳（1998）『無脊椎動物の驚異』，青土社．
4) Bullock, T. H.（1965）Annelida, *in* "Structure and Function in the Nervous Systems of Invertebrates". Vol. 1. (eds. Bullock, T. H. and G. A. Horridge.), pp. 661-790, W. H. Freeman, San Francisco, London.
5) 山極　隆監（2003）生物の神秘と科学技術「アクセス」Vol. 7「ヒルから学ぶ／血液の成り立ち」ヒルの生態～血液の成り立ち［DVD］ビクターエンタテインメント．
6) 谷　重和・石川恵里子（2005）ヤマビルの生態とその防除方法，森林防疫 FOREST PESTS（No. 638），**54**, 87-95.
7) http://www.tele.co.jp/ui/leech/index.htm（2011/02/28 最終確認）
8) http://www.leechesusa.com/（2011/02/28 最終確認）
9) http://karapaia.livedoor.biz/archives/51574276.html（2011/02/28 最終確認）
10) http://www.leechesusa.com/general_information.asp（2011/02/28 最終確認）

クマムシ

鈴木　忠

1. はじめに

クマムシ類は緩歩動物門に分類される微細な後生動物で，深海から高山に至るさまざまな環境に生息する．陸上のコケの中に棲むものは，環境が乾燥すると，自ら積極的に乾燥して代謝停止状態（クリプトビオシス）に入り，この状態（乾眠ともよぶ）では，乾燥だけでなく100℃以上の高温や絶対零度という低温，紫外線や放射線などさまざまな環境条件に対する抵抗性を示す．

クマムシ飼育に関する最初期の報告として，Von Wenckが淡水産の *Thurinius augsti* を飼育して発生や繁殖行動などの記載をしている[1]が，これは現在でもなお貴重な報告である．これまでに約1,000種のクマムシが記載されたが，それらの生活史は依然として多くの謎につつまれている．そして，謎の多くは飼育しなければわからないのだ．

ⓐ 1970年までのクマムシ培養

クマムシの飼育について参考となる論文は，主として1960年代にいくつか発表されている（**表1**）．Węglarskaは淡水産の *Dactylobiotus dispar* を培養し，クマムシの被嚢形成について研究した[2]．これは淡水産クマムシ特有の環境適応の方法で，環境が悪化すると厚い被嚢の中に閉じこも

▶表1　クマムシ培養に関わる報告（1970年）

著者	クマムシの種	生息地	餌	文献
Von Wenck, W. (1914)	*Thurinius augsti*[*1]	淡水	藻類	1)
Węglarska, B. (1957)	*Dactylobiotus dispar*	淡水	ケイ藻	2)
Baumann, H. (1961)	*Hypsibius convergens*	川岸の藻類	緑藻（*Chlorella pyrenoidosa*）	3)
Baumann, H. (1964)	*Milnesium tardigradum*	コケ	肉食（ワムシなど）	4)
Dougherty, E.C. (1964)	*Hypsibius arcticus*[*2]	淡水	藻類	7)
Baumann, H. (1966)	*Ramazzottius oberhaeuseri*	コケ	緑藻（*Pseudochlorella* sp.）	5)
Ammermann, D. (1967)	*Hypsibius dujardini*	淡水	緑藻（クロレラの仲間）	8)
Sayre, R. M. (1969)	*Isohypsibius myrops*[*3]	淡水（土壌？）	線虫（*Panagrellus redivivus*）	10)
Baumann, H. (1970)	*Macrobiotus bufelandii*	コケ	藻類，その他	6)

[*1] 原報では *Macrobiotus lacustis* とされた．
[*2] 南極から報告された *Hypsibius arcticus* は，現在では *Acutuncus antarcticus* だと考えられている．
[*3] 暫定的に同定されたが，別種の可能性あり．

ってこれを耐え忍ぶ．一方，コケに棲むクマムシが乾眠したものは「樽」とよばれるが，それはBaumannが1922年に乾眠中のクマムシの形態を「樽形」と記述したことがきっかけである．その約40年後，晩年の彼は4種のクマムシを飼育し，その生活史について発表している[3〜6]．

Hypsibius arcticus の培養系[7]について報告したDoughertyは，さまざまな微生物や微小後生動物の培養系を確立した動物培養のプロフェッショナルである．現代の生物学にとってとくに注目すべき点は，彼がBrennerに提供した線虫が，あのモデル生物となったという事実だろう．Doughertyのクマムシは南極のロス島から採集された淡水産クマムシだが，乾燥状態で持ち帰った藻類のサンプルから培養された．彼はクマムシのほかに南極産のワムシや扁形動物などの培養についても報告している．

Hypsibius dujardini は，Dujardinが1838年に最初に報告し，Doyèreにより命名記載された種である．Ammermannは藻類（クロレラの仲間）を餌として，単為生殖するこのクマムシを6年間培養し，その染色体を研究した[8]．近年，Gabrielらは，同種を進化発生学のモデル生物として紹介している[9]が，この種も淡水産で，乾眠能力を示さない．

Sayreが培養したクマムシは，米国南部の沼に繁る水草や泥の中から採集され「暫定的に」*Isohypsibius myrops* として報告されている[10]．このクマムシは土壌線虫を駆除するために飼育研究された．ガラス容器の底に足場となるミズゴケを入れ，1日おきに線虫を補給することにより，1967年1月に50匹から培養を開始して，3カ月後には5,900匹まで増殖したという．この論文では，クマムシ培養は容易だと強調されている．ここで餌として使われた *Panagrellus redivivus* は，稚魚用の餌として広く使われ，マイクロワームという名称でもよばれている．ところで，*Isohypsibius myrops* は淡水産クマムシで，日本各地の浄化槽内の活性汚泥中からも見つかっている[11]．そして多くの淡水クマムシと同様，これも乾眠はできない．ところがSayreのクマムシは乾眠が可能だと記述されており，その暫定的な種同定はやはり疑問である．

ⓑ 最近の状況

21世紀に入ると新たな報告が続いて賑やかな状況となってきた（表2）．このうち日本のオニク

飼育スタート物品一覧

品　名	型　式	メーカー	参考価格
培養皿	IWAKI 1000-035	旭テクノガラス	11,100円（300個）
ペトリ皿	FS-120	池本理化工業	1,550円
寒天	Bactoagar あるいは Agar noble	Difco	
クロレラ（ヨコヅナクマムシの餌）	生クロレラ-V12	クロレラ工業	最小単位は1L（価格：要問合せ）
恒温器	20〜25℃に調節可能なもの		

▶表2　21世紀のクマムシ培養系

著者	クマムシの種	生息地	餌	文献
Altiero and Rebecchi（2001）	*Paramacrobiotus richtersi*	土壌	線虫	14)
	Macrobiotus joannae	土壌	線虫	
	Diphascon scoticum	淡水	緑藻（*Scenedesmus acutus*）	
	Isohypsibius monoicus	淡水	藻類（川底の堆積物）	
Suzuki（2003）	*Milnesium tardigradum*	コケ	ワムシ（*Lecane inermis*）	12)
Gabriel *et al*.（2007）	*Hypsibius dujardini*	淡水	緑藻（*Chlorococcum* sp.）	9)
Horikawa *et al*.（2008）	*Ramazzottius varieornatus*	コケ	緑藻（クロレラ）	13)
Hengherr *et al*.（2008）	*Milensium tardigradum*	コケ	ワムシ（*Philodina citrina*）	18)
Lemloh *et al*.（2011）	*Paramacrobiotus tonolli*	コケ	緑藻＋ワムシ（*Philodina citrina*）	19)
	Macrobiotus sapiens	コケ	緑藻（*Chlorogonium elongatum*）	

マムシ培養系[12]とヨコヅナクマムシ培養系[13]については「飼育法」の項で説明するが，そのほかも参考となるので見ておくことにしよう．

　モデナ大学の研究室では4種が培養されている[14]．*Paramacrobiotus richtersi* と *Macrobiotus joannae* はカシの落葉層から採集された土壌性クマムシで，これらは線虫（*Pristionchus iheritieri*, *Panagrolaimus rigidus*, *Caenorhabditis elegans*）を補食する．*Diphascon scoticum* は高山の池から採集されイカダモの仲間を餌として，*Isohypsibius monoicus* は川底から採集され，未同定の藻類を含む堆積物を加えて飼育された．これらのうち，*P. richtersi* の2つのクローンについて生活史が詳しく報告されている[15]．これらは1999年に別々に採集された3倍体の雌由来で単為生殖しており，14℃で518日という最長寿命を記録した．産卵回数は最大7回，一度に最大39個の卵を産んだ．産卵から孵化までにかかる日数は大きくばらつくが，その程度はクローンによって異なることがわかった．このような研究は培養系だからこそ可能である．このクマムシは2007年9月にロケット（FOTON-M3ミッション）で打ち上げられて，宇宙船内での生活史と環境耐性の研究が行われた[16,17]．

　英国で生物教材を扱う Sciento 社（http://www.sciento.co.uk/）では *Hypsibius dujardini* の新たな培養系が開発され，上述のように発生研究のための新たなモデル生物として紹介されている（クリプトビオシスの実験には向いていない）．餌は緑藻の *Chlorococcum* sp. で，クマムシと同時に入手できる．

　ドイツでは FUNCRYPTA プロジェクト（http://www.funcrypta.de/）によるクリプトビオシス研究が進められ，クマムシ培養系についても報告されている[18]．ここでは *Milnesium tardigradum* がヒルガタワムシを餌として培養され，生活史やプロテオーム解析など広範囲にわたる研究材料として使用されている．その培養系統の「樽」がやはり FOTON-M3 の研究計画の一部として打ち上げられ，地球軌道上の強烈な太陽光に曝されたにもかかわらず一部が生還したとして華々しく発表された[19]．このほか，両性生殖するクマムシ2種の生活史について詳しく発表されている[19]．

2. 飼育方法

• オニクマムシ（*Milnesium* cf. *tardigradum*）

このクマムシは世界各地のコケから見つかっているが，実際には隠蔽種を多く含むと思われ，日本の「オニクマムシ」も1種類ではない可能性がある．大型ですぐれた乾燥耐性を発揮し，クマムシ研究の初期からよく観察されてきた．多くは単為生殖によって繁殖するので，野外から採集した1匹の雌個体から培養することが可能である．同じ環境に生息するヒルガタワムシ類をおもに捕食していると考えられる．したがって，餌のワムシも培養する必要がある．

現在，国内で飼育されているおもな系統は，2000年から継代されている日吉系統（H-1）である（**写真1**）．この培養系では，餌として *Lecane inermis* を用いている．このワムシは，たまたま学生実験用のアメーバ培養中に混入していた小型種で，孵化したばかりの赤ちゃんクマムシでも容易に捕食できる良い餌であるが，これは乾眠しないので，餌系統の保存のためには定期的な継代作業が必要となる．オニクマムシが野外で食べているヒルガタワムシを餌とすることはもちろん可能で，その場合は餌も乾燥保存できる．

ⓐ 入手方法

H-1系統と餌ワムシは，維持されている研究室に分与依頼すれば，（状況によって時間がかかるかもしれないが）分けてもらえるだろう．身近な場所に生えているコケから採集した個体もH-1系統と同様な方法で飼育できる．一般的な採集法として，以下のようにすればよい．ヒルガタワムシ類も同様に採集できる．

ギンゴケ（*Bryum argentium*）などの蘚類（**写真2**）または地衣類を（できれば乾燥時に）採集して紙袋（封筒など）に入れて持ち帰る．どのコケからもクマムシが見つかるわけではないため，複数の場所から少量ずつ採って調べるのが良い．シャーレにコケと水を入れ，コケを細かく砕く．

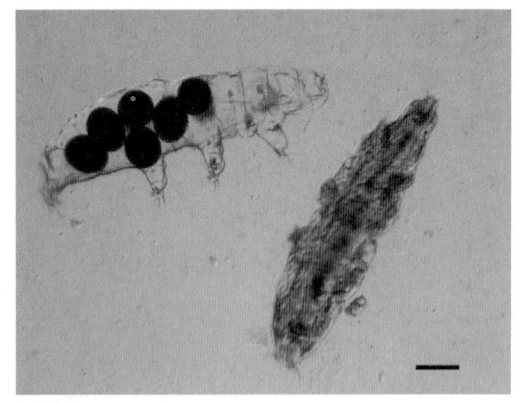

▶**写真1** オニクマムシ
脱皮殻の中の卵と産卵直後の雌．卵は脱皮前に古いクチクラの中で産まれる．スケールバー：100 μm．

▶**写真2** ギンゴケ
コンクリートブロック上の乾燥したギンゴケなどから，クマムシがよく見つかる．その他，街路樹に着いたコケなど，色々な場所のコケを調べてみよう．

水中で30分以上（～一晩）放置後，大型の断片を除去し，底に残った部分を実体顕微鏡で観察する．クマムシはパスツールピペットで別の容器に移す．このピペットは通常のままでもよいが，先をバーナーで熱して細くしたものを用意しておくと選別のために使いやすい．100円ショップなどで入手できる台所用品で簡易ベールマン装置を組み立てることもできる（**写真3**）．茶こしにコケを入れコップにセットして水を入れるだけで，しばらく放置して底に沈殿したものを観察すればよい．

b 飼育方法

(1) 餌ワムシの培養

KCM溶液（100倍液）として，0.7 g KCl，0.8 g $CaCl_2$，0.8 g $MgSO_4・7H_2O$ を1Lの水に溶かす．使用時に水で100倍に希釈する．ペトリ皿にKCM溶液と米粒を入れる．直径12 cmのペトリ皿1枚あたり米4～5粒ぐらいが適当である．ワムシ培養液の一部を（1～2 mL）入れて室温で10日ほど放置すると，米粒の周りにワムシが増殖するので，随時パスツールピペットで回収し，クマムシの餌とする．

(2) 寒天皿の作製

原法[12]では前述のKCM溶液に1.5% 寒天を溶かし，直径35 mmのプラスチック培養皿に入れて

▶**写真3** 簡易ベールマン装置
茶こし（上，右）にコケを入れ，コップ（上，左）の水に浸けて，30分～一晩ほど放置してから，コップの底に溜まったものをパスツールピペットで回収して，実体顕微鏡でクマムシを探す．

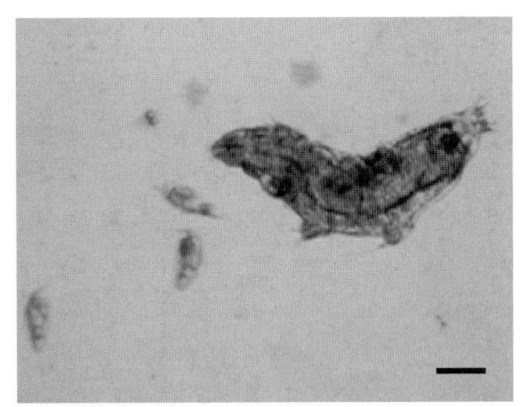

▶**写真4** オニクマムシと餌のワムシ
クマムシの培養皿に餌のワムシを随時入れてやると，成体のクマムシはワムシを丸呑みにする．小さな幼虫の場合は，ワムシに吸い付いて時間をかけて中身を吸収する．スケールバー：100 μm．

固め，超純水（milli-Q）を約1mL入れる．しかし寒天を水で溶かして培養皿に固め，そこへミネラルウォーターを入れてもよく，そのほうが簡単である．寒天はAgar noble（Difco社）が透明性に優れているが，Bacto™ agarでもよい．水はVolvicが入手しやすく定評もある[13,18]．モデナ大学ではSan Benedettoが使われている[15]．その他の市販の水や，汲みおき水道水でも飼育はできるだろう．

(3) 世話の仕方

　水を入れた寒天皿にオニクマムシを入れ，20～25℃程度の恒温室で飼育する．数は多すぎないよう，35 mmの培養皿1枚あたり多くても成虫20匹ぐらいまでとする．餌ワムシを適宜ピペットで集めて入れてやる（写真4）．餌やりのたびに水の汚れを適宜除去して新鮮な水を補給する．水面にバクテリアが膜状に増えていれば，それも除去する．毎日世話をするのが最善で，そうでなくとも週2～3回は世話するようにしたい．たとえば月水金の午前中はクマムシの世話，というように決めておくとよい．このような頻度で餌やりをすれば，餌ワムシ培養のほうも密度が適当に保たれて長く使用できる．餌やりをさぼっていると，クマムシとワムシのどちらも具合が悪くなってしまうので注意しよう．

　産卵された脱皮殻は回収して別の培養皿に入れておく（写真5）．早ければ1週間後には1齢幼虫が孵化するだろう．寒天には徐々に傷や汚れがたまってくるので，適宜新しいものに入れ替えてやる．上手に世話をしてやれば，だんだんクマムシが殖えて，培養皿も増えてくる．同時に餌ワムシの調達と世話のための時間の調達に困るようになる．いざとなったら（つまり，どうしても餌が足らない，あるいは世話する暇がない場合），オニクマムシは乾燥させれば待っていてくれる．

● ヨコヅナクマムシ（*Ramazzottius varieornatus*）

　堀川らによって札幌近郊のコケから採集された個体から継代培養系Yokozuna-1（写真6）が確立された[13]．この種はすぐれた乾燥耐性を示すだけでなく，市販の生クロレラで飼育ができ，よく殖える．現在この系統を用いてクマムシのゲノム解析とクリプトビオシス研究がされている．

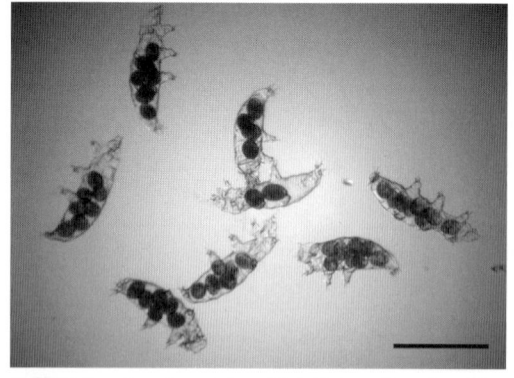

▶写真5　オニクマムシの脱皮殻と，その中の卵
スケールバー：500 μm.

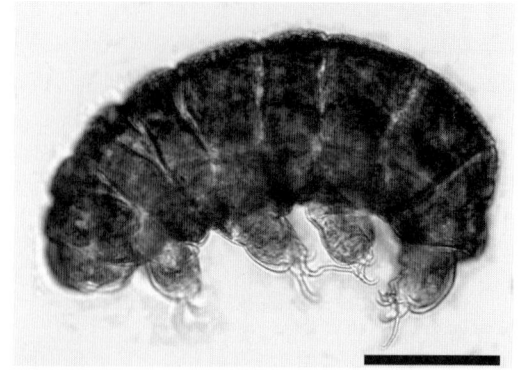

▶写真6　ヨコヅナクマムシ（*Ramazzottius varieornatus*）（写真提供：堀川大樹）
スケールバー：100 μm.

ⓐ 入手方法

　Yokozuna-1 系統を維持している東京大学その他の研究室から分与を受ける．餌は生クロレラ-V12（クロレラ工業）を用いる．冷蔵庫で20日間保存でき，最小購入単位は1 L である．

ⓑ 飼育法

　プラスチック培養皿に 1.5% Bacto™ agar（Volvic に溶かしてつくる）を入れて固める．この寒天皿に生クロレラを Volvic で100倍程度に希釈して入れる．水の量は深さ1～2 mm 程度にする．ヨコヅナクマムシをその中に入れ，蓋をした培養皿をさらに大型の容器に入れると乾燥が予防できる．培養温度は20～25℃ぐらいにする．

　容器中のクマムシの数は，90 mm の培養皿あたり500匹程度の密度があるのがよく，それより低密度だと，増殖効率が低下することがある．

　培養皿は週1～2回程度，新しいものと交換する．多くのクマムシを効率よく集めるためには，炭酸水を入れてやるとクマムシが CO_2 麻酔されるので，パスツールピペットで集めることが容易になる．

3. おわりに

　確立された培養系を用いて観察・実験することはもちろん有意義だが，身近なコケや池の底などからクマムシを採集して飼育してみることは，とても面白く，刺激的な経験となるだろう．その場合，本稿でひととおり触れた過去の研究成果は良い参考となるはずである．いずれにせよ，最も重要なことは，誠実な（愛情といってもよい）気持ちをもって対象に接することで，これはクマムシに限らず，すべての生物についていえることである．

　ヨコヅナクマムシ飼育について，國枝武和，堀川大樹の両博士よりご教示をいただきましたことを感謝いたします．

4. 参考文献

1) Von Wenck, W.（1914）Entwicklungsgeschichtliche Untersuchungen an Tardigraden（*Macrobiotus lacustris* Duj.）. *Zool. Jb. Anat.*, **37**, 465-514.
2) Węglarska, B.（1957）On the encystation in Tardigrada. *Zool. Pol.*, **8**, 315-323.
3) Baumann, H.（1961）Der Lebensablauf von *Hypsibius*（*H.*）*convergens* Urbanowicz（Tardigrada）. *Zool. Anz.*, **167**, 363-381.
4) Baumann, H.（1964）Über den Lebenslauf und die Lebensweise von *Milnesium tardigradum* Doyère（Tardigrada）. *Veröff Überseemus Bremen*, **3**, 161-171.
5) Baumann, H.（1966）Lebenslauf und Lebensweise von *Hypsibius*（*H.*）*oberhaeuseri* Doyère（Tardigrada）. *Veröff Überseemus Bremen*, **3**, 245-258.
6) Baumann, H.（1970）Lebenslauf und Lebensweise von *Macrobiotus hufelandi* Schultze（Tardigrada）. *Veröff Überseemus Bremen*, **4**, 29-43.
7) Dougherty, E. C.（1964）Cultivation and nutrition of micrometazoa. II. An Antarctic strain of the tardigrade *Hypsibius arcticus*（Murray, 1907）Marcus, 1928. *Trans. Am. Microsc. Soc.*, **83**, 7-11.

8) Ammermann, D. (1967) Die Cytologie der Parthenogenese bei dem Tardigraden *Hypsibius dujardini*. *Chromosoma*, **23**, 203-213.

9) Gabriel, W. N. *et al*. (2007) The tardigrade *Hypsibius dujardini*, a new model for studying the evolution of development. *Dev. Biol.*, **312**, 545-559.

10) Sayre, R. M. (1969) A method for culturing a predaceous tardigrade on the nematode *Paragrellus redivivus*. *Trans. Am. Microsc. Soc.*, **88**, 266-274.

11) 宇津木和夫（2005）下水処理場のクマムシ．自然環境科学研究, **18**, 1-8.

12) Suzuki, A. C. (2003) Life history of *Milnesium tardigradum* Doyère (Tardigrada) under rearing environment. *Zool. Sci.*, **20**, 49-57.

13) Horikawa, D. D. *et al*. (2008) Establishment of a rearing system of the extremotolerant tardigrade *Ramazzottius varieornatus*: a new model animal for astrobiology. *Astrobiology*, **8**, 549-556.

14) Altiero, T. and Rebecchi, L. (2001) Rearing tardigrades: results and problems. *Zool. Anz.*, **240**, 217-221.

15) Altiero, T. *et al*. (2006) Phenotypic variations in the life history of two clones of *Macrobiotus richtersi* (Eutardigrada, Macrobiotidae). *Hydrobiologia*, **558**, 33-40.

16) Altiero, T. *et al*. (2011) Ultraviolet radiation tolerance in hydrated and desiccated eutardigrades. *J. Zool. Syst. Evol. Res.*, **49**(S1), 104-110.

17) Rebecchi, L. *et al*. (2011) Resistance of the anhydrobiotic eutardigrade *Paramacrobiotus richtersi* to space flight (LIFE-TARSE mission on FOTON-M3). *J. Zool. Syst. Evol. Res.*, **49**(Suppl.1), 98-103.

18) Hengherr, S. *et al*. (2008) Anhydrobiosis in tardigrades and its effects on longevity traits. *J. Zool.*, **275**, 216-220.

19) Lemloh, M. *et al*. (2011) Life-history traits of the bisexual tardigrades *Paramacrobiotus tonollii* and *Macrobiotus sapiens*. *J. Zool. Syst. Evol. Res.*, **49**(Suppl. 1), 58-61.

アメフラシ

長濱辰文

1. はじめに

アメフラシ（学名 *Aplysia kurodai*）は磯の代表的な動物ということで，ほとんどの図鑑に載っている．軟体動物腹足類に属しカタツムリの仲間であるが，背中の貝殻が退化しているので，一見，皆に嫌われるナメクジのようである（**写真1**）．日本では全国ほとんどの海岸に生息するが，場所により見られる時期は異なり，関東以南では春先から夏にかけて海岸の岩場でよく見かけられる．寿命は約1年であり，6～7月ころに卵を産んで，その後，親はすぐに死んでしまう．

この動物は，神経節（脊椎動物の脳に相当）と組織だけを切り離した標本でも容易に機能が発現することや，単純な神経系のためニューロン数が少なく，その細胞体が大きいなどの理由により，行動に関する電気生理学的研究や生化学的研究にはたいへん適している．コロンビア大学のカンデル（Eric R. Kandel）が，この動物の鰓引っ込め反射に関するさまざまな学習行動を利用して学習，記憶の発現メカニズムを明らかにし，この功績で2000年にノーベル医学生理学賞を受賞したことはご存知の方もおられるであろう．

ここでは，小規模な飼育環境ではあるが，動物の食餌には最大限気を遣っている筆者の研究室の飼育法を紹介させていただく．

▶写真1　アメフラシ（*Aplysia kurodai*）
　　　　　　　　（カラー写真は口絵8参照）

2. 飼育方法

ⓐ 採集方法

アメフラシ研究の盛んな米国では，西海岸に生息する *Aplysia californica* の卵からの人工飼育に成功し，注文すれば小さな個体から大きな個体まで必要な大きさの動物を手に入れることができるようになっている．このアメフラシを米国から輸入すれば良いのであるが，多数まとめて購入しても高い航空運賃を加えると，1匹あたり1万円弱とたいへん高価となり，日本でこのアメフラシを使っている研究者は少ない．アメフラシの研究では，*A. californica* を使った論文がほとんどであることから，この動物を使えればたいへん研究がしやすいのであるが，研究費を考えるとなかなかそうもいかない．

筆者らの研究室では野生のアメフラシを全国各地の海岸から採集している．採集場所は，研究者仲間の情報のほか，人からのクチコミで"見かけた"という場所へ行っては探してみるということを行っている．以前住んでいた関西では徳島県鳴門市や兵庫県の淡路島を中心に，最近移り住んだ関東では三浦半島，房総半島などを中心に，12月ころから6月ころにかけて採集ができ，車で採集に出かけている（**写真2**）．採集方法には2通りを用いている．一つは胴長（**写真3左**）という胸まである長靴を履き，大潮から中潮の干潮時にあわせて海岸に行き，採取する．この場合必要なことは，採集場所のその日の最低潮位の時間をインターネットで調べておくことと，天気予報を直前までよく見ていることである．せっかく出かけても雨になると10〜20 cmの水深でも水の中が雨粒や濁りで見えなくなってしまう．またこれまでの経験では，大雨の翌日は，海岸の塩分濃度が薄まるためか，採れないことが多い．天気さえ良ければ，動物は簡単に見つかり，動きが遅いので容易に手で捕らえることができる．もう一つの方法は，船着き場などの比較的水深の浅い場所での

飼育スタート物品一覧

品　名	型　式	メーカー	参考価格
水槽	50 L用（幅60 cm）	ニッソーなど	3,000円
海水用フィルターポンプ	SQ-05S	ニッソー	4,000円
サンゴ砂	フレッシュ活性サンゴなど	サンゴサービスなど	2,600円（15 kg）
上部フィルター	海水スライドフィルター	ニッソー	3,500円
人工海水	マリンアート SF-1（25 L用）	富田製薬	16,000円（20個）
エアポンプ	Nα6000	ニッソー	3,000円
横置き型クーラー	MC-75E	ゼンスイ	130,000円
エアストーン	ロングストーン	多数	100円程度（1本）
フィルター綿	60 cm水槽用	多数	400円程度（10枚）
活性炭素	顆粒状	和光純薬工業	2,800円（500 g）

▶写真3 動物採集で用いる道具類
左から胴長，柄の長い網（縮めてある），クーラーボックス，大きなビニール袋．

▶写真2 動物採集の風景
上側左が筆者．

採集であり，この場合，水面上からアメフラシを探して柄が長い網（筆者らは3～5mくらいに伸びるものを使用している，**写真3中央**）で捕まえる．この場合も動物は動きが鈍いので容易に捕獲できる．採集した動物は，釣り用のクーラーボックスに大きなビニール袋（縦横1m前後，**写真3右**）を入れ，海水とともに動物を入れる．さらに温度の上がる夏場は，近くのコンビニから氷を調達してビニール袋の外側へ入れている．運搬時の海水はできれば酸素が豊富なほうが好ましく，酸素ボンベで海水に酸素を飽和させれば良いのであるが，筆者らはそこまではしていない．運搬時間はこれまで最大で3時間かかったことがあるが，車酔いのためかクーラーボックスから出した直後，体が固くなって動かず，少し鰓が出ているときもあった．しかし，しばらくすると回復するので大丈夫である．

また，別の動物調達方法として，他大学の臨海実験所に採集を依頼することがある．これは動物が採れない時期にどうしても必要になった場合や，いつもの海岸で動物がなかなか現れない年の場合である．これまでに，お茶の水大学（房総半島館山），東京大学（三浦半島三崎），東北大学（青森県浅虫）などにお願いしたことがあり，いつも快く引き受けていただいている．

三浦半島や房総半島では7月ころから11月ころまで動物が見られなくなるが，その間，水の冷たい北関東，東北の太平洋岸であれば，動物が見られないのは9月下旬から10月上旬だけである．そこで，三浦半島などで採集ができない間はこれらの地域での採集も行っている．ただ，これらの

地域は今回の東日本大震災の被害が大きかったことから今後しばらくの間，採集は困難が予想されるため，日本海側を探す予定でいる（2011年4月現在）．

ⓑ 飼育環境

　アメフラシは海産動物であるため海水水槽が必要である．研究室によっては，大きな規模の水槽でフィルター設備，温度管理のしっかりした環境をつくっているところもあるが，当研究室ではペットショップですぐに手に入る小さな60 cm水槽（50 L容量）を用いている．これはアメフラシが大食家であり多量の糞をするため，掃除がしやすく，場合によっては汚れた海水をすぐに新しい海水に容易に交換できるためである．現在この水槽を飼育用に4個，行動実験用に3個，海水作製用に1個所有している（**写真4a**はその一部）．水槽には市販の上部フィルターに加えて，下部フィルターをつなげてセットし（**写真4b**），上部フィルターにはSサイズのフィルター用サンゴ砂を敷き詰め，その上にフィルター綿をのせ，さらにその上に顆粒状の活性炭をばらまいている．また，水槽底面には下部フィルターとしてLまたはLLサイズのフィルター用サンゴ砂を敷き詰めている．海水の循環には海水用フィルターポンプ（ニッソーのSQ-05Sなど）を用いるという構成で，上部と下部で二重にフィルターをかけている．飼育海水には人工海水を用いている．長年用いていたメーカーが生産を打ち切り，慌てて海産動物を飼育している先生方に聞いて廻り，最近ようやく新しい人工海水に変えたところである（アクアマリンSからマリンアートへ）．人工海水は，人工海水粉末に脱イオンカラムを通した水を加えて作製しているが，この製品は以前に比べて溶けやすく，急ぎの海水づくりには満足している．アメフラシの飼育ではこれに加えて海水を15℃付近まで冷却する必要があり，横置き型クーラーを個々の水槽横に設置している（**写真4b**）．以前は50 L用の横置き型クーラーが簡単に手に入ったが，最近は大きな容量用（100 L用）のものしか見つからなくなり，仕方なくそれを用いている．ただ能力が大きすぎて，冷却部に近づいた動物が凍傷になるケースがでており，最近では動物が近づけないように市販の鑑賞魚用仕切り板をつけるようにしている．また，エアポンプによりバブリングを常時激しく行っている．外部環境としては，

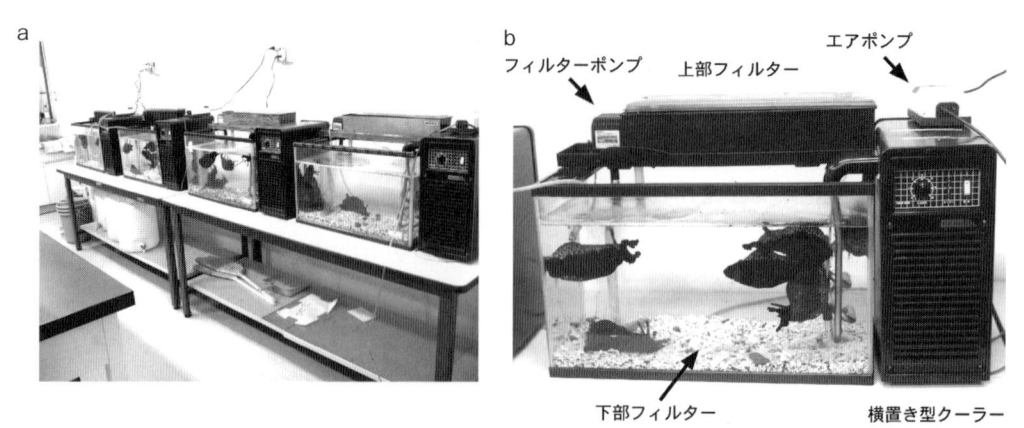

▶写真4　動物飼育水槽
(a) 4個並べた飼育水槽，(b) 飼育水槽各部の詳細．

飼育室の照明を明条件12時間（6〜18時），暗条件12時間（18〜6時）となるようにタイマーで自動調整している．

ⓒ 餌の調製

　アメフラシの餌は海藻である．ただ何でも良いかというとそうはいかず，これまでの研究から好きな海藻や嫌いな海藻が見つかっている．好きな海藻としては，海岸に行くとよく見かける緑色のアナアオサ（アオサ）や，われわれもよく食べるワカメなどがある．筆者らの研究室では摂食行動の実験をしていることから，普段から元気に食べている動物を実験に用いる必要があり，動物が大食漢なことからも餌の調達にはいつも苦労している．アオサは，野生のものを動物採集の際に同時に摘んできては小分けにし，冷凍保存している．それに加えて生のアオサも実験の対照として必要であり，田崎海洋生物研究所（田崎真珠）から分けていただいた不稔性アナアオサ（根を付けない種）を陽の当たる温室で大量培養（150 L 水槽2個）している．このアオサの培養にも人工海水を用いており，エアポンプによるバブリングに加えて海苔養殖用の栄養剤（たから培養液®，第一製網）を添加している．さらに，このアオサだけでは飼育にはまったく足りず，スーパーマーケットから人間の食用塩蔵ワカメを大量に購入している．これもできるかぎり味を変えないように同じメーカーのものを集める必要がある．筆者がその役を務めているが，30〜40袋をまとめてレジへ持っていくといつも怪訝な顔をされる．東日本大震災後，以前と同じワカメが手に入らずに困っている．採集してきた動物がすぐに食べるのは，手を加えていないアオサ（生または冷凍）であり，一度湯通しした塩蔵ワカメはなかなか食べてはくれない．そこで採集直後の動物にはまずアオサから与え，数日後から少しずつワカメを混ぜてその割合を増やしていき，最後にワカメのみにするという方法をとっている．ここまでいけば長期の飼育（とはいっても数カ月である）が可能である．与える餌の量であるが，元気な動物は体重の5〜10％前後を1日で食べるため，水槽内にいる動物の大きさと数を考慮して決めている．初期のころは食べやすいようにとバラバラの海藻をまとめて底面に固定していたが，水中を餌が舞っていても動物はかなり器用に捕まえて食べることがわかり，最近はそのようなことはしていない．与えるのは原則1日1回であり，時間はとくには決めていない．連休などの場合でも，2日以上続けて餌を与えないことは，動物が弱ったりその後食べなくなったりするため避けている．長期の連休は筆者らの研究室では考えられないのである．

3. おわりに

　これまでのところ，日本産アメフラシでは卵からの養殖が成功しておらず，実験をするには動物を採りに行かなければならない．そして採ってきてもその後の長期飼育はかなり面倒である．このような理由から，最近，日本におけるアメフラシ研究者の数がどんどん減ってきている．これは長年アメフラシ研究を続けている筆者にとってはたいへん残念であり，興味がある方がおられれば採集法，飼育法，さらには実験法について最大限お教えさせていただきたい．

コラム5

神経生物学のモデル動物──アメフラシ

古川康雄

　春先から初夏にかけて磯採集をしているとアメフラシをみつけることができる．大きなナメクジのような軟体動物で，種によって違いがあるものの，黒紫色から茶色っぽい体色のものをみかけることが多い．その動きは緩慢であり，あまり見栄えのよくない動物だが，この動物の神経系は，実に半世紀以上にわたって研究され続けている．アメフラシの中枢神経系に存在する巨大なニューロン（最も大きな細胞では直径が1 mm近くにもなる）から初めて活動電位が記録されたのは，今から60年以上も昔のことである．それ以降，神経生理学，神経生化学，神経行動学など，さまざまな神経科学分野の研究において，この動物が実験材料として使われ続けている．選んだ材料によって実験の成否が分かれることはよくあるが，神経系の基礎研究において軟体動物の神経系という生物素材がなかったとしたら，われわれの知識が今よりもずっと遅れていたことは確かであろう．ほとんどの生物学の教科書に載っている活動電位の発生機構については，半世紀以上前にイカの巨大神経軸索を用いた研究により基本的に解決されているし，シナプス伝達とよばれるニューロン（神経細胞）間のコミュニケーション手段のメカニズムについても，イカの巨大シナプスやアメフラシの巨大ニューロンにおける研究から多くの基礎的知見が得られている．さらに，学習・記憶のような脳の高次機能のメカニズムを探る研究分野においても，ニューロンの総数が少なく，構成が比較的単純なアメフラシの中枢神経系はモデル系としてよく研究されており，多くの重要な成果が得られている．コロンビア大学のカ

ンデル（Eric R. Kandel）は，学習・記憶の分子メカニズム研究の第一人者であるが，彼が学習・記憶のメカニズムに生物科学的な切り口で取り組むために選んだのがアメフラシの鰓引っ込め反射である．アメフラシを用いた学習・記憶に関する研究は，現在，高等学校の生物の教科書にも載っており，その先駆的な業績により，2000年にカンデルにノーベル医学生理学賞が授与されている．

このように，アメフラシの神経系は神経機構の基礎研究において有益なモデル系であるのだが，生き物は本来多様な性質をもっているので，モデル系として扱おうとすると足元をすくわれることもある．一例として，筆者らがアメフラシをモデル系ととらえて神経ペプチドに関する研究を行っていたときに遭遇したエピソードを紹介したい．

日本の磯で比較的容易に採集できるアメフラシは，*Aplysia kurodai*（和名：アメフラシ）と *Aplysia juliana*（和名：アマクサアメフラシ）の2種で，どちらも神経生物学実験によく使われる．外形などには明確な相違があるものの，神経系の様子はよく似ており，神経機構に関する研究においては，ほぼ同一のもののように扱われることが多いと思う．まず，アメフラシの神経系から神経ペプチドを抽出して構造を決定し，さらにニューロンの同定がしやすいというこの動物の利点を活かして，多くのペプチドニューロンを同定することができた．アマクサアメフラシからはペプチド抽出実験を行わなかったが，近縁種なので結果は同様だろうと思っていた．実際，AMRPと命名したペプチドを含む神経の分布を調べてみたところ，どちらの種でも，消化管と血管に多くの抗体陽性神経線維が存在していたので，AMRPはアメフラシの消化管や血管を調節する機能をもっていると考えた．ところが，摘出した血管にAMRPを作用させてみると，アマクサアメフラシの血管は弛緩するのに，アメフラシの血管はほとんど反応しなかったのである．どうもアメフラシ類の血管のペプチド性神経調節には，種間で大きな違いがあるらしい．この違いを生むメカニズムはいまだ不明なままであるが，生物の世界の多様性や複雑さを感じさせられた結果であった．

イソアワモチ

西 孝子

1. はじめに

a 日本におけるイソアワモチ研究の歴史

　軟体動物腹足類のイソアワモチ（*Onchidium verruculatum*，**写真1**）は，実験動物として日本では古くから知られており，明治29（1896）年発刊の動物学雑誌にも登場している[1]．この論文では著者は油壺（神奈川県三浦市三崎町）で採集したイソアワモチを用いたと書いてあるが，イソアワモチが最初に発見されたのは，インドやフィリピンなど熱帯地方に生息しているものであるなど，研究史の記載もある．イソアワモチは沖縄や奄美では食用の「貝類」として知られているが，味のほうは今一つといったところである．

　アメフラシの神経細胞は2000年にE. Kandelがノーベル医学生理学賞を受賞したこともありよく知られているが，1960年代から80年代にかけては軟体動物の神経細胞はモデル細胞として盛んに研究がなされた．イソアワモチもそのなかの一つで，多くの神経生理学的研究が残されている．たとえば，イソアワモチの光感受性の神経細胞については，単一チャネルレベルから個体行動に至るまでの一貫した研究が知られている[2,3]．

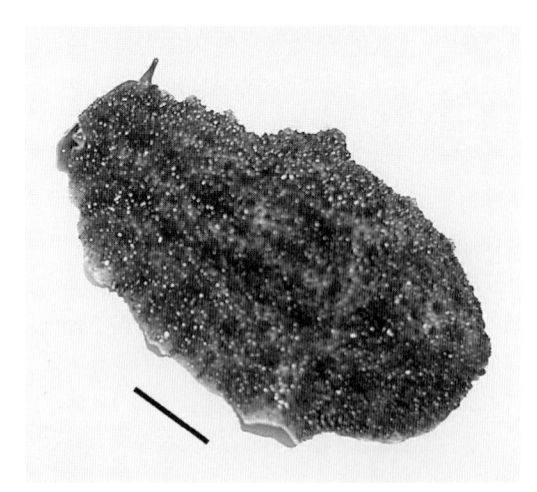

▶写真1　イソアワモチ
スケールバー：1 cm．

▶写真2　生息地桜島でのイソアワモチの様子
初夏の時期はこのように，数多くのイソアワモチが現れる．

b イソアワモチの系統的な立場

　長い間イソアワモチは，有肺類か後鰓類か分類学的な立場で意見が分かれていた動物であった．しかし近年のミトコンドリアシトクロムオキシダーゼ（CO1）遺伝子ならびにリボソーム RNA を用いて腹足類を広く網羅した系統分類学的な研究では，イソアワモチは有肺類に近いことを示す結果になっている[4]．なお，潮間帯に生息しているイソアワモチのような肺のある軟体動物は陸上に生活していた軟体動物が，二次的に海岸近くに戻ってきたのではなく，上陸することを選ばなかった有肺類であると考えられている[5]．

2. 飼育方法

a 採集方法

　20 年ほど前から関東地方では大量に採集するのは困難だといわれてきたが，鹿児島県桜島沿岸では現在でも 100 匹程度は簡単に（正味 1 時間程度で）採集できる．イソアワモチは潮間帯に生息し，潮が引いたときに活動を始め，活動が終わると再度岩場の下に潜ってしまう．

　春から初夏にかけては，岩の上を這い回っているものを簡単に捕まえることができる．イソアワモチは昼行性ではあるが，直射日光が差し込むような場所は避け，影になっている場所を好む．晴天より小雨や曇天の日に，**写真 2** に示すようにおびただしい数の姿を見せる．それ以外の時期や天気の日は，干潮時に岩場の下にある「巣」（**写真 3**）を見つけることで採集できる．イソアワモチは集団で生活しており，1 カ所から同時に 5，6 匹ほど見つかる．「巣」は干潮時でも石の下は海水が少しにじむ程度に残っている場所にあり，満潮時には海水に完全に水没するが，イソアワモチは鰓（鰓枝）と肺の両方をもつ完全な「両生」の軟体動物なので，長時間水没した状態でも生存可能である．イソアワモチの背面は周囲の岩と見分けがむずかしい黒っぽい茶色であるが，岩をひっくり返して見つかるときは白っぽい腹面を上にしていることがほとんどで，容易に見つけることができる．

　イソアワモチが巣を出て姿を現すのは干潮時刻の約 2 時間前からであるが，大潮の日を狙って採集に行くほうが数多く採集できる．産卵は 11 月過ぎまで，年に複数回行われており，真冬でも成体を採集できる．卵は「巣」の近くの石の上に黄色く，べたっと平面的に広がっている．

飼育スタート物品一覧

品　名	型　式	参考価格
飼育箱	約 20×15×30 cm（10 匹程度用）*	
海水	人工海水でもよい	1,000 円程度（100 L）
岩石	表面がデコボコしている岩石 （直径 5〜10 cm）数個	500 円程度（溶岩石 1 個）

*蓋がきちんと閉まるもの．直径 5 mm 程度の通気孔は必要．

ⓑ 輸　送

前述のようにイソアワモチには肺があるので，水分があまりないような状態でも容易に持ち運ぶことができる．長時間輸送するときは輸送用の箱（発泡スチロールや保存容器：呼吸できるように小さな孔を開けておく）に海水で湿らせたペーパータオルやスポンジを入れる．この状態で丸3日間は元気にしている．また冷蔵の温度の宅配便を利用することで，イソアワモチを仮死状態で遠方へ送ることができる．丸1日の輸送の間，保冷車で運ばれ開けてみるとまったく動かない状態になっていても死ぬことはなく，室温に戻ってしばらく経つと活動を始める．

ⓒ 実験室での飼育

イソアワモチは身体が小さいことが，実験動物として優れている理由の一つとして挙げられよう．神経細胞の大きさはアメフラシとほぼ同じ大きさであるが，大きな個体でも体重は25g程度なので小さな飼育箱で飼うことができ，しかも海水は**写真4**のように飼育箱の底に1〜2cm程度あればよい．

以下に記すような飼い方で，採集後，約3カ月間状態は変わらない．残念ながら研究室内での繁殖はまだできていないが，冬季でも成体を捕まえられるので，さしたる不自由は生じない．

飼育箱に入れる海水は天然の海水を用いているが，「海水のもと」として売られている人工海水でもよい．飼育しているうちにいつの間にかコケの類が生えて水が汚れてくるが，それほど神経質になる必要はない．水槽の「掃除」は目に見えるこれらの汚れを時々，水槽掃除用の網ですくう程度で十分である．筆者は天然の海水を用いているが，同じ海水を時々継ぎ足しながら半年近く常時循環させている．もし，循環ができないようなら海水は1週間に一度程度，とくに採集直後は毎日取り替える必要がある．

イソアワモチは温度が高くなると這い回るので，体力の消耗を防ぐため四季を通じて循環させる水温は15℃ぐらいに設定している．比較的低温状態で飼うことと海水の循環が長生きの秘訣である．この温度ではイソアワモチは，這っているより石の下に潜っている時間のほうが圧倒的に長い．

▶**写真3** 生息地で「巣」をつくっている場所
点線で囲んだあたりの石をひっくり返すと現れる．撮影の状況は最も潮が引いた状態で，1mほど先に海面が見える．

▶**写真4** 水槽中でのイソアワモチ
海水の深さは1〜2cm程度（水面を点線で示す）．イソアワモチはこの飼育条件では，写真のように身体の一部を海水から出していることが多い．

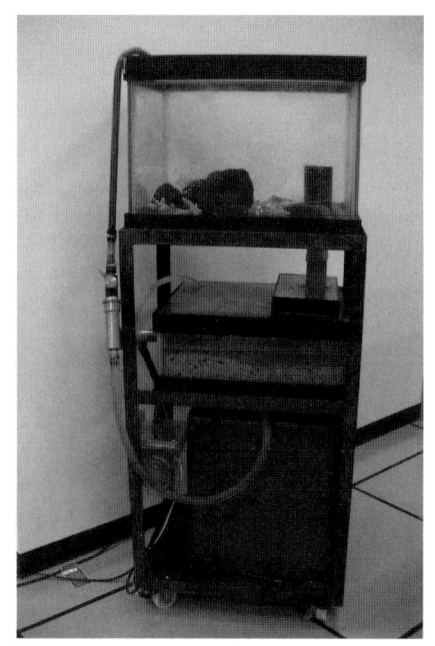

▶**写真 5** イソアワモチの飼育箱（約 45×30× 30 cm）
飼育箱には下にあるクーラーを介して常時少量の海水が循環している．飼育箱はアクア株式会社（〒141-0031 東京都品川区西五反田 2-1-8 tel: 03-3495-5668）作製である．

なおイソアワモチは昼行性であることもあり，室内光が入る状態で飼育している（**写真 5**）．

上述のようにイソアワモチは岩の下や割れ目の「巣」に毎日戻る習性があるので，飼育箱にも，直径 5～10 cm 程度の石を何個か重なるようにして入れている．ただし石といっても表面が滑らかな石にはイソアワモチはほとんど寄りつかない．表面がデコボコしている溶岩やサンゴを入れると石の下や隙間に入り込んでいる．擬人的な表現だがイソアワモチはわざわざ狭いところに潜り込むほうが落ち着くように見えるので，これも重要なポイントだと思う．餌はこの飼育状況下ではあまり食べないが，時々乾燥芽ひじきを戻したものを与えている．

3. おわりに

イソアワモチは体の大きさがコンパクトで通年採集ができ，しかも飼育に手間がかからないという実験動物に非常に適した性質をもっている．いつの間にかあまり知られていない動物になってしまったが，*Onchidium* の帰巣行動は約 100 年前の *JGP* 誌[6]にも登場している歴史のある動物でもあり，ここに採集方法・飼育の仕方を記すことによって，未来の研究者が再度利用する日が来ることを期待する．

4. 参考文献

1) 藤田経信（1896）いそあわもちノ呼吸附血液循環ノ方法ニ就テ，動物学雑誌，**8**, 77-81.
2) Gotow, T. and Nishi, T.（2008）Simple photoreceptors in some invertebrates: physiological properties of a new photosensory modality. *Brain Res.*, **1225**, 3-16（総説）.
3) Gotow, T. and Nishi, T.（2009）A new photosensory function for simple photoreceptors, the intrinsically photoresponsive neurons of the sea slug *Onchidium*. *Front. Cell. Neurosci.*, **3**, 1-6（総説）.
4) Klussmann-Kolb, A. *et al*.（2008）From sea to land and beyond-New insights into the evolution of euthyneuran Gastropoda（Mollusca）. *BMC Evol. Biol.*, **8**, 1-16.
5) Purchon, R. D.（1968）"The biology of the Mollusca", Pergamon Press.
6) Crozier, W. J. and Arey, L. B.（1919）The heliotropism of *Onchidium*: A problem in the analysis of animal conduct. *J. Gen. Physiol.*, **2**, 107-112.

サザエ

半田岳志

1. はじめに

　サザエ（英名 Top shell，学名 *Turbo*（*Batillus*）*cornutus*）は分類学上，腹足綱前鰓亜綱古腹足目ニシキウズガイ上科サザエ科に属している巻き貝の一種である（**写真1**）．北海道南部沿岸から鹿児島県沿岸と広く分布している．サザエは暖海性の巻き貝であるため，生息域であっても冬季の低水温時期には比較的水温の高い箇所に移動する．また，サザエは歯舌を使い海藻類を削り取るように摂餌することから，餌となる海藻類が繁茂する岩礁域に生息しやすい．サザエの成熟には2〜3年を要し，成熟後は7〜8月に産卵する．サザエの卵は分離沈性卵で，受精後約半日かけてベリジャー幼生となる．その後，数日間の浮遊生活を送った後，岩などの基盤に付着して這い回る行動を示す．1年後には殻の大きさ（殻高）が10〜15 mmに成長し，翌年にはその倍程度にまで大きくなる．殻高が70〜80 mmを超えるには約5年は必要であり，寿命は8年程度とされている．よって，市場に出回るのは，生まれてから約5〜6年成長した貝であろう．サザエは食用として広く利用されていることから，「水産重要生物」として資源量や種苗生産技術に関する研究など多くの研究がなされてきた．種苗生産において，優良な卵・精子を得ることは重要であるため，親貝としてのサザエの養成が必須となる．よって，サザエの漁獲，生産を行っている都道府県であれば，その自治体の水産研究センター（水産試験場），栽培漁業センターまたは漁業協同組合などにて入手方法や飼育などについて尋ねると指導を受けられる可能性が高い．本稿で紹介する「サザエの飼育」は，成貝を対象とし比較的小規模な飼育例を示したいと考える．

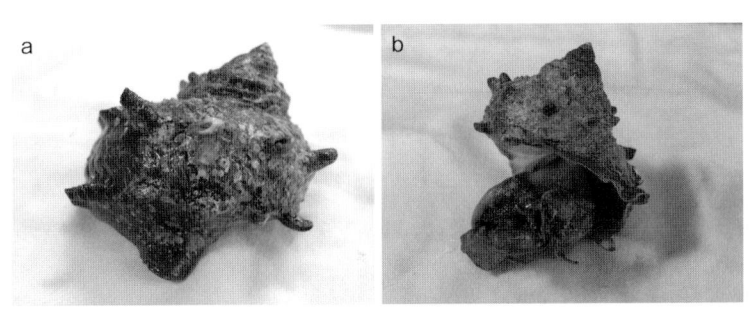

▶写真1　サザエ
(a)　殻体，(b)　殻体の殻口側（軟体部の一部が露出している）．

2. 飼育方法
ⓐ 入手方法

　殻付サザエは店頭や通信販売などで入手可能だが，食用を前提としているため，食用には良いが飼育に不適な個体が含まれる可能性がある．実験・教材とする目的に沿って入手し，予備飼育・実験を行う必要がある．漁業協同組合（漁協）や漁業連合会（漁連）などでサザエを扱っているなら，購入できる可能性がある．価格は場所や時期によって変わることから，まずは漁協や漁連などに問い合わせるのが肝要と考える．なお，サザエをはじめとする水産動植物を対象に各都道府県において漁業調整規則が設定されている．漁業調整規則には採集資格のない者（漁業権のない者）が採集したり，規制・禁止されている採集法にて採集すると処罰の対象となる．自ら採集する際は，必ず各都道府県の水産事務所へ問い合わせ，申請方法を聞いたうえで採捕許可を得なければならない．特別採捕許可を得るまでに要する期間は，申請内容にもよるが，数十日以上かかる場合があるので注意しなければならない．

ⓑ 飼育環境
（1）飼育水の確保

　サザエ体液の浸透圧は海水のそれとほぼ同じであり，淡水性の貝類や魚類のような浸透圧調節機構をもたない．よって，飼育にあたっては飼育規模に合わせた「海水」の確保が必要である．自然海水または人工海水のいずれかを利用する．「人工海水のもと」は粉末や顆粒としてさまざまな商品が市販されており，購入は容易である．製品によって調製方法などが異なるので，飼育者の都合の良いものを選べば良い．

（2）水温の設定

　サザエをはじめとする変温動物は水温の影響を強く受けるため，飼育の際は目的に合わせて水温を維持する．サザエが活発に活動し，よく成長する水温は16～28℃であり，摂餌量も増大する．十分な餌と十分な水換え（水質維持）を行えば，前記の温度範囲での飼育が可能である．しかしながら，餌の入手が難しい，十分な飼育水の確保ができないなどの悪環境であれば，無給餌としたり水温を低く保つなどしてサザエの代謝を低くしてやれば，生存期間を延ばすことができる．サザエは水温が16℃以下になると匍匐運動が少なくなり，ほとんど摂餌しなくなる．もちろん酸素消費量も低くなる．よって，水温を16℃以下に維持してやると代謝活動を抑えることができ，生存期間を延ばすことが可能と考える．しかし，活動や成長の停止が続くような水温では，摂餌はもとより匍匐などの運動も停止し，基盤への吸着力が弱く，最終的に死亡することがある．冒頭に記したように，サザエは暖海に生息する巻き貝類なので，低水温には注意しなければならない．巻き貝類の酸素要求量は個体あたりでは小さく見えるが，軟体部の単位体重あたりに換算した酸素要求量は，おおむね低運動性の硬骨魚類に匹敵する．つまり，サザエの酸素要求量はたいへん高い．よって，サザエを飼育する場合，十分なエアレーションを継続して行う必要がある．具体的には，飼育水の酸素飽和度が70％を下回らないようにする．サザエの血液には呼吸色素が含まれており血液の酸素運搬量は多いため，環境水の低酸素状態に強いといわれている．よって，飼育水の酸素飽和度が

70%を下回ってもすぐに死亡することはないが，摂餌時や摂餌後に代謝量の増大が生じたとき，低酸素状態が速やかに進行し死亡する場合がある．また，水中では大気中に比べて酸素濃度が低く拡散速度も遅いため，飼育水の酸素飽和度に留意する場合，前もってサザエの飼育密度も調整する必要がある．飼育水槽の数や大きさ，そして海水供給に余裕があるのなら，できるかぎり低密度で飼育するのがよい．それができない場合は，サザエの殻長が60〜70 mm程度の場合，海水100 Lあたり20個体より多くならないような密度にするのがよいだろう．なお，飼育水へのエアレーションが強くなりすぎると飼育水の炭酸濃度やpHが変動するので，飼育水のpHを通常海水のpH 8.0〜8.2の範囲内に維持するのがよい．もちろん，用いる飼育水槽は，サザエが大気に常時曝露されないだけの十分な水深を維持できる容器が良い．

ⓒ 餌

アカモク，イソモク，ヤナギモク，ヤツマタモク，マメタワラ，アミジグサ，フクロノリ，アオサ，アラメ，カジメ，クロメ，テングサ，ワカメ，コンブ類などの緑藻，褐藻，紅藻などの海藻類を摂餌する．浜辺に漂着した海藻片でも餌として利用できるものがある．変色したものや腐敗が進んだものは利用できないが，見た目にみずみずしい褐藻や緑藻は餌となる可能性がある．また，摂餌の盛んな海藻種を与えたとしても，与える量が多すぎたり，飼育水槽の水の循環が良くないと，与えた海藻はすぐに腐敗していくので，確保した海藻をサザエに少量与えて，摂餌の様子や海藻がなくなっていく日数や時間を注意深く見ておく必要がある．もちろん，飼育水槽の底面などにたまった排泄物（茶色で砂状）はサイフォンなどで取り除き，減った水量分の新鮮な海水を補給しなければならない．

3. おわりに

水生生物の呼吸生理を研究している一環で，サザエを供試貝としたことがある．その際はFRP水槽，飼育装置，手製の実験装置，特殊な手術方法を用いて実験・研究を行った．目的によるが，飼育や実験を行いやすい動物はほかに多くある．読者の方が実験・研究材料としてサザエを選定することは，はっきりとした目的があるのだと思う．その目的に沿った飼育をするのが良いので，上述した飼育に関する内容は，サザエを飼育する際の基本的事項であり，海産軟体動物を飼育する範疇において特殊な点はない．貝類は魚類と異なり「見た目の変化」が少ないことから，サザエの好調，不調はもとより，死亡すらも判別しにくい．水質が急に悪くなった，水槽から独特の臭いがするなど，気がつけばサザエが死んでいた，というようなことが起こりやすい．飼育中は各個体の様子を入念にチェックする必要があるが，毎度毎度，腹足を基盤から剥がすようなことをしては，サザエにも負担が大きくなるので，基盤への吸着具合や水質の変化に注意を払うことから始めればよい．最後になるが，サザエは索餌などのため腹足で基盤を移動するが，全身が大気に曝されるくらい水面より上に昇ってくることが多々ある．逃亡して水槽に戻れず死亡し，腐敗したり乾燥状態で発見されることも時折ある．飼育水槽には板などで蓋をし，蓋の上に重しになるものをのせて，サザエの逃亡を防ぐように心がける．

カラマツガイ

尾城　隆

1. はじめに

カラマツガイ（*Siphonaria japonica*）は，三陸以南から九州にかけて，干潮時に露出した岩礁でごく普通に見られる，殻長 2 cm 前後の笠形をした付着性腹足類（巻貝）である（**写真 1**）．早春から夏に，渦巻き形の卵塊（卵嚢）を産む．形態や生息域の類似したマツバガイ，ヨメガカサなど，いわゆる原始的なカサガイ類とは異なり，より進化した空気呼吸をする有肺類に属する[1~4]（**写真 2**）．

一般に，有肺類は海産の祖先種から淡水種[1)]または汽水種[5)]を経て，陸生種（マイマイ，ナメクジ

▶写真 1　天然でのおもな生息場所
（a）ヒトエグサ類の繁茂する岩に，（b）珪藻（明るい岩肌；タルガタケイソウ（左下枠内）など）や緑藻（暗い岩肌；ボウアオノリ（右上枠内）など）の付着した砂岩に（枠内のスケールバー：100 μm），（c）砂岩の窪みに潜む親貝と卵塊の集合．

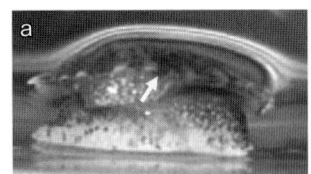

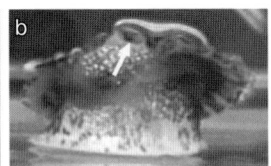

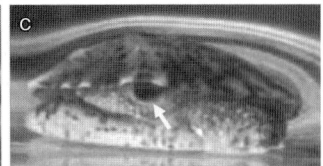

▶写真2　上方からとらえた水槽壁面での肺呼吸運動
水面で呼吸口（矢印）を開く直前（a），吸気（b）および呼気（c）時の姿勢．

など）が生じたと推定され，その具体的進化プロセスの解明や形態，生理化学，分子レベルでの比較研究には多くの魅力的なテーマが設定可能と期待される．一方，有肺類はすべて雌雄同体で，その複雑な生殖器官系の構造や機能について，多くの淡水種や陸生種を対象に詳細な研究がなされた[6,7]．しかし，海産種を用いた同主旨の研究は，本種を含む*Siphonaria*属や*Siphonaridae*科にほぼ限定される[8,9]ことをはじめとして，本種は比較生物学における実験動物としての価値がきわめて高いと推察される[10~12]．

2. 飼育方法

ⓐ 入手方法

本種は磯採集が比較的容易である．まず，インターネットで公開されている気象庁の潮位表などを調べ，大潮当日の干潮時に採集を行う．野外ではもっぱら褐藻を食するという古い報告もある[13]が，少なくとも三浦半島南端の海岸（油壺および観音崎近辺）では，緑藻や珪藻を常食とする群が多く，これらの藻類が付着した緑色または淡黄色の砂岩を目安に捕獲する．とくに珪藻の優占する領域には大型の個体が多く，産卵も頻繁に行われるようである（**写真1**）．

ⓑ 飼育環境

澄川らは，天然の磯に近い環境を小型水槽内で再現し，比較的良好な飼育結果を得ている[14]が，清掃や海水交換にやや手間取る感がある．そこで，近年利用可能となった市販の飼育キットを適宜組み合わせた，より簡便な方法を紹介する．**写真3**のように，小型プラスチック製水槽（17 cm

飼育スタート物品一覧

品　名	型　式	メーカー	参考価格
プラスチック水槽	ミニアクアリウム PL-17G	Tetra	1,000 円
合成樹脂箱	クリアーレンジパック MW-1 または 2	Inomata	100 円
水中フィルター	スペースパワーフィット S	Suisaku	780 円
オートヒーター	プリセット 10	EVERES	1,200 円
デジタル水温計	ND-X	NISSO	980 円
天然海水（三崎）または人工海水	SEALIFE	アクアテック	539 円（1 L）

▶写真3　人工磯による飼育法
上段：付着石の配置例；（a）アオノリ培養，（b）カラマツガイ飼育，（c）石が小さい場合（①石，②内箱を伏せて底上げ，③水中フィルター，④ヒーター）．
下段：（d）人工磯の全景，（e）潜水中の個体，（f）空気中に露出した個体と卵塊．

立方，Tetra社）に天然または比重1.020～1.023の人工海水を入れ，水位調節（7～15 cm）の可能な，薄くて小型の水中フィルター（Suisaku社）を斜めにして水槽壁面に貼り付け，循環濾過する．以後，水の蒸発による水位の低下が著しい場合は，淡水を注入して元に戻す．このような飼育水槽を，夏季には一定の室温（25℃）下で窓側にセットする．冬季にはヒーターで22～24℃に保ち，さらに長日条件（明期14時間：暗期10時間）の人工照明を施す．

ⓒ 餌の調製

　数 mm 程度に緑藻（アオサ，アオノリ類で，なるべく幼体）が付着したコブシ大の石数個を水槽の底に配置し，一部を空気中に露出させて[14]，その上に貝を1～2個ずつ置く．フィルターのノズルの位置と方向を適当に調節し，噴出する循環海水が石の一部や水面に当たって生じる飛沫で，石の表面の乾燥を防ぐと同時に，人工磯の水面下にも適度な水流を起こす（盆栽や箱庭作りの醍醐味あり）．収容密度は水槽あたり10個体以内とし，週2回，死亡個体を除去する．海水を半分ずつ，適宜交換して汚染の進行を防ぎ，緑藻の減耗や遷移（石灰藻などへ）があれば新しい石と替える．やがて緑色の糞が観察される．生鮮藻類がない場合，つなぎに市販の凍結乾燥アオサ（35×40×15 mm，伊勢乾物）を厚さ1 mm程度のシート状に薄切し，露出した石の表面に被せて湿らせる．なお，循環には7 cm以上の水位が必要なため，生息場となる石が水面に届かない場合，合成樹脂製の内箱（底面17×12 cm，深さ5または7 cm，Inomata社）を伏せて水槽底部にはめ込み，生じた溝にフィルターを斜めに固定し，内箱の底面上に石を並べる（**写真3c**）．

ⓓ 継代飼育（水産分野では「完全養殖」）への道

　成貝はやがて水面から出た石の表面（まれに水槽壁面）に卵塊を産み付けるようになる．卵塊は

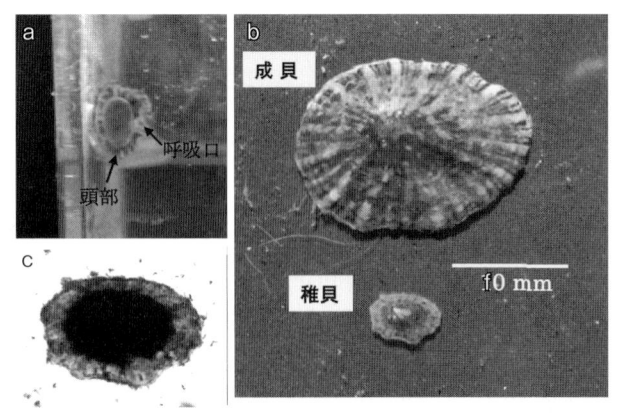

▶写真4 培養付着珪藻で成育した稚貝
孵化後30日．(a) 水面上で水槽壁に付着，(b) 成貝との比較，(c) 透過光で外套部の色素沈着を観察．

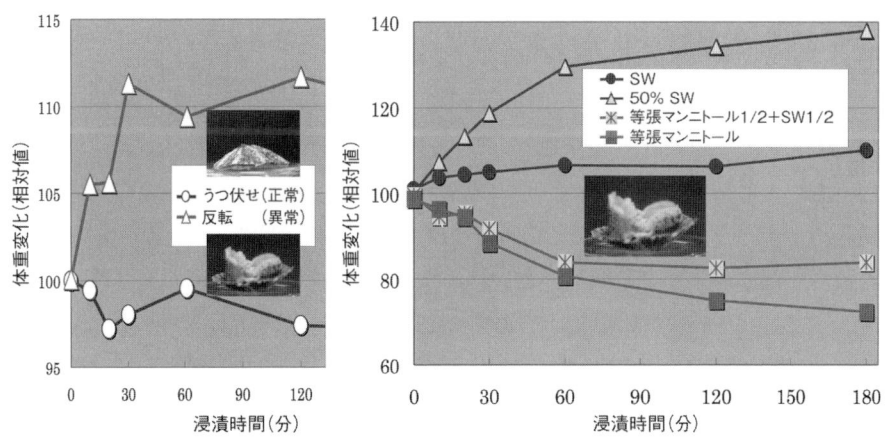

▶図1 浸透圧・イオン調節能力を知る簡便な実験法（理科教材用）
水や塩類は海産貝類の体液中に出入りしやすく，浸透圧，イオン濃度とも環境水に近づく．仰向けにした個体の体重変化から，各溶液中での吸水・脱水を定量化できる．海水（SW）に近い体液との浸透圧差で，50％海水中では直ちに吸水・増重が起こる．一方，等張でもマンニトール（糖類）はたやすく体内に入れず，塩類のみが低濃度の体外に拡散し，体液の浸透圧低下と脱水で体重は減少する．

数珠状に連なる多数のカプセル（胚＋囲卵腔液＋卵膜）を包含し，1個体ずつカプセル内でヴェリジャー幼生まで発育，孵化する．継代飼育に関する報告は見られず，野外での観察（前述）をもとに現在試行中である（写真4）．まず飼育海水を濾過して孵化後の浮遊幼生を集め，タルガタケイソウ（*Melosira*）などの付着した板に着底させる．変態後，成貝型としてある程度成長すれば，緑藻を餌として与える．一般に珪藻は緑藻に比べ小型で，摂食後も細胞を包む珪酸質の殻が容易に壊れ，栄養分が吸収されやすい．一方，緑藻の細胞壁はやや厚く，栄養摂取にはやや難がある．したがって珪藻は，幼貝のみならず，親貝養成にも餌料効果はあると期待されるが，餌料用珪藻の大量培養システムが必要となろう．

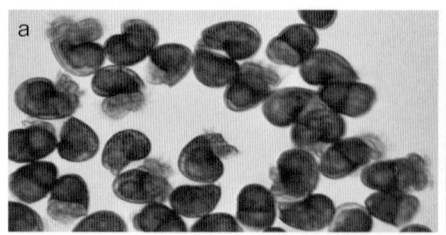

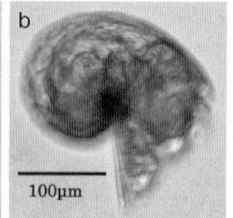

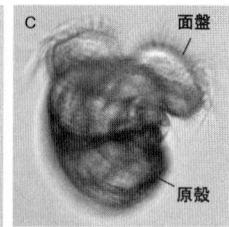

▶写真5　孵化直後のヴェリジャー幼生
初期にできる殻（原殻）はわずかに巻いている．(a) 卵塊から同時に脱出，(b) 殻の側面より，(c) 同背面より．

3. おわりに

　潮間帯上部の岩に付着する本種は，空気中への露出と水没とを交互に繰り返す．肺呼吸への依存性はモノアラガイなどの淡水性基眼目よりも小さく[10]，水没時にはもっぱら体表呼吸を行う．まれに水槽内で石から滑り落ち，仰向けになる個体もあるが，自力で仰向けから正常の姿勢には戻れないので，早めに箸やスプーンなどで裏返しておく必要がある．逆に，仰向けにした個体を種々の溶液に浸し，殻をつまんで体重変化を測る実験は，無脊椎動物の浸透圧・イオン調節能を理解するうえで簡便な教材になると思われる[10,15]（**図1**）．ところで本種は，巻貝のなかで高等な有肺類（異鰓上目）に属し，同じ巻貝でも原始的なカサガイ類（笠型腹足上目）同様，成貝の殻にねじれは見られない．カサガイ類の発生では，幼生の原殻にもねじれが生じない[4,16]．一方，本種のヴェリジャー幼生はやや巻いた原殻をもつ事実が，最近筆者の飼育研究から確認された（**写真5**）．

　本稿の執筆にあたり，材料の採集などにご協力いただいた東京大学三崎臨海実験所職員杉井那津子，幸塚久典，関藤　守の各氏に謝意を表する．

4. 参考文献

1) 山田真弓（1999）有肺類．『動物系統分類学5上 軟体動物Ⅱ』（内田　亨・山田真弓監），pp. 379-424, 中山書店．
2) 奥谷喬司編著（2000）『日本近海産貝類図鑑』，pp. 813-815, 東海大学出版会．
3) 伊勢優史（2009）腹足綱．『三崎の磯の動物ガイド』（赤坂甲治監），pp. 36-93, 東京大学大学院理学系研究科附属臨海実験所．
4) 佐々木猛智（2010）『貝類学』，381pp. 東京大学出版会．
5) Klussmann-Kolb, A. Dinapoli, A. *et al*. (2008) From sea to land and beyond-New insights into the evolution of euthyneuran Gastropoda（Mollusca）. *BMC Evol. Biol*., **8**, 1-16.
6) Geraerts, W. P. M. and Joosse, J.（1984）Freshwater snails（Basommatophora）. *in* "The Mollusca"（ed. Wilbur, K. M.）, vol.7, pp. 141-207, Academic Press.
7) Duncan, C. J.（1975）Reproduction. *in* "Pulmonates"（eds. Fretter, V. and Peake, J.）, vol.1, pp. 309-365, Academic Press.
8) 澄川精吾（1976）カラマツガイの生殖に関する研究−Ⅰ−両性腺の季節的変化について．生活科学，**10**, 125-135.
9) 澄川精吾（1980）カラマツガイの生殖に関する研究−Ⅱ−生殖輸管の変化について．生活科学，**12**, 111-115.
10) 尾城　隆（2011）2. 有肺類へ−三種の珍技−/3. 分子進化のネオ中立説．『水族養殖・育種学実習Ⅱテキスト』，

pp. 9-24，東京海洋大学海洋科学部．

11) 尾城　隆・木谷洋一郎ほか（2012）潮間帯の腹足類中腸腺におけるホスホグルコムターゼ（PGM）の重合・解離性に関する分子進化学的研究－ネオ中立説を巡って．*Venus*, **70**(1—4), 90-91.

12) 尾城　隆・杉井那津子ほか（2012）海産有肺類カラマツガイのホスホグルコムターゼ（PGM）分子が示す重合能力および活性領域への解離．*Venus*, **71**(1—2) in press.

13) Abe, N.（1940）The homing, spawning and other habits of a limpet, *Siphonaria japonica* Donovan. *Sci. Rep. Tohoku Univ., 4th Ser., Biol*., **15**, 59-95.

14) 澄川精吾・清水カズエ・満生清美（1970）カラマツガイ *Siphonaria japonica* の飼育．生活科学，**8**, 101-106.

15) Krogh, A.（1965）"Osmotic regulation in aquatic animals", pp. 53-64, Dover.

16) 矢崎育子（2009）小笠原の天然記念物カサガイの研究報告 2．海洋島，63．

チャコウラナメクジ

松尾亮太

1. はじめに

　本稿で解説するチャコウラナメクジ（*Limax valentianus* または *Lehmannia valentiana*）は，現在おそらく日本の農地や家庭で最もよくみかけるナメクジである（**写真1**）．しかしながら日本に古くから生息していたものではなく，戦後に欧米から持ち込まれ，急速に日本国内に広がった種であると考えられている[1]．分類学的にはカタツムリと同じ軟体動物門腹足綱有肺目に属すが，カタツムリがもつ殻を進化の過程で失ってしまっており，わずかに「コウラ」としての残存器官を背中に残しているのみである．チャコウラナメクジは，もっぱら農業害虫として悪名高いが，筆者の研究室では記憶・学習など脳高次機能の研究を行うための実験動物として飼育し，繁殖させている．ナメクジは主として，触角の先端にある「鼻」を介して得られる嗅覚情報を頼りに生きており，食べられるもののにおいや，食べるとまずいもののにおいなどを記憶，弁別する能力をもつ．さすが害虫とよばれるだけあり，繁殖力は高く，基本的に飼育も容易である．雌雄同体で，他個体との精子交換による有性生殖を行っており，卵生である．ナメクジは交尾後すぐに受精させるのではなく，あらかじめ交尾により精子を獲得し，これを体内に保持しておいて，必要なときに受精させてから産卵するようである．なお，自家受精も可能であるとされているが，それがどのくらい頻繁に行われているかは不明である．卵を産めるようになるまでの世代時間は孵化後およそ3カ月程度で，うまく飼えば1年以上生存する．

2. 飼育方法

　チャコウラナメクジは低温に対しては比較的強いものの，高温環境には弱い．このため，研究室で飼育する場合，冷却機能の付いたインキュベーターを用意することが望ましい．筆者の研究室では，インキュベーター（MPR-720，SANYO）を常時19℃に設定し，内部に後述の角形ケースを積み重ねて飼育している（**写真2**）．ナメクジは基本的に夜間のほうが活動性が高いため，概日リズムが重要となるような研究を行う場合は，インキュベーター内に蛍光灯などを設置し，実際と昼夜を逆転させた light/dark cycle のもとで飼育することをお勧めする．

a 入手方法

　筆者らが維持しているチャコウラナメクジは，10年ほど前に鈴鹿地方で採取されたものの子孫

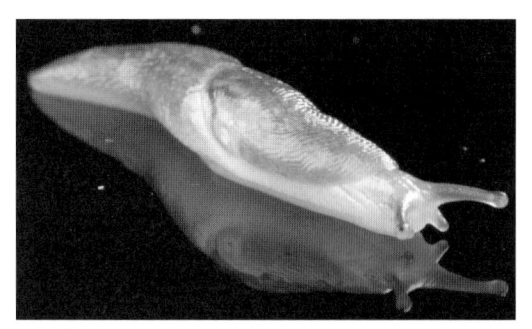

▶写真1　チャコウラナメクジ（*Limax valentianus* または *Lehmannia valentiana*）

▶写真2　インキュベーター内に飼育用角形ケースを積み重ねて飼育している．

であるが，基本的には農園や庭の植木鉢の下など，どこにでもいる．殻がない分，乾燥には弱く，雨の日のほうが見つけやすい．ただ，外見の似た種がいるため，本当にチャコウラナメクジであるかどうかは，生殖器の形状から判断する必要があるなど，厳密には判別が難しい[2]．必要であれば，当方で維持しているものを少数ならお分けすることもできるので，その場合はご連絡いただきたい．

飼育スタート物品一覧

品　名	型　式	メーカー	参考価格
filter paper	#590, 400×400 mm	Advantec	9,500 円（50 枚）
フレッシュマスター（ロール）	中サイズ，280幅×240 mm	ユニチャーム	840 円
スチロール角形ケース	No.26, 110×80×33 mm	サンプラテック	240 円（1 個）
スチロール角形大型ケース	O-8, 207×136×42 mm	サンプラテック	500 円（1 個）
でんぷん（小麦由来）	193-13215	和光純薬	2,300 円（500 g）
実験動物用飼料（粉末）	MF（マウス，ラット，ハムスター用）	オリエンタル酵母	3500 円（10 kg）
混合ビタミン		オリエンタル酵母	12,000 円（1 kg）
メラミンスポンジ*		ソフトプレン	42 円（1 枚）

*購入時に 5 mm 厚に切断してもらう．

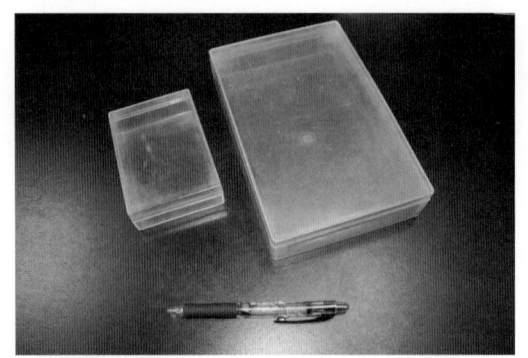

▶写真3 飼育に用いているスチロール角形ケース
左側は卵から孵化後約8週までの小さなナメクジの飼育に用いている小箱．右側はそれ以降の成長したナメクジの飼育に用いている大箱．底に濾紙または保鮮シートを敷いて用いる．

b 飼育環境

前述のように，19℃前後を維持できるインキュベーターがあることが望ましいが，難しい場合は，できるだけ涼しい環境におくことを心がける．ただこの場合，ナメクジの産卵期は温度や日長時間に依存するため[3]，暑い夏には卵が孵りにくく，1年を通して安定して成体ナメクジを使用することが難しくなるおそれがある．

ナメクジは，サンプラテック社などから販売されているスチロール角形ケース（**写真3**）の底に，吸水性のある濾紙などを敷いたものの中で飼う．濾紙は，クロマトグラフィー用のもの（クロマトグラフィー用 filter paper #590, ADVANTEC）が最も保水性が高く，乾燥しにくいという利点があるが，高価であるためフレッシュマスター®（ユニ・チャーム）という吸水シートで代用することが可能である．これは，スーパーなどで売られている刺身など生鮮食品のトレーの底に敷いてある保鮮シートで，面積あたりの単価はクロマトグラフィー用 filter paper のわずか1/5程度である．基本的にこのシートを用いて，卵から成体に至るまで，どの生育段階のナメクジも飼うことができるが，卵を産ませたい場合（次頁）は，クロマトグラフィー用 filter paper を敷いたほうがよく産む傾向がある．また，シートを水で湿らせる際，あまり水が多すぎると，ケース内の環境が早く悪化するので注意が必要である．スチロールケースについては，気密性が高いものの，よほど過密に飼わないかぎりは酸欠などで死ぬことはない．卵から孵化後8週間程度までであれば，小型のケースで，その後は大型のケースで飼うのがよい．1箱あたりの個体数は50匹以内に抑えておく．ケースやシートの交換と，餌（後述）の補充は，週に2回程度行うことが望ましい．交換した飼育ケースは，糞を洗い流す程度にざっと水洗いしてから乾燥させておくだけで十分である．

c 餌の調製

筆者らの研究室では，餌として完全栄養食のような混合粉末を与えている．これは，ラットチャウとよばれる齧歯類飼育用の粉末飼料（オリエンタル酵母）と小麦由来デンプン（和光純薬），ビ

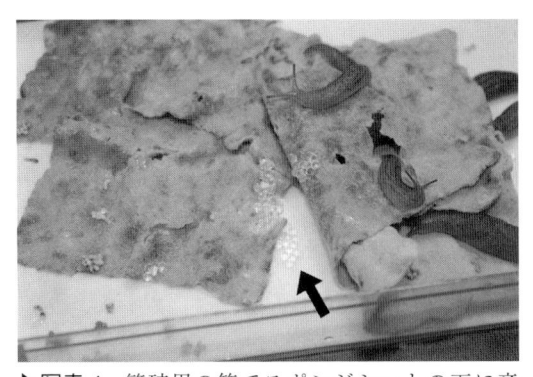

▶写真4 繁殖用の箱でスポンジシートの下に産み付けられた卵
写真ではスポンジシートをめくって見せている．矢印で示した透明なクラスター状に見えるのが卵塊．

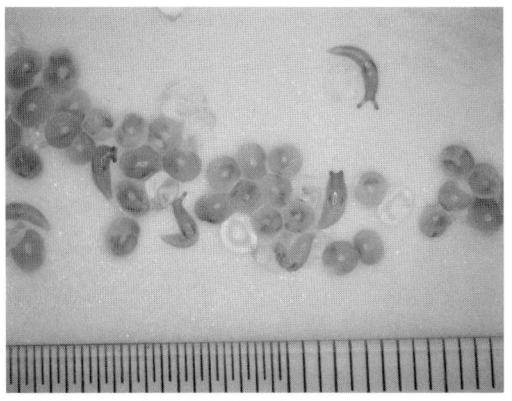

▶写真5 卵が孵化する様子
下に見える目盛は，一番幅の狭いものが0.5 mm．

タミン類（オリエンタル酵母）を重量比521：500：21で混合したものであり，これを水で練って耳たぶ程度の柔らかさにしたものを与えている．果たしてビタミン類がナメクジにとって外部からの供給が必要な補酵素類であるのか不明であるが，一応与えている，というのが実情である．また，デンプンは市販の片栗粉（ばれいしょデンプン）でも代用でき，こちらのほうがかなり安くつく．
餌は一度にあまり与えすぎてはならない．実際，ナメクジは1カ月くらい絶食させられても湿気があれば生きている（ただし共食いを始めることはあるが）．ナメクジは孵化の時点ですでに変態が済んでいるため，孵化直後のナメクジでも成体と同じ餌でよいが，幼若期はそれほどたくさん食べないので，とりあえずごく少量与えて様子を見てほしい．上記のような完全栄養食を用意することが難しければ，ニンジンやジャガイモなどの野菜くずを定期的に与えるだけでも十分であると思われるが，成長速度が若干落ちるおそれはある．

d 繁殖方法

ナメクジは，暗く湿った場所に卵を産み付ける習性があるため，飼育箱の中に卵の隠し場所となるような所を用意しておく必要がある．これには，しわくちゃになった薄いスポンジを湿らせて何枚か置いておくのが最も効果的である．復元力の強いスポンジではなく，目が細かくて簡単に「ヘタって」しまうようなスポンジシートが良い（メラミンフォーム，ソフトプレン）．そのスポンジの下側や皺の間によく卵を産み付ける（**写真4**）．とくに，自身の生命に危機を感じるときのほうがたくさん卵を産む傾向があり，与える餌の量を極端に減らすと多くの卵を産むことを筆者らは経験的に確認している．産み付けられた卵は柔らかい筆などで別のケースに回収し，乾燥しないように置いておくと20日程度で孵化する（**写真5**）．孵化後2〜3週間の小さなナメクジについては，箱の交換の際，絵筆の先を湿らせたものを用いて新しい箱に移すようにする．

3. おわりに

繰り返しになるが，飼育，繁殖においてとくに注意しなければならない点は以下の3点である．

（1）暖かいところで飼わない（できればインキュベーターを使う）．
（2）あまり過密な状態では飼わない．
（3）保水シートに水を多く含ませない．

これさえ守れば，非常に飼育の容易な実験動物であるといえる．

また，野生動物を実験動物化した場合，閉鎖環境で交配を続けると異常な変異形質を示す個体が出現したり，繁殖力が低下したりするといった，いわゆる近交弱勢が見られることがあるが，筆者の研究室においては，20世代以上にわたって閉鎖交配系でナメクジを維持しているものの，そういった現象は今のところ認められていない．もともと移動性の低いナメクジでは，淘汰によって有害劣性変異をもつ遺伝子頻度が低く抑えられていたのかもしれない．

なお，ナメクジはもっぱらネガティブなイメージをもたれる動物であるが，その脳高次機能は驚くほど高い[4]．害虫が害虫として人間と対等に渡り合っていくには，それ相当の知能を発達させていなければならないということであろう．最後に，以上に記した飼育方法は，東京大学薬学部神経生物物理学教室において従来行われていた方法に，さまざまな改良を加えた結果たどり着いたものである．その間，山岸美貴氏（徳島文理大学香川薬学部）はじめ，多くの方々による試行錯誤がなされた．ここにお礼を申し上げたい．

4. 参考文献

1) 宇高寛子・田中 寛（2010）『ナメクジ－おもしろ生態とかしこい防ぎ方』，農山漁村文化協会．
2) Kano, Y. *et al*. (2001) Distribution and seasonal maturation of the alien slug *Lehmannia valentiana* (Gastropoda: Pulmonata: Limacidae) in Yamaguchi Prefecture, Japan. *The Yuriyagai* **8**, 1-13.
3) Udaka, H. and Numata, H. (2008) Short-day and low-temperature conditions promote reproductive maturation in the terrestrial slug, *Lehmannia valentiana*. *Comp. Biochem. Physiol. A*. **150**, 80-83.
4) 松尾亮太（2005）ナメクジが持つ高度な学習・記憶能力．科学，**75**, 1194-1198.

コラム6

ナメクジにおける嗅覚忌避連合学習

松尾亮太

　ナメクジは，食べてみてまずかったもののにおいは非常にしっかり覚えておく能力がある．ナメクジを用いて神経科学研究を行っている研究者の多くは，この優れた能力に惹かれてこの動物に携わるようになったと思われる．よく用いられている学習行動実験系では，これまでに食べたことがない野菜ジュースなどのにおいをかがせ，それを食べてみようとした瞬間に苦い味のする化合物（キニジン硫酸水溶液など）を口元にかけたり，体に電気刺激を与えたりする．その結果ナメクジは，その野菜ジュースのにおいにそれ以降，近づこうとしなくなる（図）．こういった学習セッションは条件づけとよばれるが，ナメクジにおける嗅覚忌避記憶は，1回の条件づけ操作によって成立し，その記憶は2週間〜1カ月にわたって保持される．ショウジョウバエなどの昆虫における同様の実験系では，繰り返して条件づけを行っても数日で忘却してしまう．これと比べれば，驚くべき記憶能力であるといえる．

　また，ナメクジの記憶はあまりにも強固で，人為的に消し去ることはなかなか難しい．たとえば通常，哺乳類を用いて行われる瞬目反射学習では，ブザー音（条件刺激）とまぶたへの電気刺激（無条件刺激）を組み合わせて繰り返し提示すると，ブザー音だけで目を閉じる，という条件応答を示すようになる．これは典型的な古典的条件づけの例であるが，学習が成立した後，まぶたへの電気刺激なしにブザー音だけを繰り返して提示することを繰り返すと，「ブザー音は電気刺激の予兆ではない」という新たな学習が成立し，それまでの連合記憶は見かけ上消去される．つまり，ブザー音が鳴ってもとくに目を閉じなくなる．ところが，ナメクジの嗅覚忌避学習では，条件づけの後，用いた野菜ジュースをむりやり飲ませても，やはり依然としてその野菜ジュースには近づこうとしないのである．驚くべき頑固さである．最初に食べてみてまずかったものは生涯苦手な食べものになる，という良い例である．

　しかしその一方，ナメクジは「妥協」することもちゃんと心得ている．絶食状態が続くと，まずいことを覚えているはずの野菜ジュースをしぶしぶ（？）飲むのである．先に餌を与えて満足させておいた場合には決して条件づけされた野菜ジュースには近づこうとしない．「背に

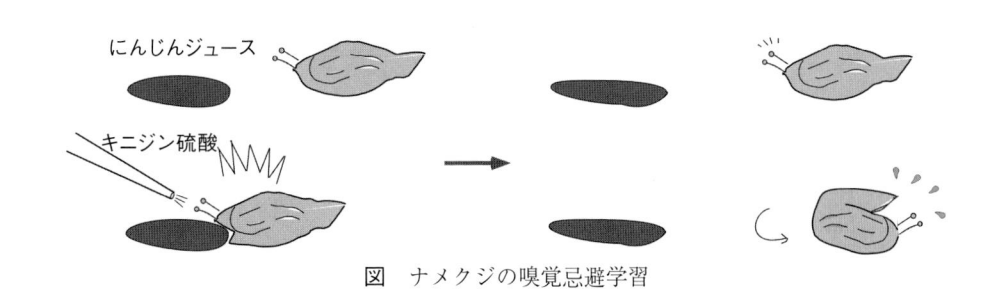

図　ナメクジの嗅覚忌避学習

腹は代えられない」ということをナメクジもちゃんとわかっているのである．食べ物の好き嫌いが多い子どもの躾け方法のヒントがここにもあるといえよう．

こうして見ると，ナメクジは頭が堅いようで，案外抜け目ないところも持ち合わせている．要するにかなり頭がよい．そうでなければ，外骨格や殻など乾燥から身を守る術をもたないナメクジが，陸上でこれほどまでの繁栄を遂げることは難しかったであろう．われわれがナメクジから学ぶべきことは，まだまだありそうである．

ヨーロッパモノアラガイ

定本久世

1. はじめに

　ヨーロッパモノアラガイ（*Lymnaea stagnalis*，**写真1**）は，軟体動物門腹足綱有肺亜綱基眼目に属する殻長3cm程度の巻貝である．肺呼吸でありながら淡水に生息し，野生種は濁った池のような泥が多い場所に棲む．

　モノアラガイの中枢神経系は，哺乳類に比べても非常に少ない数の神経細胞からできている．また，神経細胞のサイズが大きいため細胞単位の解析が容易であり，特定の行動にかかわる神経回路の研究が古くから進められてきた．とくに，そしゃく行動や呼吸行動にかかわる神経回路の研究は進んでおり，高度な学習に関連する神経メカニズムの解析も盛んである．神経科学研究だけでなく，内分泌学，左右非対称性の研究においてもヨーロッパ，北米，日本など多くの研究室で利用されている．

　モノアラガイの実験動物としての利点の一つは，研究室内で繁殖させ，継代していくことができる点であろう．このために発生を追った研究が可能でありMeshcheryakovらによって発生学的な知見もまとめられている[1]．これによると，産卵後2週間経ったころから孵化が始まり，殻長1.5cmで性成熟して成体になるが，実際に繁殖行動および産卵をするのは殻長2.5cmを超えてからである（**図1**）．本稿では，筆者らが研究室内で工夫している点や気づいた点などを盛り込みながら，ヨーロッパモノアラガイの飼い方を紹介したい．

▶写真1　ヨーロッパモノアラガイ（*Lymnaea stagnalis*）

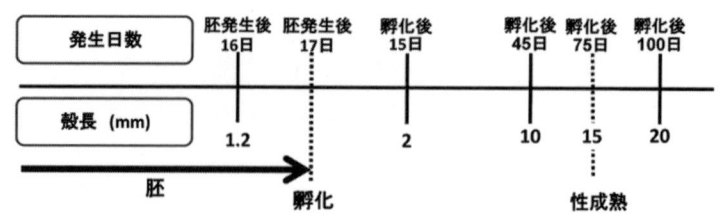

▶図1　発生段階と殻長
ヨーロッパモノアラガイの発生と，成育におおよそかかる日数の模式図．（文献1）より改変）．筆者らの研究室では，孵化後半年ほど経った殻長25 mm以上のものを神経科学研究に使用している．

2. ヨーロッパモノアラガイの飼い方

ⓐ 入手方法

和名のとおり，原産地はヨーロッパであるので日本国内で野生種の入手はできない．日本国内であれば，すでに使用している研究室から提供してもらうのが安易である．その際には卵塊だけでなく，いろいろな大きさの個体が混ざった状態で入手したほうが良い．移動時には，タッパー®のようなプラスチック製密封容器に飼育水をしみ込ませたキムタオル®あるいは厚手のキッチンペーパーを敷き，動物に刺激を与えないように置いた後，上から湿ったキムタオル®で挟む．蓋には空気孔を開けておく．殻が壊れないように，梱包と移動の際は気をつける．

ⓑ 飼育方法

(1) 動物の扱い方

殻長5 mm程度までは水質の問題や水環境の変化などに強いが，成体になる直前から死亡率が高くなる．水換えの際もできるだけ手荒い扱いを避けるようにし，動物の移動には成長段階に応じて筆や，スプーン，キンギョ用の網などを用いる．

(2) 水槽の選択

水槽は，アクリルやプラスチック製品が使いやすい．成体（殻長20 mm以上）は運動量が多く自力で餌にたどり着けるので，中～大サイズの昆虫・キンギョ飼育用ケースで飼育する．水質を安

飼育スタート物品一覧

品　名	型　式	メーカー	参考価格
投込み式フィルター	水作エイト S/M	Suisaku	S(～25 L)683 円 M(～35 L)998 円
循環式フィルター	EHEIM CLASSIC 2215	エーハイム	9,450 円
牡蠣殻（家畜飼料用）	約 2～3 cm 角	入手しやすい業者	～1,000 円程度
パーテションケース 中・大（昆虫飼育用水槽ケース）	中：幅300×奥行195×高さ205，大：幅370×奥行220×高さ240 mm	三晃商会	1,000～2,000 円程度

定させることができれば，衣装ケースでも飼育できる．水位があまり高いと，水槽の外に動物が出てしまうので，水位は全体の 2/3 くらいにしておく．また，モノアラガイの成体は肺呼吸できるが，幼生はおもに皮膚呼吸しているため，殻長 5 mm に成長するまでは水槽の水位を低くする．また，殻長 5 mm 以下の動物は同じ水槽で飼育し続けて，移動によるストレスを与えないほうが良い．その後は成長に従って水位を高くし，水槽を大きなものに替えていく．

(3) 飼育水づくり

きれいな井戸水が良いが，それが難しければ汲みおきした水道水でよい．これまでの経験上，新築や改築したばかりの建物の水道は良くないようである．筆者らの研究室では，RO 浄水器を用いて水道水から塩素や金属イオンなどを取り除き，水温は 19〜20℃ くらいに設定している．25℃ 程度で飼育すると成長も速いが，水質の状態が変わりやすい．水温を高くする際は，飼育密度や水質の管理に気をつけたい．

また，ミネラル分の補充のため牡蠣殻を水槽に入れる．1〜2 cm 程度に砕いてある牡蠣殻（家畜飼料用）を真水でよく洗浄し，細かい破片やゴミを除いた後にオートクレーブ滅菌する．滅菌した牡蠣殻は生ごみの水切りなどで使うメッシュの袋に入れて沈めておく．水槽の底面に敷き詰めることもできるが，水換えが難しいので上記の方法が簡便である．

不純物の吸着のために活性炭も使用している．観賞魚飼育用品として売られている活性炭を使うか，自分でメッシュの袋に入れたものをつくってもよい．定期的に洗浄し，煮沸あるいは純水中でオートクレーブした後に，再利用している．

濾過装置は水槽のサイズに合わせて選ぶ．筆者らの実験室では，**写真 2** に示すように循環式水槽には濾過システム（小型魚類集合水槽システム，清水実験材料），衣装ケースや昆虫・キンギョ用水槽には循環式濾過装置（EHEIM CLASSIC 2215，エーハイム）や投込み式フィルター（水作エイト，Suisaku）を使用している．エーハイム社製品は少々高額なものの，安定して長期間使用できる．3 つのシステムをここで紹介したが，水質管理さえできればモノアラガイを飼ううえでは大きな差はないようである．

モノアラガイは肺呼吸であるが，水中の酸素も取り入れている．深めの水槽で飼う際には弱めにエアレーションしたり，循環式水槽では弱い水流が起こるようにホースの位置を調節している．動物にストレスを与えないために，強い水流が直接動物に当たらないように注意する．また，殻長 5 mm 未満の発生段階では，エアレーションは必要ない．

(4) 水換え

水換えの際には，水質と水温の急激な変化を避けるため，1/2〜1/3 量の水を排水し，ゆっくりと新しい水を入れる．水換えの頻度は動物の密度や状態に依存する．筆者らは週 3 回水換えを行っているが，水質が安定していれば水換えの回数も少なくて良い．

濾過フィルターの洗浄は水の状態によるが，水質が安定していれば 2 週間から 1 カ月に 1 回くらいでよい．洗浄には，水槽内の水か，水換え用の飼育水を用いる．塩素が抜けていない水道水は，濾過バクテリアが死滅するため使わない．

(5) 動物の健康状態チェック

動物の状態が良ければ，移動量や食餌量も多く，体から粘液を出して水面を逆さに這う行動が見

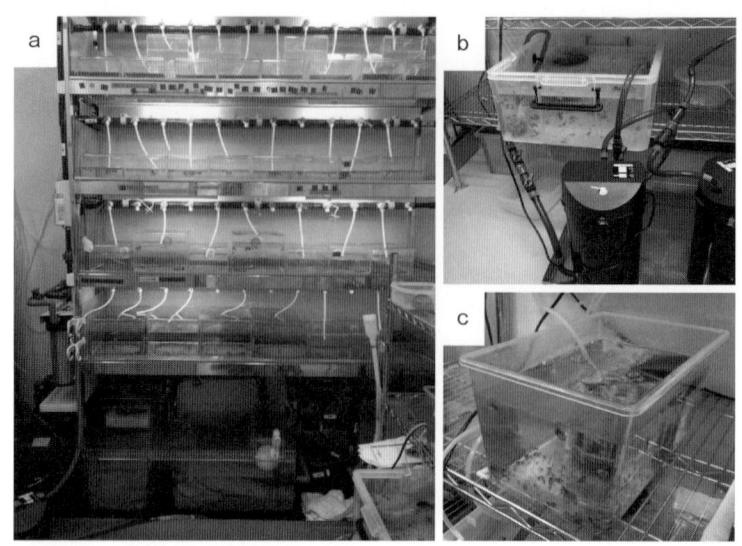

▶写真2 さまざまな飼育システム
(a) 循環式濾過水槽(清水実験材料), (b) 衣装ケースと循環装置(エーハイム), (c) 簡便な昆虫飼育ケース.

られる.状態が悪くなると食餌量が減って,水槽から逃げ出したり底面や側面にじっとしていることが多い.状態が悪く常に死貝が出る場合は,違う水槽に動物を移して,フィルターや水槽をきれいに洗浄する.場合によっては台所用の消毒用塩素剤を用いて塩素消毒を行い,その塩素を抜いた後で新たに水づくりからやりなおすほうが良い.

c 餌

モノアラガイの食性は雑食である.多くの研究室では,餌としてレタスおよび熱帯魚や淡水魚用の固形飼料を使っている.筆者らは,レタスよりミネラル分が多く,水質を悪化させにくい小松菜をおもな餌として与えている.小松菜は真ん中の芯を除いて葉の部分をちぎって与える.固形飼料は,巻貝用のもの(スパイラルシェルフード,マルカン)を用いている.軟体動物の食餌は時間がかかるため,水中で形を長時間保ち水質を悪くしない餌が好ましい.

また,餌を食べる量によって水槽ごとに与える餌と量を決める.現在,筆者らの研究室では殻長5mmまでの間は固形餌のみ,殻長5mmを超えてから少しずつ小松菜を与えるようにしている.餌の量は各水槽で1~2日間で食べきれるくらいがよい.

d 繁殖

ヨーロッパモノアラガイは,殻長15mm以上で繁殖可能な成熟個体とされる(**図1**).基本的には,雌雄同体であり,繁殖のための特別な作業は必要ない.しかし,水換えや,別水槽の個体を混合するなどの外的な刺激は繁殖行動(交尾,産卵)を促すようである.また,水質が悪化して大量死する際も産卵数が増えるので,ストレス様の刺激が繁殖行動にかかわっているように思われる.モノアラガイの卵は,数十個単位で透明なゼリー状の塊(卵塊)として産卵される.産まれた卵塊

は，発生が進むにつれて壊れやすくなるので，数日中にスプーンなどですくって隔離する．水槽中に卵塊を入れた後は，孵化後も水槽を変えずに，水換えをしながら飼育する．これは，動物を移動させることで不要なストレスを与えないためと，卵塊ごとに成育後の個体状態が違うためである．また，動物の密度は低いほうがよく育つため，水槽に卵塊を入れる時点で密度を低く設定する（例：小型水槽，横 15×高さ 10×奥行き 25 cm に対して卵塊 1〜2 個）．

3. おわりに

以上，ヨーロッパモノアラガイの飼育方法について大まかに紹介した．モノアラガイの飼育で，最も大事な点は水質の管理である．場所によっては，蛇口から出る地下水を直接使用して飼育できることもあるが，新築の建物の水で苦しむこともあった．淡水棲動物に共通した条件ではあるが，水質さえ安定できれば飼育しやすい実験動物である．今後も利用する研究者が増えていくことを望んでいる．

謝辞：長い間，モノアラガイの飼育に関して相談にのっていただいている札幌医科大学の藤戸 裕先生，また技術員の山岸美貴さんにお礼申し上げます．

4. 参考文献

1) Meshcheryakov, V. N.（1990）"Animal Species for Developmental Studies", Vol. 1, Invertebrates.

オウムガイ

森滝丈也・滋野修一

1. はじめに

　オウムガイ類（**写真1**）はイカやタコと同じ軟体動物門の頭足綱に属し，多くの原始的な形質や外殻をもつことから，別亜綱に分類される．「生きた化石」として一般的に広く知られているこの動物は，その外殻の模様の美しさから古くは貴重な装飾品の一つとして重宝されてきた．近年では多くの研究事例に基づいて飼育技術や装置が改良され，一般個人が熱帯魚ショップで購入してその奇妙な行動を楽しむ段階にまで至っている．また，生命科学においては古生物学そして進化学的な興味のため，その生態や行動を明らかにしようとする努力がなされてきた[1,2]．たとえば貝殻の分室を用いた浮遊調節のメカニズムを明らかにした研究などが知られている．しかし，その生理学的特性は大部分が未解明であるのが現状である．オウムガイの全種は日本近海には生息せず，南西太平洋からオーストラリア南西岸にわたるサンゴ礁のやや深い海域（約100〜500 m）にのみ分布する．そのため，研究で使用する際には，運搬，海水条件，そして研究手法など，すべてにおいて特別の配慮が必要である．

2. 飼育方法

a 入手方法

　現生のオウムガイ類は5, 6種に分類されることが多いが，国内で流通する種はおもにフィリピン周辺で捕獲されたオウムガイ（*Nautilus pompilius*）である．そのため入手は熱帯魚の取扱い業者やペットショップなどからの購入となる．市場には秋から春にかけて殻径10 cm前後の未成体が多く出回り，値段は1個体9,000〜15,000円ほどである．

b 飼育環境

（1）水槽内の環境

　オウムガイの飼育設備は一般的な海水魚に準じる．海水魚と比較して水質の悪化に弱いため注意する必要がある．飼育しようとする個体が殻径10 cm前後の大きさで，数カ月の飼育であれば，90×45×45 cmの水槽でも3匹程度の収容は可能である．しかしながら，遊泳時に勢いよくガラス面や壁面にぶつかり殻を破損することがあるため，可能なかぎり広い水槽での飼育が好ましい（**写真2**）．180×50×60〜70 cmの水槽で4匹程度の飼育であれば，管理も比較的容易で適当であろ

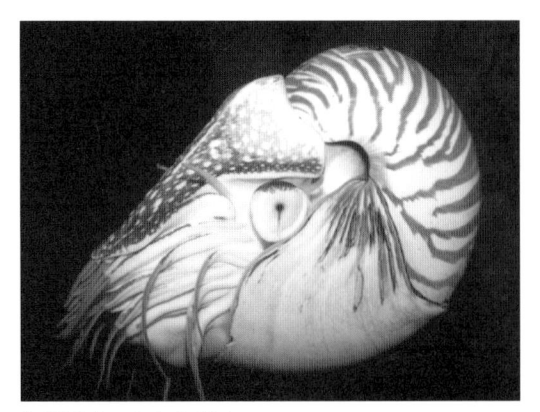

▶写真1　オウムガイ

▶写真2　鳥羽水族館の大型飼育水槽

う．濾過器は上部式濾過でも構わないが，オーバーフロー式濾過が良い．濾過槽内にプロテインスキマー（第3巻の「ヒトデ」の項参照）を設置すればさらに良い．いずれにしても魚類と比較して水質の悪化に弱いことを念頭において，より濾過効率の良い方式を選ぶことが肝心である．ただし，底面式濾過は濾材の間に排泄物や餌の食べ残しが滞留したり，飼育に悪影響を与える生物が入り込む可能性があるため，使用を避けたほうが無難である．飼育水は人工海水を用いると手間がかからず，雑菌の持ち込みも抑えられるので良い．水換えの間隔は給餌回数や飼育個体数，濾過方法にもよるが，2週間に1回，総水量の半分くらいを目安にすると良いだろう．また，紫外線殺菌装置の使用は細菌感染を防ぐために有効である．

　オウムガイは視力が弱く，他者からのストレスを感じることは少ないと考えられるため，水槽に隠れ場所を用意する必要はない．サンゴ岩や底砂を入れると滞留した排泄物や餌の食べ残しが水質の悪化を招くことがあるため，むしろ何も入れないほうが好ましい．こうすることにより日常の管

飼育スタート物品一覧

品　名	型　式	メーカー	参考価格
人工海水	LIVESEA ライブシーソルト（200 L用）	DELPHIS	2,700 円
クーラー	LX-250ES	レイシー	189,000 円
プロテインスキマー	HS-250	H&S	57,750 円
紫外線殺菌灯	UVF-600	レイシー	33,300 円
90 cm オーバーフロー水槽	90×45×45 cm	プラックス	16,000 円（オーバーフロー加工賃別）
オーバーフロー用濾過槽	90×45×45 cm	プラックス	38,000 円
マグネットポンプ	RMD-201	レイシー	23,100 円
濾材	パワーハウス ハードタイプMサイズ	クリオン	20,000 円（5 L）

理も容易になる．さらに，オウムガイは口器に強力なクチバシ（顎板）をもち，水槽内のヒーターやセンサー，エアホースなどをかみ切ることがあるため，コード類を塩ビ管などでカバーするか，機器を直接水槽内に入れないようにしたい．

深海性の動物を飼育する場合には，明るさが障害になることがある．たとえばタラバガニ類を30～40 luxの照度で飼育していると数カ月後に複眼が白濁するが，照度を数ルクスに下げると眼の白濁を防ぐことができる[3]．オウムガイにおいてこのような症例は知られていないが，野生のオウムガイが水深100～500 mの海底付近に生息することを考慮すれば，照明は必要最低限の明るさにとどめることが良いと思われる．置き場所によっては特別な照明を用意せずとも室内照明の透過光だけで十分であろう．また，活動状態を観察する必要があるならば，赤色電球を使用すれば日中でも動き回る様子を見ることができる．

（2）水質と水温

オウムガイは他の多くの海産無脊椎動物と同じく，銅イオンが存在する海水中では生存できないため，過去に魚類の治療のために硫酸銅を投入した水槽での飼育は避けるべきである．さらに真鍮製の器具も銅が溶け出すため使用しないようにする．

テレメーターをつけた行動調査によると，野生のオウムガイは昼間には水深350～500 mに生息し，夜間に100 mほどの浅場に浮上する日周期レベルの鉛直移動をしていると考えられている．このため水温と水圧変化に対する適応能力が高く，わずか1時間で水温6℃から24℃へ移動できるとの報告もある．しかし水温が27℃になると48時間以上は生存できない[1]．長期飼育と維持管理の簡便さを考慮すれば，水温18～20℃で飼育するのが望ましい．このため夏場は飼育にクーラーの使用が欠かせない．

ⓒ 餌の調製

オウムガイの食性は動物食である．自然界での餌はエビ・カニなどの甲殻類，多毛類，小魚など多岐にわたる．オオベソオウムガイ（*N. macromphalus*）の胃中からオニヤドカリ属のヤドカリ，次いでイセエビ類の脱皮殻が多く見つかったとの報告もある．しかし，動きの速いものを捕食することはできず，動きが遅いものか死骸や脱皮殻を食べているようだ．飼育下でもバラエティに富んだ餌を与えることが理想的だが，比較的簡単に手に入る小魚や殻付きのエビを与えるだけでもかまわない．与える際には水槽内に雑菌を持ち込まないように，水道水で餌をよく洗うように心がける．ピンセットなどで餌を近づけると匂いに反応してゆっくりと触手を伸ばし始めるので，そっとつかませると良い．餌を挟んだピンセットに触手が絡んだ場合，無理に引き離そうとすると触手が切れてしまうことがあるので注意する．もし，絡みついた場合は触手だけを水から引き上げて，1本1本ゆっくりとはがすとうまく離れる．大型魚類用の人工餌料や乾燥エビも慣れれば摂餌するが，生餌（解凍餌）のほうが反応が良い．1週間に2，3回，摂餌状態を観察しながら与える．餌の匂いに反応して触手を伸ばしてくるようであれば続けて与える．個体によっては食べ散らかすこともあるので，水槽の底に落ちた餌はこまめに回収すること．また，複数飼育の場合，相手の餌を横取りすることがある．間違って相手の触手をかじるおそれがあるので，ザルなどで隔離して個別に給餌するのが良いだろう．

d 疾病と治療

　オウムガイは飼育設備に問題がない場合でも急に死ぬことがある．長時間の輸送，搬入時のストレスなどが死亡理由の一つであると考えられるが，理由が特定できない場合も多い．調子を崩した個体は軟体部を殻の中に強く萎縮させたり，眼の背部にある貝蓋の役割をもった頭巾が正常の状態からずれた結果，殻表面の黒色部が露出するようになる．このような症状を見せると多くがそのまま死に至るので注意したい．また，オウムガイは外套膜から炭酸カルシウムを分泌して殻を成長させるが，水槽内が自然環境と大きく異なるため，飼育下における殻の異常な成長がいくつか知られている．その一つが，殻の表面にいく本もの細かな黒い筋が形成される症状である．これは水質の悪化，バクテリアや細菌類の増殖，低い水圧などが原因であると考えられているが，今のところ確実な対処方法は確立していない．殻の表面を覆う有機質の薄い膜をガーゼや爪ではがすようにして殻を磨くと，黒い筋が生じにくくなるようである[4]．また，隔室内の海水を気体と置き換えることができず，浮力調整がうまくできない場合もある．底に沈みっぱなしになるとスレ（擦過傷）を引き起こし，ひどい場合は死に至る．いったん，浮力の調整ができなくなると自己回復は難しい．状態によっては，殻に「ウキ」や「オモリ」をつけて浮力を調整する必要も出てくる．

e 繁　殖

　一般の飼育設備で受精卵を得ることは難しいが，参考までに水族館における繁殖例を示す．ハワイのワイキキ水族館では，野生のオウムガイが夜間に浅海まで上昇する習性をもつことから，日中17.1℃，夜間は19.4℃に水温を変化させて飼育し，多くの受精卵を得ている[5]．しかし，必ずしも水温変化をつけなくても産卵は行われるようで，鳥羽水族館では年間を通じて水温を19〜20℃に保っているが，通年産卵が見られ，多くの受精卵を得ている．卵殻の大きさは高さ3〜4 cm，直径2〜3 cmで，1回に1つずつ産卵され，水槽の壁面などに産み付けられることが多い（**写真3**）．正常な胚発生のためには水温をやや高く保つと良いと考えられているため，水槽内で得られた卵は孵化まで水温24〜25℃で管理すると良い．孵化に要する日数はおよそ300日前後である（**写真4, 5**）．

　なお，野生のオウムガイは孵化後5年から10年経過すると生殖器が発達し始め，発達開始から数年かかって性成熟に至ると考えられている．鳥羽水族館の例では，飼育下では孵化後およそ2年で性成熟して産卵を開始したが，これは環境の違いによるものと考えられる．

3. おわりに

　オウムガイの先祖は今から5億数千万年前に地球上に現れ，現存する頭足類のなかで最も古い形質を残している．そのため軟体動物の進化の道筋や多様性を知るために，たいへん貴重な動物である．しかし彼らの飼育自体が容易ではなく，さらに野生では人目に付きにくい深海に生息することから，まだまだ多くの未解明な謎が残されている．また，研究以前に飼育を通じてオウムガイの魅力は十分に感じることができる．水族館のみならず，多くのアマチュアの方がオウムガイの鑑賞に興味をもち，飼育を試みているのは，彼らのたたずまいに古代のロマンを感じることができるからに違いない．まずは飼育を通じて，この魅力ある，愛らしい生きものに接してみてはいかがであ

▶写真3　オウムガイの卵

▶写真4　発生途中の胚
卵殻を切開して中身が見えるようにしている．

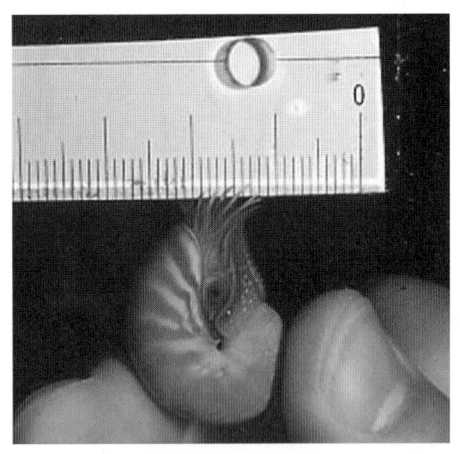

▶写真5　孵化直後の幼体

ろうか．はるか悠久の時代を生き抜いたわれわれの先輩は，きっとさまざまなメッセージを送ってくれるに違いない．

4．参考文献

1) 小畠郁生・加藤　秀（1987）『オウムガイの謎』，筑摩書房．
2) ピーター，ウォード著，小畠郁夫監訳（1995）『オウムガイの謎』，河出書房新社．
3) 鈴木克美・西源次郎（2005）『水族館学―水族館の望ましい発展のために』，東海大学出版会．
4) Sherrill, J., Reidel, C. *et. el*. (2002) Characterization of "black shell syndrome" in captive chambered nautilus (*Nautilus pompilius*) at the Smithsonian National Zoological Park. *Proceedings American Association of Zoo Veterinarians*. 337-338.
5) Carlson, B., Awai, A. and Arnold, J. (1992) Waikiki Aquarium's chambered nautilus reaches their first hatchday anniversary. *Hawaiian Shell News*, **40**, 1-4.
6) Saunders, W. B. and, Landman, N. H. Eds. (2010) *Nautilus*. "The Biology and Paleobiology of a Living Fossil," 2nd edition. Springer.

ヤリイカ

羽生義郎・市川道教

1. はじめに

　神経生理学の研究において，巨大な神経細胞は扱いの容易さから，その進歩に大きな貢献をしてきた．そのなかでもヤリイカ（*Loligo bleekeri*，**写真1**）の巨大神経（巨大軸索，巨大神経節）は，神経インパルス伝導や神経膜興奮メカニズムの解明において，大きな役割を果たしてきた．ヤリイカの神経線維はきわめて太く（0.4〜0.9 mm），生きているイカの筋肉は透明度が高いため，イカを正中線に沿って切り開き内臓や外皮をとるだけの簡単な操作で，単一巨大神経線維が目視可能となり，容易に切り出すことが可能である（**写真2**）．単一神経線維の性質に関する重要な知見は，そのほとんどがヤリイカの巨大神経を用いた研究によって見いだされたものであるといえる．さらに神経線維の太さを利用して，ガラス微小電極や線電極を神経軸方向に挿入して細胞内電位を測定したり，神経軸索の広い部分を一様に刺激することも可能である．この利点を生かして，空間的に膜電位を固定し，流れるイオン電流を測定する膜電位固定法が開発され，神経興奮に伴うイオン電流を測定できるようになった．またヤリイカ巨大神経線維の細胞内に，細胞内原形質に代えて人工的な溶液を灌流することにより，細胞内・外液の組成を自由に変えて実験を行うことが可能になった．ホジキン（Hodgkin, A.）とハクスレー（Huxley, A.）は，ヤリイカの巨大神経軸索を用いて，軸索内外のイオン濃度をコントロールして活動電位などを測定し，神経細胞膜の性質を詳細に調べた．その結果をもとに彼らは，興奮伝導のナトリウム説[1]を提唱し，その功績によりノーベル生理

▶写真1　水槽中のヤリイカ

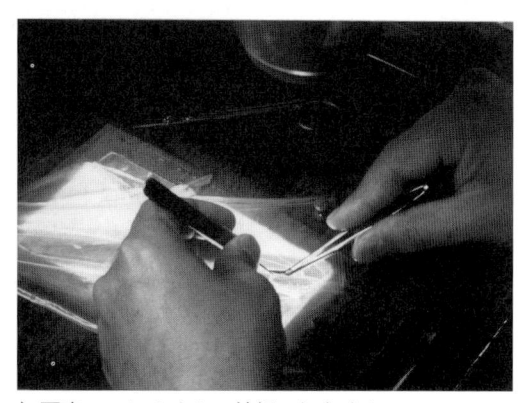

▶写真2　ヤリイカの神経の切り出し

学・医学賞を受賞している．

このように研究材料として有用なヤリイカであるが，その飼育は不可能とされ，実験はヤリイカが捕獲できる時期に臨海研究所で行うしか術がなかった．この季節的・場所的な制約を取り除くためには，飼育の成功が基本的要請であったが，海から離れた研究所でヤリイカを飼育することはまったく不可能と思われていた．ところが1970年代に故松本 元（当時電子技術総合研究所）が，ヤリイカの長期間飼育を成功させた．円形の水槽に回転する水流を生じさせて，ヤリイカの水槽壁への激突を防ぎ，海水中のアンモニア濃度を下げるために，亜硝酸菌を濾過フィルター内に生息させることにより，ヤリイカの飼育は可能となった[2]．この飼育システムを用いて，ヤリイカ巨大軸索はさらに詳細に研究された[3〜5]．

2. 飼育方法

a 入手方法

ヤリイカは，国内では北海道から九州までの日本列島沿海に分布する．早春から産卵期に入り，各地の沿岸に集まってくる．よって，おもに春が漁獲最盛期となる．およそ12月から6月ころまで，入手可能である．筆者らは，約10〜15尾程度のヤリイカを神奈川県三崎から，トラックに設置した運搬容器（1 m^3）で海水とともに運搬していたが，大量の海水を入れられる専用の水槽が必要なこと，イカが墨をはいた場合に他のイカへの悪影響があること，水質維持が難しいことなどの問題があった．これに代わるものとして，ビニール袋に海水とイカを入れ，酸素充填し密封した状態（**写真3**）にして輸送する「パック輸送」がある．この方法では，イカを1個体ずつパックするため，墨を吐いても他のイカに影響がないこと，宅配便による輸送が可能であることなどの利点がある．生きたヤリイカを，このパック輸送を利用して，活魚専門に扱う鮮魚店から入手するのが簡便である．ヤリイカは1匹ずつビニール袋に入れられた状態で，36時間ほど生存可能であるので，日本国内であるならば，どこからでも生きたヤリイカを入手可能である．北海道，隠岐，丹後半島などの日本各地の活魚センターを利用することにより，その地方の漁期に左右されず，秋から初夏までの長い間，生きたヤリイカを入手することが可能である．いくつかの活魚センターを参考までに以下に記す．

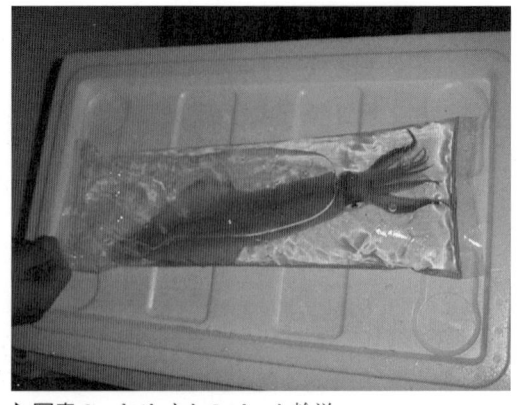

▶写真3　ヤリイカのパック輸送

有限会社平井活魚設備　活魚流通センター
　〒627-0005　京都府京丹後市峰山町新町 175-1　TEL: 0772-62-1281　FAX: 0772-69-1091
株式会社　日本海隠岐活魚倶楽部
　〒684-0211　島根県隠岐郡西ノ島町浦郷 544-38　TEL: 08514-6-1385　FAX: 08514-6-1387

ⓑ 飼育システム

　飼育システムは，円形型水槽，3段の濾過槽，活性炭層，温度コントロールユニットおよび海水循環ポンプなどからできている（図1）．水槽の外径は 1.5 m で，この水槽の中に置いた円形の容器の径は 0.5 m である．高さともに 1.0 m である．海水はイカの搬入時に，一緒に運び込んでいる．きれいな自然海水が飼育には一番適しているが，手に入らないときは人工海水でもよい．水質の良くない自然海水では，ヤリイカに有害なバクテリアなどが存在することがある．イカの飼育を成功させるには，海水の濾過能力が重要である．濾過能力を高めるために，3つの濾過槽（A，B，C）を用いている．これにより，濾過能力は格段にアップする．各濾過槽の構成はグラスウール，活性炭，砂からできているが，それぞれ高い清浄度のものが必要である．水槽へのセット前に，十分洗浄することが大事である．温度コントローラーは，海水の温度を 10℃ から 25℃ までの範囲で設定でき，かつ設定温度の ±0.2℃ にコントロールするものである．海水温は 15〜17℃ が適温である．10℃ 以下，18℃ 以上ではイカの状態の悪化が速い．海水温度が上がってしまった非常事態のときは，氷を直接放り込んででも水温を下げる必要がある．循環ポンプを用いて，海水を毎分 200 L で循環させる．海水中の溶存酸素量も飼育の重要な条件である．自然状態では，溶存酸素量 4.11 mL/L と推定されるので，筆者らのシステムでもこの条件を満たすようにしている．溶存酸素を十分確保するように，エアポンプから空気を強制的に注入している．

　図2にみるように，水槽では海水を円形に回転させて流している．これは，イカが流れの方向に遊泳方向を向けることに着目して，水槽壁への激突を避けるためである．ヤリイカはジェット的な遊泳法をとるので，四角い水槽内で飼育すると，不用意な刺激で驚き，急速に泳いで壁に激突してしまうことが多い．ところが本システムのように海水を循環させておくと，激しく泳いでも水槽壁へ激突することはない．また水槽の上には透明アクリルの蓋を置き，水槽からのイカの飛び出しを防いでいる．

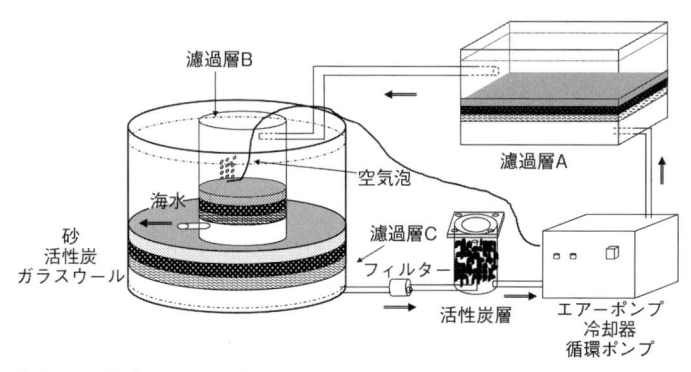

▶図1　飼育システム概要

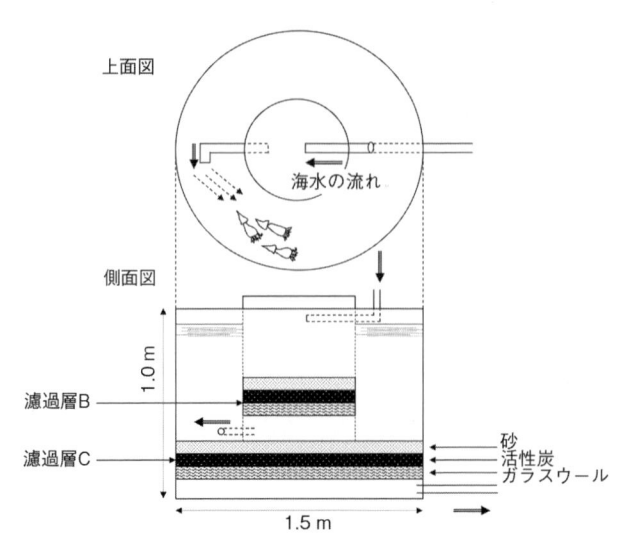

▶図2　フィルター構成と流れの発生

c 餌など

体長2〜3 cmの生きたキンギョをよく食べる．食べ残しをしっかり取り除き，水質悪化を防ぐことが重要である．死んでしまった小鯵などの小魚を食べさせる場合は，動いていることが重要である．水槽の底に沈んでしまった魚は食べないことが多い．

d 注意点

イカを飼育水槽に入れたばかりのときは，あまり元気がなく，外界の刺激に対しきわめて神経質になっている．たとえば搬入後1〜2日の間に餌（体長2〜3 cmの生きているキンギョ）を与えると，驚いて，時には墨を吐くことさえある．3日ほど経つと，新しい環境に慣れて元気を回復し，キンギョを食べ始める．また視覚が発達しており，とくに明るさの変化にはきわめて敏感である．したがって，筆者らは水槽の置いてある部屋全体を暗室化している．明るい所で飼うこともできるが，明るさの変化がイカを興奮させるので明るさの変化には注意が必要である．イカを観察するため，あるいは生理実験用にイカをとり出すために懐中電灯で弱く照らすと3〜5秒おいて体色が変化し，ひどいときは水槽内をジェット噴射で高速で泳ぎまわる．こうしたときでも，海水を円形に循環させていれば壁への激突はみられない．

3. おわりに

ヤリイカの飼育が，世界で初めてわが国で成功したことは特記すべきことである．1972（昭和47）年当時，すべての動物学者，生物学者がイカは人工飼育できないと断言していた．ノーベル賞学者の故コンラッド・ローレンツ（Lorenz, K.）は自らの書で「イカは人工飼育できない唯一の動物」と述べていた．そのような状況で，生物を何も知らない電子技術総合研究所の若き物理学研究者松本 元が3年もの苦労の末，成功した．生物が生きられないということは，環境が原因に違いない．ならば，徹底的に環境を分析すればよいと松本は思ったという．3年の努力の結果，行き着いたの

はアンモニア濃度だった．アンモニアを吸着し，測定できないほどに濃度を下げるとイカは何日か飼うことができた．さらに，アンモニアを分解するバクテリアを積極的に培養するバイオフィルターを採用することで，60日の長期飼育に成功した．論文発表と同時に世界的な話題となり，ローレンツ自身が早速来日し，自分の目で見るまで信じないと言い，1週間水槽に張り付き本当であることを確認すると，「この水槽はこれからのすべての水産生物の未来を変える」というコメントを残した．その後，水産動物の飼育全般にアンモニア濃度の低減が非常に有効なことがわかり，飼育システムには亜硝酸菌の生育が必須となった．現在では活魚の輸送・飼育からペットの飼育まで，アンモニア吸着材や亜硝酸菌が広く用いられている．

4. 参考文献

1) Hodgkin, A., and Huxley, A. (1952) A quantitative description of membrane current and its application to conduction and excitation in nerve. *J. Physiol.*, **117**, 500-544.
2) 松本 元（1975）神経研究の為のヤリイカの飼育．生物物理学会誌，**15**(4), 42-45.
3) 松本 元（1972）『神経興奮の現象と実体〈上・下〉』, 丸善.
4) Matsumoto, G., Ichikawa, M. and Tasaki, A. (1984) Axonal microtubules necessary for generation of sodium current in squid giant axons: II. Effect of colchicine upon asymmetrical displacement current. *J. Membr. Biol.*, **77**(2), 93-99.
5) Matsumoto, G., Aihara, K. *et al*. (1987) Chaos and phase locking in normal squid axons. *Physics Letter A*, **123**, 162-166.

コラム 7

神経研究に貢献した巨大軸索

羽生義郎

神経生理学において，神経興奮の発生・伝播の解明は基本的な命題であった．このメカニズムを解明するために，ヤリイカの巨大軸索が実験試料として大きな貢献を果たしてきた．ヤリイカの巨大軸索は，直径1 mm, 長さ10 cm程度あり，大きいがゆえに取扱いが容易で，神経機能を損なわずに生体からの単離も可能であり，神経興奮の基礎過程を調べる実験材料として最適であった．細胞外液を交換することにより，神経興奮の発生と伝播の変化を調べることができ，神経興奮に重要なイオンが同定されていった．さらに，細胞内灌流法が開発されたことにより，細胞内に人工溶液を流すことができるようになり，細胞内外液のイオン組成を自在

に変更することが可能となった．また太い神経線維であるために，細胞を傷つけずに，すなわち興奮能を低下させることなく，電極を刺入し，電位固定法により流れるイオン電流を測定することができた．これらの実験的利点をもつヤリイカの巨大神経軸索を用いて，英国のA. Hodgkin と A. Huxley は神経細胞膜の性質を詳細に調べ，興奮伝導のナトリウム説を提唱し，その功績によりノーベル生理学・医学賞を受賞している．彼らが開発した膜電位固定法は，その後多くの神経細胞の機能解明に用いられた．単一のイオンチャネルに流れるイオン電流を計測するパッチクランプ法へと受け継がれ，さらに多くの神経機能が解明されていった．

しかし，ヤリイカの神経を入手することは容易ではなかった．当時ヤリイカは飼育ができず，良い実験材料を用いて研究をするためにはヤリイカが水揚げされる時期に，その海の近くで実験をしなくてはならなかった．米国マサチューセッツ州の Woods Hole にある海洋生物学研究所では，6月から9月の3カ月間のみ，ヤリイカを用いた実験が可能であった．精密な実験を行うには過酷な環境である．そのような状況のなか，日本の電子技術総合研究所の故松本元は，3年の苦労の末，「人工飼育できない唯一の動物」(コンラート・ローレンツ (Konrad Lorenz) であるヤリイカの人工飼育に成功した．これにより，神経軸索研究の場所的・時期的な制約が低減し，実験機材の整った研究室において，詳細に研究することが可能となったのである．彼のグループは，このシステムを用いて飼育したヤリイカを実験材料とし，巨大軸索の研究を進め，神経興奮における細胞骨格の役割，カオス現象の研究，神経興奮の光計測系の開発など，多くの分野で成果を上げた．その成果をもとに神経組織や脳活動の計測システムが開発され，記憶や情動といったヒトの高度な情報処理機構の解明に大きく貢献している．電位固定法や光計測法は，イカを用いた神経研究の過程で開発されたが，それにとどまらず大きく広く発展していく様はたいへん興味深い．困難であろうと，根本的な問題の解決が重要であるとの信念のもと，その問題に真っ正面から取り組み，不断の努力と創意工夫により問題を解決し，発展させた研究者の成果が，多くの分野で花開いているということであろう．ヤリイカ飼育システムは，その後水産動物の飼育全般に有効なことがわかり，活魚の輸送・飼育からペットの飼育まで広く利用され，神経生理学研究の進展にとどまらず，われわれの生活を豊かにしてくれている．

タコ

滋野修一

1. はじめに

　多くのメディアに登場し，食材としても親しみのあるタコは生命科学の分野において古くから有用な実験動物として取り扱われてきた．その特筆すべき特徴としては大きな眼や発達した平衡感覚などの感覚器官，8本の伸張する腕と無数の吸盤を駆使した運動能力，複雑な脳と学習・記憶能力，腕の再生，他個体と相互作用する柔軟な行動様式，そして体中に分散する色素胞を用いて背景と同化するカモフラージュ能力などが挙げられる．系統学的にはタコ類は軟体動物に属し，イカ類やオウムガイ類に近縁であり，アワビ，サザエ，そしてカタツムリといった腹足類の，ある原始的な祖先から分岐した動物とされる．そのため，タコに見られる精巧化した体制や複雑な行動様式は，われわれ脊椎動物とは独立に進化したものとみなすことができる．この点から比較動物学，生理学，そして行動生態学の分野で多くの研究がなされてきた．

　またタコ類は水産学において重要な研究対象であり，これまでに日本，米国，イタリア，スペインなどで飼育と養殖の確立に向けた多数の研究例が存在する[1,2]．一般に食用として流通するマダコに関していえば，孵化以降に大量の生き餌を必要とし，労力と費用の点から養殖はいまだに確立されていない．一般の飼育に関しても他の沿岸性動物に比べて難しいとみなされている．その理由としてタコは活発な捕食者であり酸素消費量を含めた基礎的な代謝活動が高く，水質の変化に過敏であるためといわれている．捕食の頻度が高く，餌を頻繁に与える必要があるために飼育用水の水質も悪化しやすい．しかしこの点を改善できる飼育環境が用意でき，かつ研究者が熱帯魚などを飼育できる程度の基礎知識をもっていれば短期間の飼育は十分可能である．

2. 飼育方法

ⓐ 入手方法

　タコの入手方法は種類，生息場所，季節，研究施設の立地場所によって大きく異なる．研究材料として代表的な種を**表1**にまとめた．飼育の容易さや実験動物としてのこれまでの研究事例の蓄積を考えると，ここで代表として紹介するのはマダコ（*Octopus vulgaris*，**写真1**）とイイダコ（*Octopus ocellatus*，**写真2**）の2種のみで十分であると考えられる．その他のミズダコ，テナガダコ，マメダコもしばしば入手できるが，先の2種と同様の手法が適用できる．また，猛毒をもち模様があるヒョウモンダコ，浮遊生活を送るタコブネ，遊泳性のタコ類などに関する研究は，少

▶表1 研究に用いられるおもなタコ類とその特徴[2,3]

	マダコ Octopus vulgaris	イイダコ Octopus ocellatusまたはfangsiao	ミズダコ Paroctopus dofleini
外部形態	中型, 茶褐色から赤色	小型, 腕の付け根に一対の眼紋	大型, 体色は彩度に欠ける
全長(腕を含む)	60～100 cm	最大 30 cm 程度	3～5 m
生息域 生息環境 生息水温(℃)	日本沿岸大陸棚上部 浅海の岩礁域 8～26	北海道南部以南の浅海域 内湾の砂泥域 10～27	東北地方以北の寒冷域 浅海の岩礁域 7～16
産卵期	春から秋	冬から春	初夏
孵化様式	浮遊型	底棲型	浮遊型
生殖腕 雌雄差 寿命	右第三腕 ほぼ同じだが雄が大 1～2 年	右第三腕 雌が大 1～2 年	右第三腕, 長大 雄が大 3～5 年

なくとも長年の飼育経験をもった専門家や研究者の協力のもとに飼育する必要がある.

マダコとイイダコはそれぞれ飼育や研究に関して一長一短がある. マダコの成体は大型であるために大量の海水を要する. その孵化個体は浮遊するため, 繁殖は特別な施設なしでは難しい[1,4]. 一方イイダコは成体が小型でより少量の海水で飼育できる[3,5]. 小型卵であるマダコと比較して中型のイイダコの孵化個体は底棲型(**写真3**)であり, 浮遊幼生期間はないために成体まで飼育できる長所がある. ただし, 胚発生が 1 カ月ほどと長いのでマダコよりも長期間維持する必要があり, 発生の研究には制約がある. マダコとイイダコはともに, 漁港, 市場, 県の水産試験場, 大学の臨海研究施設などで入手できるが, どの種が現在採取可能か, 採取後に活輸送できるか, また繁殖時期などの情報は時期および年度によって変化するので, その都度問い合わせる必要がある.

飼育スタート物品一覧

品 名	型 式	メーカー	参考価格
人工海水	インスタントオーシャン	ナプコ	6,000 円 (800 L)
アクリル水槽 ANS-6 クリアー*	NWL-082	ニッソー	15,000 円
スライドフィルター 600	NTS-224	ニッソー	7,000 円
デュアルパワーポンプ 30 (水換え用)	NPT-713	ニッソー	14,700 円
サーモコントローラー	LX250ESA	レイシー	25,000 円
プロテインスキマー： ベルリン X2 ベンチュリー	R50050	レッドシー	47,000 円
食塩濃度屈折計 MASTER-S28α	KN3313822	テックジャム	15,000 円

*大きいほど良い. ゼンスイなどで特注も可能.

▶写真1 研究に頻繁に使用されるマダコ
(鳥羽水族館提供)

▶写真2 イイダコは小型であるために飼育がより簡易である
(東京海洋大学瀬川進教授提供)

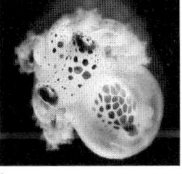

▶写真3 *Octopus bimaculoides* (a) とイイダコ (b) の孵化個体
マダコと異なり遊泳せず底棲性のため，成体の小型版として研究できる．

▶表2 タコ類の飼育に理想的な水質および環境[6]

塩分濃度	34 g/L（1.024〜1.026，20℃）
pH	8.2〜8.4
水温	生息場所による（表1）
アンモニア	0
亜硝酸塩	0
硫酸銅	0
硝酸塩	25 ppm（50 mg/L）以下
色合	10,000〜15,000 K
底質	細かめ（アルゴナイト砂など）貝殻，ライブロックなど

ⓑ 飼育環境

　一般的な海産熱帯魚を飼育する環境を最低限として必要とする．とくにタコの飼育で注意しなければならない点や最適な水質は表2を参照されたい．タコ類は一般に「神経質」であり，水質と水温にたいへん敏感であるため，処理の誤りがあるとすぐに死んでしまう．また捕獲，輸送，搬入時のストレス，水槽の狭さなどが原因として考えられるものなど，理由が特定できずに死んでしまう場合も多い．そのため研究に用いる際には多めの個体を確保することが必要である．

(1) 水質と水温

　タコ類の高い代謝活動と関連して，水槽内のアンモニア，硝酸塩，亜硝酸塩の濃度，残餌による水質の悪化，溶存酸素濃度の低下はとくに注意を払う必要がある．中型で流水式の水槽でプロテインスキマー（「ヒトデ」の項参照）やフィルターがあるならば水換えを数カ月必要としないが，とくに小型の水槽を用いる場合には数日ごとに水換えを必要とする．その際に塩分濃度が低くならないよう注意する．通常の塩分濃度が30〜35‰（パーミル）だとすると，タコの飼育に適しているのは34〜35‰と高塩分が適しているとされる．低塩分の海水にさらされたタコはすぐに動かなくなり死亡する．タコの呼吸，外套の運動，眼や腕の状態が異常であると感じたならば，まず海水の

組成に問題がないか配慮するべきである．また，熱帯魚の白点病の治療で硫酸銅が用いられるが，銅を少量でも含む海水ではタコは生息できない．少しでも過去に硫酸銅を使ったことのある水槽は使用しないほうがよい．また，水温は生息場所と同じ水温に保つことが基本である．冬季での輸送の際に6℃以下にならないよう気をつけなければならない．夏季はクーラーが必要であり，種によって異なるが，**表1**のような最適温度に保つ工夫が必要である．

(2) 水槽内の環境

　タコは一定の場所に定置した生活を送ると思われがちだが，基本的に自然下では匍匐して周遊もしくは回遊を行っている．とくに成熟期の雄はたいへん活動性が高く，同時に他個体を威嚇・攻撃する傾向がある．水槽内に多くの個体を維持すれば損傷する場合が多い．タコ1個体につき体長の数倍程度の空間の確保が必要である（**写真4**）．また夜間に頻繁に遊泳し，他の場所を散策する習性もあるため水槽を密閉しても小さな隙間から抜け出し，翌朝には床に干からびているという場合も多い．出水口やフィルターの小さな隙間に入り込むのを阻止するための細目の網などが必要である．また餌以外の目的で甲殻類や魚類を同水槽内に入れるのは注意を要する．

　また，水槽内の底にはアルゴナイトなどの砂を敷いたほうがよい．水質を改善するバクテリアの生息のためにライブロックなどの搬入もよいが，個体の損傷を最小限にする分量にとどめる．光量はとくに強くなければ構わないが，通常タコ類は視覚依存的な生活を送るため，隠れ場として不透明のガラス瓶や巻貝（サザエなど）の殻は必須である．マダコのように大型である場合は蛸壺や花瓶がちょうどよいサイズとなる．もし産卵の状態を確認したい場合は一部だけ透明である瓶をあらかじめ棲み場所として用意すると，内部の観察が容易となる．

ⓒ 餌の調製

　安定した水槽の環境が整ったならば，餌の調製はタコの飼育のなかで最も煩雑な作業になると思われる．通説としてタコ類は動きのある生餌しか捕食しようとしない．ただし刺身のような肉塊で

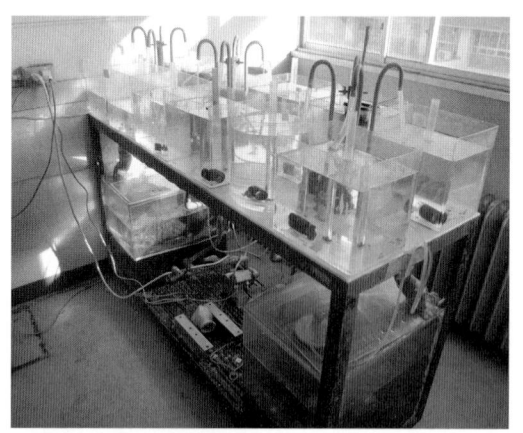

▶写真4　飼育水槽の例
下方にバクテリアが繁殖した小石が敷き詰められており水槽内にはイイダコが飼育されている．（東京海洋大学瀬川　進教授提供）

もピンセットや釣り糸などで生きているような動きを見せ，捕食可能であることを学習させればその後は自発的に捕食するようになる．甲殻類と貝類を最も好むが，魚類も捕食する．具体的に餌として代表的なものは，活アサリ，活ハマグリ，新鮮な魚の切り身，甲殻類（ヨコエビ，イサザアミなど）である．最も調達が容易なのは魚売り場で見られる貝類だろう．貝殻をハンマーで砕いてタコの口部に持っていってやるとよい．冷凍したものでも学習させれば食べる傾向がある．生きたエビ類はそれ自身の飼育が必要であるが，タコと同じ水槽で遊泳させておくこともできる．ただしタコが捕食できるよう，逃避能力が低いものに限る．魚類の刺身は一般に水槽の水質が悪化しやすいためにお勧めできない．1日に2回程度，餌を与える必要があるが，偶発的にまったく食べなくなることもある．餌の好みは種のみでなく成長時期，個体間で差が見られる．1種類の餌だと「飽きる」こともある．同種でも生息環境によって甲殻類しか食べようとしないときもある．餌の食べ残しは頻繁に生じるので水質悪化を防ぐために必ず除去しなくてはならない．また餌が不足した場合，自身の足を捕食したり，幼若個体を多数同一水槽内で飼育した場合には頻繁に共食いが起こる．いずれにしても飼育しているタコの状態と様子に合わせた餌の調達が不可欠である．

3. おわりに

　タコの飼育は難易度が高い．研究手法も他の動物で一般的な方法がそのまま適用できない場合が多い．しかしその奇妙で複雑な動きはわれわれのそれと大きく異なり，多くの研究者や鑑賞者はその風変わりで知的な行動に魅了されてしまう．水族館では岩の隙間に隠れて見えない場合が多いものの，飼育を試みることによって予想外な一面が多々観察される．日本国内ではタコは食材としてのイメージが強いため水産および養殖学的な研究例が多く，その生物学的な重要性は軽視されがちである．一方タコの動物としての興味は国内以上に欧米でその過熱ぶりが見られ，プロそしてアマチュアの研究家を問わず多くの方がその飼育に情熱を注いでいる．下記のTonmo. com[7]には飼育に関してのノウハウが盛り込まれており，英語が読めなくても和訳翻訳機能を用いればその情報が入手可能である．タコ類の飼育と研究を成功させるためにはタコ自身のことを深く知ることが基本となる．

4. 参考文献およびWebサイト

1) 伊丹宏三（1963）マダコ稚仔の飼育について．日本水産学会誌，**29**, 514-520.
2) Boyle, P. R.（1987）"Cephalopod life cycles: comparative reviews", Volume 2, 441pp., Academic Press.
3) Segawa, S. and Nomoto, A.（2002）Laboratory growth, feeding, oxygen consumption and ammonia excretion of *Octopus ocellatus*. *Bulletin of Marine Science*, **71**, 801-813.
4) 竹内俊郎（2008）進化する水産養殖技術イセエビ・マダコの種苗生産．*Food & packaging*, **49**, 510-518.
5) 伊丹宏三・永山博敏ほか（1986）イイダコふ化稚仔の飼育．兵庫県水産試験所紀要，**24**, 35-42.
6) Dunlop, C. and King N.（2009）"Cephalopods. Octopuses and cuttlefishes for the home aquarium", 240pp., T.F.H. Pub.
7) TONMO.com–The Octopus News Magazine Online; Your octopus, squid, and cephalopod information center（www.tonmo.com/）．

アカテガニ

三枝誠行・増成伸文

1. はじめに

アカテガニ（**写真1**）は陸生カニ類の一種で，近縁種にはベンケイガニやクロベンケイガニがいる．これらの陸生カニ類は，以前は同じ *Sesarma* 属だったが，最近ではアカテガニとクロベンケイガニが *Chiromantes* 属になり，ベンケイガニは別な属（*Sesarmops*）になったようである．要するに細分化されたわけであるが，古い分類でも支障はなさそうなので，アカテガニの学名については *Sesarma haematocheir* を使ってきた．

アカテガニやベンケイガニは陸生カニ類といっても，サワガニ類（*Geothelphusa*）のように，陸上の奥深くに生息しているわけではない．アカテガニもサワガニも，生殖時期になると雌は腹部に卵（正確には「胚」）を抱くが，孵化するステージが両種では異なる．サワガニ類では稚ガニ（juvenile）が孵化するが，アカテガニではゾエア幼生（zoea）が孵化する．アカテガニやベンケイガニの稚ガニは淡水域で生きていけるが，ゾエア幼生が育つには海水が必要である．だからこれらのカニの生息場所は，雌親が孵化したゾエア幼生を海に送り出すことができる範囲に限られる．具体的には，河口や海岸沿いの土手が彼らの主要な生活場所となっている（**写真1**）．

アカテガニやベンケイガニは，かつては河口や海岸の近くの土手で普通に見られた．雌がゾエ

▶**写真1** アカテガニ
潮の干満がある河口域付近の土手が生息場所になっている．冬は土手につくられた巣穴に入って冬眠する．

▶**写真2** ゾエア幼生放出場所の川岸に集合した雄と雌のアカテガニ．
満月や新月のころの数日間には，夜間の満潮が近づくころに川岸がカニでいっぱいになることがある．

幼生を放出するために現れる川岸は，夕方になると集合したカニでいっぱいになった．だが，そのことが彼らの悲劇を生む結果となってしまった．河口や海岸沿いは人口が多く，河川の改修が進み，河口の周囲に多くの道路がつくられた．抱卵したアカテガニやベンケイガニの雌は，幼生を川岸で放出するために山から下りてくる．新しく道路ができると，山から下りてきたカニが，孵化を控えた幼生ともども車にひき潰されてしまうのである．このように，生息場所と海岸や川岸の間に道路ができてしまうと，数年でカニはまったくいなくなる．伊豆半島の下田付近にある吉佐根川や青野川沿いの川岸には，1973年と1974年の調査では，満月や新月のころの夕方になると，川岸が真っ赤になるほどアカテガニとベンケイガニが出てきた．しかし，今はほとんどその姿を見ることはできないだろう．

アカテガニは個体数が激減しているが，それでも複雑な地形の多い瀬戸内海の沿岸部や，人口の少ない島々では比較的多く見られる．種子島には結構いたが，沖縄本島や西表島にいくと少なくなる．逆にこれらの島では，ベンケイガニが多くなる．なお，三浦半島（神奈川県）や徳島県の南部には，地域ぐるみで保護活動を展開しているところがある．

2. 飼育方法

a 採集方法

アカテガニを見つけるには，河口や海岸沿いを歩いてみよう．小道の土手に掘られた多くの穴があるだろう．これがアカテガニの巣穴である．ベンケイガニやクロベンケイガニは水のあるところに多く生息しているので，小川の石垣を見て歩くとよい．関東から東海地方では，生息場所が失われているので数多く採集することは不可能だが，岡山県だと笠岡湾や吉井川河口，瀬戸内海の島々では多産地が残っている．

アカテガニの観察や採集は容易であるが，どのような研究をするかで観察場所や採集の仕方が異なる．幼生放出行動の観察であれば，雌が下りてくる川岸（河口）や海岸で日没のころに待っていればよい（**写真2**）．一方，実験室で抱卵させ，潮汐リズムの研究をしようと思えば，まだ冬眠から覚めやらぬ雄と雌をたくさん採集してくる必要がある．アカテガニやベンケイガニは，土手につくられた巣穴で冬眠する．だから冬眠中の個体を採集するには，土手を掘ったり崩したりしなければならない．人家の石垣などを壊すと警察を呼ばれて大変な目に合うこと間違いなしである．人目につかない海岸の土手に行くのがよい．カニは岩や石の隙間に入っていることが多い．ただ，岩が崩れることがあるので，採集する際は十分注意したい．

採集したカニは，ポリバケツに草や木の枝と一緒に入れて実験室に持ってくればよい．呼吸のために水を必要とするが，陸生のカニなので少なくてよい．川の水を手ですくって，バケツに手早く振りかける程度で十分である．

抱卵した雌親を捕まえるのは，ちょっとした工夫がいる．季節は5月下旬から7月いっぱいがよい．アカテガニやベンケイガニは，雨が降って湿度が高いときに活発に活動する．上は長袖シャツと軍手，下は長ズボンと長靴が，採集時の必須アイテムである．草むらにはマムシがいることがあるので注意しなければならない．マムシを避けるには潅木や草を棒で叩き，下草を荒々しく踏みつけながら，なるべく派手に採集するほうがよい．カニを見つけてもすぐに手を出さず，1m四方

ぐらいを見ながら採集するのがよいだろう．

抱卵した雌は，積み上げられた石の隙間，捨てられた板切れや，倒れた木の下などに潜っていることが多いので，これらを取り除くと採集できる．雄か雌か，抱卵雌かそうでないかは，慣れるとカニの動きやしぐさですぐわかる．なお，乾燥が続くと深いところに入り込むので，採集するのは難しくなる．

ⓑ 飼育方法

アカテガニやベンケイガニを飼育するのは，難しいことではない．また，ジストマのような寄生虫ももっていないので，神経質になる必要はない．実験室では，プラスチックの衣装ケースをいくつか準備し，底に数 cm の深さに水を入れておく．まず水道水を入れ，それにコップ1杯程度の海水を入れる程度で十分である．ケースの底には石を置き，その上にベニヤ板を使っていわゆる「カニのアパート」を作る（**図1**）．アカテガニやベンケイガニは陸ガニなので，呼吸のためと脱皮のために水は必要不可欠だが，水を入れすぎるとおぼれる．

カニのアパートを作れば，1つの衣装ケースで雌ならば50匹ぐらいを飼育することができる．雄は大きいので，もう少し個体数を減らすほうがよい．毎日必ずケースを覗き，死亡した個体を見たらすぐに取り除く．水は飼育している個体数にもよるが，50匹もいたら毎日新しいものに交換する必要がある．10匹程度であれば，数日おきに取り替えればよい．カニを含めて水性甲殻類の飼育のコツは，こまめに新しい水に取り替えることである．

ⓒ 餌は何を与えたらよいか

アカテガニのよいところは，共食いがほとんどないので雌雄にかかわらず集団飼育が可能なことである．雑食なので割りと何でも食べる．ご飯，パン，トウモロコシ，キンギョの餌などをやる

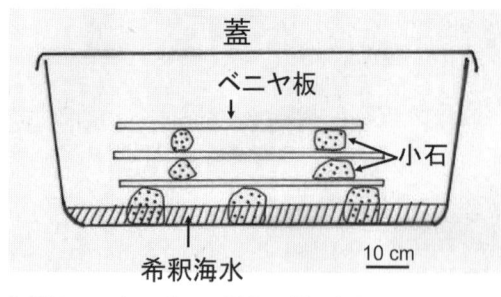

▶**図1** アカテガニの飼育に用いられるアパート
希釈海水は，衣装ケースに入れた水道水をコップ1杯の海水で薄める程度の濃度でよい．水を毎日換えることが長期間生かすコツである．

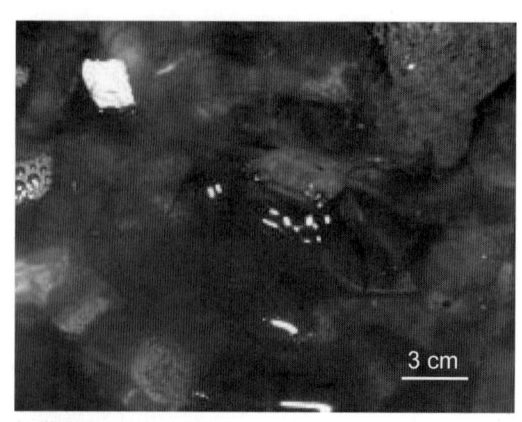

▶**写真3** アカテガニ（雌）の幼生放出行動
夜間の満潮時（正確には1時間〜30分ほど前）に見られるゾエア幼生放出行動．孵化は陸上で起こり，水に入って腹部を震わせる．カニの前方に黒っぽく見えるのが放出された幼生．

とよいが，野外の生物の特性なのだろうか，同じ種類の餌ばかりやると食欲が落ちるようである．昆虫は大好物である．初夏になると近くの山からカミキリムシやコガネムシを採集してきて飼育ケースに入れると，瞬時に飛びつき，ポリポリと音を立てながら食べる．一方，腐りやすい餌を与えるのは厳禁である．

　一方，抱卵雌を集団飼育する場合の注意事項がある．抱卵雌を集団飼育していると，晩にゾエア幼生を放出する雌が出てくる．朝に衣装ケースをのぞくと大量のゾエアが泳いでいるのですぐにわかる．このようなときには，衣装ケースの水を迅速に交換してやらねばならない．海産カニ類では，ゾエア幼生が孵化した後，卵殻がそのまま担卵毛に残る．孵化と同時に，それを担卵毛から取り去る役目をもつ活性物質（ovigerous-hair stripping substance: OHSS）が出されるので，他の抱卵雌が水の中に何度も入ると，この活性物質が作用して，抱いている胚が孵化しないまま全部水の中に落ちてしまう[1]．できるだけ早く新しい水に交換するのがよい．

3. アカテガニやベンケイガニはどのような研究に使えるか

a 幼生放出行動の観察

　昔からアカテガニやベンケイガニの面白い行動としてよく紹介されるのは，雌親の示すゾエア放出行動であろう[2,3]．アカテガニやベンケイガニの雌は，初夏になると抱卵する．1回に3〜5万ほどの胚を抱く．約1カ月の抱卵期間の後，雌は近くの川岸（河口）や海岸に出てゾエア幼生を放出する（**写真2**と**写真3**）．日没後の満潮時が近づくと，雌は川岸に姿を現す．興奮して川岸を歩き回っているが，すぐには幼生放出行動には移らない．しばらく観察していると，口に少量の泡をつけている個体が見られるようになる．これは，抱いている胚がほとんど全部孵化したことを示すサインである．このような雌は，意を決したかのように水の中に入り，石につかまり体を伸ばして勢いよく腹部を震わせる（**写真3**）．その瞬間に，何万という数のゾエア幼生（**写真4**）が茶色い雲のようになって水中に散らばっていく．これがアカテガニの幼生放出行動である．わずか4〜5秒の短い間に終わってしまう感動的な瞬間である．ひと夏に1匹の雌は2回，多くて3回抱卵す

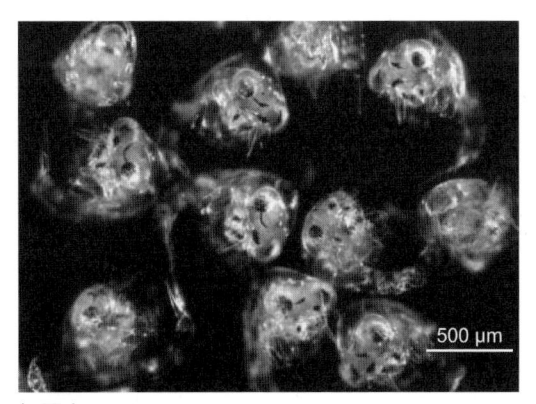

▶**写真4　孵化したゾエア幼生**
雌親に抱かれた何万もの胚は，30分以内に同調的に孵化する．孵化機構や孵化のタイミングを制御する機構は，まだよくわかっていない．

る．抱卵するたびに幼生放出行動が繰り返される．

b 月周リズムと潮汐リズム

　アカテガニやベンケイガニの幼生放出行動が面白い理由は，半月周リズム（semilunar rhythm）と潮汐リズム（tidal rhythm）が見られることである．幼生を放出する個体数は，それぞれ満月や新月のころの数日間に最大になり，上弦や下弦の月のころの数日間に最小となる．また，幼生放出は夜間の満潮に同調して，潮汐リズムが見られる[2]．これらのリズムの発現には生物時計が関与しており，野外におけるリズムの同調因子は，昼夜サイクルと月光サイクルであることも，長期間の実験を通じて明らかにされている[4,5]．だが，潮汐リズムは，潮の干満に直接関係した同調因子（波の振動や水圧の変化）によって引き起こされることが常識になっており，月光サイクルを使った同調実験の結果は，十分には受け入れられなかった．孵化に関する概潮汐時計は眼柄内の終髄（medulla terminalis）にあると考えられる[6]．

c その他の面白い現象

　アカテガニの行動や生態はたいへん面白い．継代飼育をしているモデル生物には見られない特有の現象が多い．受精したばかりの卵の担卵毛への付着機構[7]，OHSSの機能を調べるための精製や遺伝子発現[8]，ゾエア幼生の孵化機構[9]など，いろいろな面での研究が可能である．甲殻類の孵化機構はまだわかっていないが，面白いことにアセトン（70％）が孵化過程を誘発する（未発表）．注意してみれば，さらに多くの興味深い研究を進めることができるだろう．

4. おわりに

　アカテガニの研究は面白いが，採集から飼育，研究いっさいを自分一人でやらなければならない．苦労して面白いことがわかったところで，近い分野の研究者がいないのだから，注目されることもない．食用にならず，養殖の道も拓けない．

　やはりアカテガニは役立たずの生物なのかと，昔は残念な気持ちになったこともあった．しかし，最近，環境汚染や生物多様性の保全という問題にかかわることになり，干潟の汚染の影響を研究するのに河口のカニ類はおおいに役立つことがわかってきた．アカテガニを長年見てきた経験により，他のカニ類の「異常」をすぐに見分けることができる．また，甲殻類の成長と成熟を調べるために，現在何百匹ものガザミを飼っているが，その飼育にはアカテガニで培った技術がとても役立っている．アカテガニは，もともと高い繁殖力をもつ甲殻類であり，種苗生産も容易にできるだろう．一方，ガザミは重要な資源甲殻類である．ガザミの生産を基礎にして，アカテガニを含めた生物多様性の保全を研究することができないだろうか？

5. 参考文献

1) Saigusa, M.（1995）Bioassay and preliminary characterization of ovigerous-hair stripping substance（OHSS）in hatch water of crab larvae. *Biological Bulletin*, **189**, 175-184.
2) Saigusa, M.（1982）Larval release rhythm coinciding with solar day and tidal cycles in the terrestrial crab

Sesarma: harmony with the semilunar timing and its adaptive significance. *Biological Bulletin*, **162**, 371-386.

3) Saigusa, M. (1985) Tidal timing of larval release activity in non-tidal environment. *Japanese Journal of Ecology*, **35**, 243-251.
4) Saigusa, M. (1986) The circa-tidal rhythm of larval release in the incubating crab *Sesarma*. *Journal of Comparative Physiology A*, **159**, 21-31.
5) Saigusa, M. (1988) Entrainment of tidal and semilunar rhythms by artificial moonlight cycles. *Biological Bulletin*, **174**, 126-138.
6) Saigusa, M. (2002) Hatching controlled by the circatidal clock, and the role of the medulla terminalis in the optic peduncle of the eyestalk, in an estuarine crab *Sesarma haematocheir*. *Journal of Experimental Biology*, **205**, 3487-3504.
7) Saigusa M. *et al*. (2002) Structure, formation, mechanical properties, and disposal of the embryo attachment system of an estuarine crab, *Sesarma haematocheir*. *Biological Bulletin*, **203**, 289-306.
8) Gusev. O. *et al*. (2004) Purification and cDNA cloning of the ovigerous-hair stripping substance (OHSS) contained in the hatch water of an estuarine crab *Sesarma haematocheir*. *Journal of Experimental Biology*, **207**, 621-632.
9) Ikeda H. *et al*. (2006) Induction of hatching by chemical signals secreted by the ovigerous female of an estuarine crab *Sesarma haematocheir*. *Journal of Experimental Zoology*, **305A**, 459-471.

コラム 8

月光を感じる生物たち

三枝誠行

　生物のなかには，月の一定の位相（phase）に合わせて生殖を行う種類がいる．アメリカ太平洋岸では，満月の夜にグルニオンという小魚が波打ち際に現れ，いっせいに産卵する．日本でも，満月のころ波打ち際にクサフグの群れが現れ，満潮に合わせて産卵を行う．また，カブトガニも満月が近づくと，つがいになった個体が海岸に現れ，満潮のころに産卵してふたたび海に戻って行く．

　アカテガニもそのような生物の一種である．アカテガニの生息地では，7月から8月にかけて，満月や新月のころの夕方になると，抱卵した雌が河口や海岸の波打ち際に現れ，ゾエア幼生を放出する．産卵に都合の良い場所があるのだろう．毎年同じ場所にたくさんの個体が集まってくる．

　多くの生物は，なぜ満月や新月のころいっせいに生殖を行うのだろうか？　いくつかの可能

性が考えられるが，主には受精卵や幼生が生き残ることと関係しているのであろう．潮の干満が最も大きくなる大潮で産卵すれば，それらの生残率が高まるのではないだろうか．アカテガニであれば，満潮時には川岸いっぱいに水がくるので，孵化したばかりの幼生を効率よく水中に放出できる．多くの生物に見られる体内時計（概月周時計）は，このような適応的有利さと関係して進化したように思われる．

次に，これらの生物の概月周時計の**同調因子**（zeitgeber）は，どのような環境因子なのだろうか？　実際に潮の干満を感じているのか，月の光や動きを感じ取っているのか？　答えはどちらの可能性も考えられる．アカテガニでは，波の音のシミュレーション（12.5時間周期）と人工月光（24.5時間周期）を与えてみたが，効果があったのは人工月光のサイクルであった．

アカテガニで与えた人工月光は，豆電球を用いた．自然の月光と違い，明るさは常に一定で，カニのいる実験室の床で0.2 luxぐらいにした．一方，24時間周期の昼夜サイクルに加えて，人工の月の出と入りの時刻はタイマーを使って毎晩50分ずつ遅れるようにした．一番重要な点は，24.5時間周期の人工月光を，自然の月の出や入りの時刻から5時間ほど遅らせたサイクルを与えたことである．こうすると人工の満月や新月が，自然の上弦や下弦のころになる．このような人工の月周期のもとで，抱卵や幼生放出のタイミングを調べてみた．

結果は明快であった．数百匹の雌を追跡した結果，人工月光サイクルに同調した半月周リズムと潮汐リズムが現れた．人工月光を与えず，24時間の明暗サイクルのみに置いた個体群では，潮汐リズムも半月周リズムも見られず，夜間に幼生放出が行われた．

この実験が成功したと考えてよいもう一つの理由がある．野外においては，太平洋岸では，満月や新月のころ午後の満潮時刻は夕暮れ時にくる．一方，瀬戸内海は潮流の関係で，潮汐サイクルの位相がずれ，岡山県沿岸部では，干満の関係は太平洋岸と比べてほぼ逆転する．この実験では，瀬戸内海にある笠岡（岡山県）の個体群と，太平洋岸に面する志摩半島（三重県）の個体群で，同じ人工月光サイクルを与えた．現れた潮汐リズムは，与えられた人工月光サイクルを自然の月周期とみなした場合に，それぞれの個体群の生息場所の満潮時刻と対応していたのである．

これらの実験により，アカテガニでは概潮汐リズムと概月周リズムの同調因子は月光サイクル（moonlight cycle）であることと，同一の月光サイクルを与えても，それぞれの個体群の生息場所の満潮に幼生の放出が起こることがわかった．1つの実験が半年ほどもかかる長いものであったが，結果は明快であった．しかしながら，当時，月周リズムの権威者であったドイツのノイマン（Neumann, D.）は，この結果をまったく受け入れようとしなかった．インチキくさい実験だと思ったのだろう．そんなことがあってから，それまで懇意にしていた博士と筆者は袂を分かち，筆者の研究分野も様変わりすることになった．

アメリカザリガニ

高畑雅一

1. はじめに

日本には，アメリカザリガニ（*Procambarus clarkii*，**写真1**）のほかに，ニホンザリガニ（*Cambaroides japonicus*）およびウチダザリガニ（*Pacifastacus leniusculus*）の3種類が生息する（上田の著書[1]をはじめ，いくつかの文献にはこれらのほかにタンカイザリガニが記載されているが，これは，最近の文献ではウチダザリガニと同種とされている[2]．滋賀県淡海池のザリガニについては旧来のタンカイザリガニの和名も用いられるが，学名は *Pacifastacus leniusculus* とされる[3]）．これらのうち，本稿で扱うアメリカザリガニは，最も広汎に分布しており，その範囲は北は青森県から南は鹿児島県に及ぶ．最近の文献によれば，北海道にも分布が広がり[2]，温泉水が流入する特定の河川では冬期間の脱皮成長が確認されている[4]．ちなみに沖縄県には分布しない．ニホンザリガニ以外の2種は，食用ガエルないし人間の食用として米国から日本に移入されたものが広がって帰化した外来種である．

本州では，ザリガニといえば多くの場合アメリカザリガニをさし，河川や池のみならず排水溝や水田など人間の生活圏に広く分布している．農家からは畦に穴をあけるとか稲に害を与えるなどの理由で嫌われるアメリカザリガニであるが，身近で簡単に得られる動物としては大型で，後述するように飼育も容易であり，また寿命も比較的長いので，子どもや一部の大人には観賞用ペット動物として人気がある．

▶写真1　水槽内のアメリカザリガニ
左に見えるのは小型水槽用濾過器でエアストーンも兼ねるタイプ．

筆者らが北海道大学の理学部実験生物施設でアメリカザリガニを飼っているのは，もちろん観賞用ではなく，動物生理学の実験に使うためである．筆者らは，ザリガニの行動や感覚の神経機構の解析のための神経生理学実験を長年にわたって行ってきているが，本種は生理学のための実験動物としていくつかの長所をもっている．まず，神経活動の記録が非常に容易である．脳および腹髄を露出して個々のニューロンから細胞内記録を取ることがこれほど容易な実験動物はないだろう．また，生理実験のために体を固定した実験個体に，鋏脚を使った複雑な目標指向行動を行わせることができ，その行動遂行中の脳内活動を記録解析することも可能である．このような実験は昆虫や軟体動物では難しい．さらに，後述する飼育とも関係することだが，本種は，水から出した状態でも活発に多様な行動を示す（ウチダザリガニなどは水から出すと活動性・反応性の大部分を失ってしまう）．ザリガニの動物生理学実験における有用性については，山口の著書[5]に詳しく記述してある．

2. 飼育方法

　アメリカザリガニの飼育は，他のザリガニと比べると非常に容易である．他のザリガニ，とくにニホンザリガニが水温（すなわち溶存酸素量）に非常に敏感であるのに対して，アメリカザリガニは比較的高温でも飼育可能であるためである．ウチダザリガニは摩周湖や阿寒湖・釧路湿原などに分布することから，その飼育には低温条件が要求されると思われるが，実際には，夏季の室内水槽（水温約26℃）でもアメリカザリガニと同様に飼育することが可能であった．ただしウチダザリガニの場合は非浸水飼育は困難であった．また水質の変化に対する耐性もアメリカザリガニが最も高い．以下，アメリカザリガニの入手，飼育などについてまとめる．

ⓐ 入手方法

　自分で採集するか店で購入するかである．上述のように，本種は人間の生活圏に広く分布しており，都会であっても日常生活で目にすることもまれではない．日本国内の大部分の土地では，採集を思い立ちさえすれば，最長でも日帰りの行程で自らの手で収集できるであろう．採集は，浅い川や側溝・排水溝などであれば手で捕まえられるし，深い池や沼などでは釣って捕獲する．筆者自身

飼育スタート物品一覧

品　名	型　式	メーカー	参考価格
水槽	幅60 cm	指定なし	6,000～8,000 円
濾過装置	上部式 または	指定なし	6,000～8,000 円 （濾材込み）
	外部式	指定なし	8,000～10,000 円
ポンプ	エアストーン込み	指定なし	1,000～2,000 円
冷却装置	循環式	指定なし	40,000～100,000 円
	投込式	指定なし	150,000 円～

はアメリカザリガニを意図的に釣った経験はないが，一般にはスルメが餌として用いられるようである．カニ籠も利用できるかもしれない．捕ったザリガニはバケツあるいは同様の容器に入れて持ち帰る．その際，冷却・エアレーションは不要である．

店舗での購入については，特記すべきことはないが，遠距離輸送について一言．筆者らは，アメリカザリガニを東北地方および中国地方の動物業者から購入している．動物は段ボール箱あるいは発泡スチロール箱で梱包され，保冷剤とともに湿った古新聞やおがくずの中に入れられて冷蔵の宅配便で送られてくる．夏季でもこのやり方で100匹中数匹が死ぬ程度の率で輸送が可能である．

ⓑ 飼育環境

筆者らはアメリカザリガニを常時数十匹以上（多いときは100匹以上）飼育するため，左官用資材である複数のプラ舟（内寸概数：幅400×奥600×高140 mm）で飼育している（**写真2**）．1つのプラ舟には約20ないし30匹を入れる．この数は，全体数によって調節する．多すぎると喧嘩や共食いによる損失が大きい．室温の調節は行わないが，理学部実験生物施設1階のコンクリート床の水槽室は，直射日光が入らない部屋のため，気温の日較差はほとんどない．水は市水と大学構内での汲上げ水の混合水を用い，水深10 cm程度としている．ザリガニは明るい所を嫌うので，シェルター（隠れ場所）として，植木鉢のかけらを多数入れてある．これは喧嘩や共食いの防止にも役立つ．プラ舟はスチールラック3段に2列で並べられ，各プラ舟には，排水口を設けてある．上段のプラ舟の排水は中段の同列プラ舟を経て最下段同列から水槽室床の排水溝に入る．随時，最上段のプラ舟に通水して水を交換する．

上記でのポイントは，容器いっぱいに水を張らずに植木鉢片を入れることで，動物が必要に応じて水面から上に出ることができる状態にしてある点である．予期しない原因から水温が上がった場合，また，喧嘩や共食いあるいはその他の理由で水質が悪化した場合，動物は植木鉢片の上で，湿った鰓により空気中の酸素を十分量捕捉することができる．

オフィスでは60 cm幅の水槽に水をいっぱいに張って飼育する．ここでも水深を浅くして飼育することも可能であるが，沼沢地や河川など自然条件に近い状態での行動観察のため完全浸水条件としてある．この場合，水槽にはフィルター（濾過器）を付け，水を循環させてその濾剤をくぐらせることで水質を維持する．濾剤はペットショップで売っている熱帯魚用のものを用いる．フィルターは，上部式あるいは外部式を試したが，長期飼育には上部式を採用している．また，オフィスでは夏季になると室温が30℃を超えるため，何もしなければ水温も上がってしまう．そこで水槽用の循環型クーラーを用いるが，厳密な温度管理は必要ない．水温を一定に調節するのではなく，室温から数度低くする程度の循環型で低価格のもので十分である．投込み型クーラーの場合は，コイル部分を水中で動物から隔離して使用する．エアレーションには，市販の水槽用のポンプとエアストーンを用いる．底砂ないし砂利は，見た目にはあったほうがよいかもしれないが，飼育には影響しない．むしろ水質管理のうえでは，ないほうが楽である．したがって底面型フィルターは推奨できない．

以上の飼育条件が必ず必要であるか否かは不明である．これらの条件であれば，数カ月にわたって同一個体の維持が可能であるというのが筆者らの経験である．洗面器に水を入れただけの環境で

▶写真2 プラ舟での飼育風景
上段からの水が容器全体の水を交換して下段に排水される．動物は通常，植木鉢片の下や容器の隅の影の部分で休む．撮影のためフラッシュで明るいが，通常は日中でも薄暗い環境（12時間ずつの明暗周期）となっている．

▶写真3 プラスチック容器で飼育されるアメリカザリガニ
エアレーションも濾過も行っていない．底の砂利は滑らないように敷いたもので，飼育とは関係しないので，なくてもよい．

も，1, 2週間であれば難なくザリガニを生かし続けることは可能である（**写真3**）．要は，飼育環境に合わせて上述のポイントに留意することが大切であろう．

c 餌の調製

ペットショップでは，「ザリガニの餌」と名づけられたものが複数の会社から売られている．このなかにはいったん水に浮くものと，直ちに沈むものがある．水を水槽いっぱいに張った状態で飼育する場合は，後者のほうが何かと都合がよい（前者はクーラーや濾過器に吸い込まれたり，一部の水面に固まったりするのが短所である）．大量飼育しているプラ舟では，当初，ジャガイモを生で細かく切ったものとレバー片を与えていたが，今はジャガイモのみである．レバー片は共食いを防ぐつもりであった．頻度は餌の残り具合で判断する．餌，とくに生ジャガイモやレバーについては，残すと水質が悪化するので，夏季などは投与後一定時間で回収する．雑食性なので，これでなければならないというものはない．植物性のものを試してみるのもよいだろう．

d 繁殖と成長

雄と雌を一緒に入れておくと，交尾する可能性が高く，やがて雌は抱卵する．意図して計ったことはないが，室内で抱卵してから稚エビが孵化するまでに数週間かかるであろう．朝，飼育水槽を見てはじめて抱卵個体あるいは抱稚仔個体に気がつく，というのが実情である．抱卵雌個体は隔離

して通常の餌で飼育する．稚エビが親から離れて独立行動をするようになった段階で，稚エビを1匹ずつ隔離して共食いを防ぐ．餌は，たとえば市販の餌であれば，これを細かくしてやればよい．ザリガニは脱皮によって成長する．大きくなってからも，脱皮直後は体表クチクラが柔らかいので，共食いされる危険がある．成体でも，同一水槽で複数個体を飼育する場合は，毎日，この脱皮の有無を注意深く確認して，脱皮個体はいち早く隔離しなければならない．脱皮を人為的に制御することは容易ではないが，低温に保つことで，ある程度抑えることができるかもしれない．なお，脱皮殻は小さいうちは目につかず気にもならないが，ある程度以上大きくなると捨ててしまいたくなる．だが，脱皮個体はこれを食して栄養を取るので，しばらくはそのままにしておいたほうがよいだろう．成長して頭胸甲長が3cm程度となると成熟個体として交尾が可能になる[4]．

3. おわりに

アメリカザリガニは日本国内で非常に身近な生き物の一種であり，その飼育方法についても多数の文献が出版されている．また，ペットショップに置いてある有償無償の冊子類でも詳しく説明されている．さらにインターネットで「ザリガニの飼育」を検索すれば，多くの体験談や蘊蓄が現れる．本稿およびこれらで飼育の概略を知ったうえで，目的や状況に合わせて自分なりに工夫するのもよいだろう．なお，この動物はちょっとでも隙があると脱走する．蓋をするなり，壁を工夫するなり，注意が必要である．脱走個体は，部屋の中で暗い隙間を捜索すると発見できるかもしれない．本種は水がなくても1日程度は生きている．

飼育に必要な物品として、代表例を一覧に記した．注意点を列挙すると，

（1）水槽の例として60cmのものを挙げたが，もっと小さいものでも飼育可能である．

（2）ペットショップでは水槽セットとして，水槽，濾剤，濾過装置，エアポンプなど一式にしたものを売っていて低価格となっているが，熱帯魚用なので，照明装置やヒーターなど不要なものも含む．アメリカザリガニ飼育のためには単品で買い集めたほうが無駄がない．

（3）室温が上がる室内環境でも，水をこまめに交換するならば，冷却装置は必要ない．ただし業務用でかつ特定個体を長期間にわたって飼育する必要がある場合は，冷却装置による温度制御が望ましい．

4. 参考文献

1) 上田常一（1961）『日本淡水エビ類の研究』，園山書店．
2) 川井唯史（2010）『博物学，ザリガニの生物学』（川井唯史・高畑雅一編），第I部，pp.3-62，北海道大学出版会．
3) 蛭田真一（1986）北海道の大型ザリガニ，採集と飼育，**48**, 241-244．
4) 中田和義（2010）『生理・生態，ザリガニの生物学』（川井唯史・高畑雅一編），第III部，pp.343-396，北海道大学出版会．
5) 山口恒夫（2000）『ザリガニはなぜハサミをふるうのか』，中央公論社．

コラム 9

ザリガニと平衡感覚の実験

高畑雅一

　平衡感覚は，体のバランスを取って正しい姿勢を保持するために重要な感覚である．ザリガニを含む節足動物門甲殻亜門十脚目の動物は，軟体動物頭足類オウム貝亜綱，鞘形亜綱（イカ，タコの仲間）の動物とともに，無脊椎動物のなかでは最も精緻な平衡感覚器（平衡胞とよばれる）を発達させている．同じ十脚目でも，ザリガニの平衡胞は脊椎動物の耳石器官（平衡嚢）型で重力方向を検知するのに対し，カニでは半規管型で体の回転運動の加速度を検知する．宇宙のような無重力空間では，ザリガニ型の平衡感覚器は役に立たない．あくまで地球上での生存のために進化したものなのである．なお，自然状態（地上）での姿勢制御は，ザリガニにおいても脊椎動物においても，平衡感覚のみならず視覚や自己受容覚（関節角や筋肉長など）の情報の統合に基づく．

　ザリガニは日本国内でも非常に身近な生き物なので，これを使って平衡感覚の実験が簡単に行える．実験に必要な器具は，動物を保持するための金属棒（直径 1 cm，長さ 10〜20 cm 程度）とこれを回転した位置で止めるためのスタンドとクランプ，そして計測のための分度器だけである．ザリガニの背部にナットを瞬間接着剤で貼り付け，保持棒に付けたネジでザリガニを保持棒に取り付ける．動物体が水平な位置で保持棒をクランプに留める．このとき，正面からザリガニを見ると，眼柄や脚，尾扇肢などが左右対称になっていることを分度器で確認する．動物体を左右，あるいは，前後に回転すると，眼柄はどのような姿勢を取るだろうか？（**図1**参照）ザリガニが活発に腹部を伸ばしたり，曲

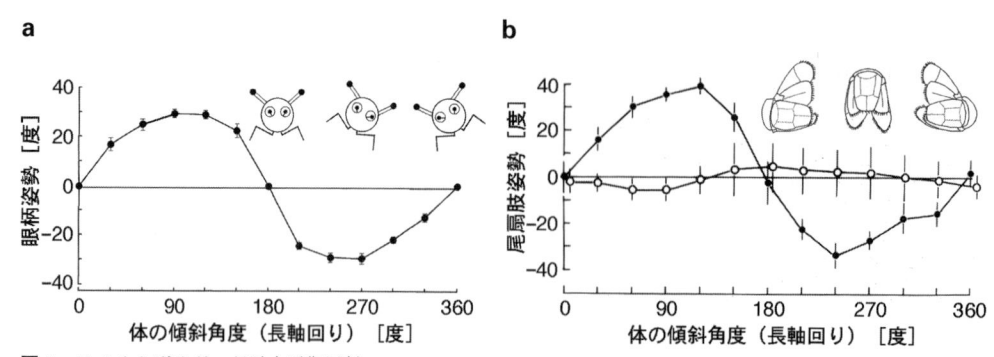

図1 アメリカザリガニが示す平衡反射
体長軸に沿って体を傾けたときの眼柄（a）および尾扇肢（b）の反射姿勢を示す．いずれも，縦軸は左右の眼柄ないし尾扇肢がつくる角度の二等分線と対称中心線とがなす角度，横軸は体傾斜角度である．（b）の黒丸は左右の平衡胞が正常な場合，白丸は左右の平衡石を除去した場合の測定結果．（文献1）より）

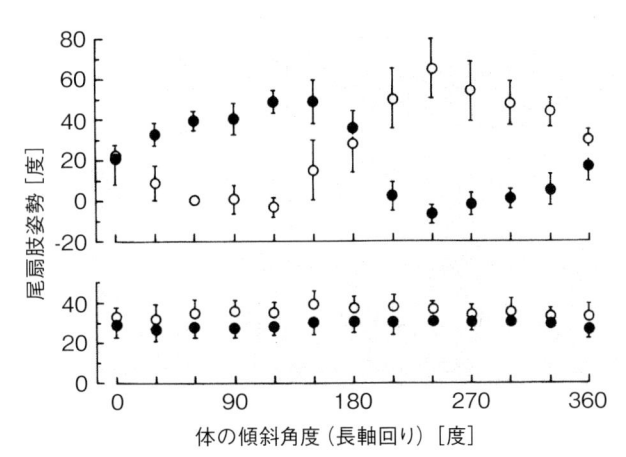

図2 動物の活動状態によって異なる平衡反射
ザリガニが活発に腹部を伸展させているときに体が傾くと、尾扇肢は平衡反射を示す（上段）が、静止しているときには、同じように体が傾いても平衡反射は観察されない．黒丸は右、白丸は左の尾扇肢の動きを表す．（文献2）より）

げたりしているときに体が傾くと，尾扇肢はどのような動きをするだろうか？ 体が傾いたときに眼柄や尾扇肢が示す反応（**図2参照**）は，平衡反射とよばれ，視野を一定に保ったり元の姿勢を回復したりするはたらきをする．

尾扇肢の平衡反射は舵取り反応ともよばれるが，同じザリガニで同じような平衡感覚器をもっているにもかかわらず，アメリカザリガニでは，下がった側の尾扇肢が閉じ，上がった側が開くのに対し，ニホンザリガニやアメリカウミザリガニでは正反対の方向に尾扇肢が動く．その理由は不明である．舵取り反応が姿勢の回復や維持に実質的な機能を果たしていないのであれば，どちらの方向に舵取り反応が発現しても不思議ではない．しかし，何らかの機能を果たしているのであれば，この違いはそれぞれの動物の生存環境における行動・生態と密接に関係していると考えなければならない．実際，平衡胞を実験的に無能化すると，舵取り反応が起こらないので姿勢制御ができず，そのため，逃避反射（尾部の急速な屈曲）に続く遊泳の後の着地がうまくいかないという報告がある．同一刺激がどのようなしくみで反対方向の舵取り反応をひき起こすか，という問題の解決には神経生理学的解析が必要であるが，なぜ反対方向なのかを理解するためには，生息環境での生態学的な調査が必要となろう．

● 参考文献

1) Yoshino, M., Takahata, M. and Hisada, M. (1980) Statocyst control of the uropod movement in response to body rolling in crayfish. *J. Comp. Physiol.*, **139**, 243-250.
2) Takahata, M., Yoshino, M. and Hisada, M. (1981) The association of uropod steering with postural movement of the abdomen in crayfish. *J. Exp. Biol.*, **92**, 341-345.

ヤドカリ

黒川 信

1. はじめに

　ヤドカリはその名のとおり，巻貝の殻などを宿として持ち運びながら生活しているきわめてユニークな動物である．成長に伴って自分の大きさに適う新しい殻をみつけ，時には先住者を追い出し素早く引越をする方法などはヤドカリならではの興味深い行動として知られている．繁殖期になると，大きい個体が小さい個体を鋏ではさんで常に持ち続けているのが観察される．これは雄が交尾相手を確保する目的で行うガーディングとよばれる行動である（**写真1**）．また，ある種のヤドカリは，殻に付着させたイソギンチャクと共生しており，引越のときにはイソギンチャクも巧みに移動させる．一言でヤドカリといっても，潮間帯の岩礁や転石の下などに棲み，干潮時に容易にみられるものから，浅海から深海に生息するもの，小笠原などに分布する天然記念物のオカヤドカリのように陸上生活をするものもいる．飼育にあたってはそれぞれの生息環境に合わせて条件を整える必要があるが，ここでは筆者らが神経生理学の研究に用いてきたホンドオニヤドカリ（*Aniculus miyakei*，**写真2**）やイシダタミヤドカリ（*Dardanus crassimanus*，**写真3**）など海中生活を送るものについて述べる．

　ヤドカリの柔らかい腹部は普段は殻の中に入っており，頭胸部だけを出して移動や摂餌をする．振動や影の動きなどで危険を感じると素早く殻の中に引っ込み，大きな鋏脚で入り口をガードする

▶**写真1** クロシマホンヤドカリ（*Pagurus nigrivittatus*）の交尾前ガーディング行動

▶写真2　ホンドオニヤドカリ　　　　　　　▶写真3　イシダタミヤドカリ
　　　　　（カラー写真は口絵9参照）

防御反射は，どこに暮らすヤドカリにも共通にみられる．しかし，海中に棲むヤドカリでは身を守るためにもう一つ大きな反応が起こっている．それは，心臓を10秒以上にわたって止めることである．心拍に伴って発生する電気的な変化は電気伝導性の良い海水を通して体表から洩れ，周囲に伝播している．海中にはサメのように電気受容器を使って他の動物から洩れ伝わってくる心電図を感知しながら餌を探索している動物がいる．海中生活を送るヤドカリの仲間には，魚などの影がよぎると身を忍ばせるだけでなく，心臓まで止め，息をひそめて危険をやりすごしているものがいるのだ．状況に応じて心拍を速くしたり遅くしたりするのは，われわれ人間だけでなく，心臓をもつすべての動物が生きていくために必ず行っていることであり，脳神経系のはたらきの一つである．これらのヤドカリを研究することで心臓調節機構の原理を明らかにすることができる．

2. 飼育方法

a 入手・運搬方法

　ホンドオニヤドカリやイシダタミヤドカリ（以下これらをヤドカリとよぶ）は大型のヤドカリで，大きなサザエやボウシュウボラ，ウズラガイの仲間など生息地にある貝殻に入っている．イセエビ漁のエビ網にかかったものがイシダイの釣り餌として販売されていたり，最近ではペットショップでも取り扱われているようなので，店を探して購入することができるだろう．また，シュノーケリ

飼育スタート物品一覧

品　名	型　式	メーカー	参考価格
クーラー	AZ151X	レイシー	136,500 円
フィルター	RF120	レイシー	42,000 円
水槽	NS-19ML	ニッソー	42,000 円
エアポンプ	NPS-004	ニッソー	3,000 円
濾材	NOU-273	ニッソー	1,050 円
人工海水	マリンソルトプロ	テトラ	1,800 円

ングで数メートルでも海に潜ることができるのであれば自ら採取することも可能だが，その場合は地元の漁業協同組合などに所定の許可を得ておくことが必要である．ヤドカリは岩の割れ目や石の間などに入り込んでいることが多いので，「磯がね」のような先が曲がった道具がないとなかなかうまく獲れない．逆に岩の上に乗っていて，すぐに獲れそうな貝は本物のサザエなどであったりする場合が多い．当然のことながら密漁になるのでヤドカリであることをきちんと確かめて獲る必要がある．

　ヤドカリは手に持つなどすると興奮して，殻の中に引っ込んだかと思うと，突然，殻から抜け出して逃げようともするので，採集ネットに入れた後も注意をする．2匹以上いるなら殻と殻を密着させるなどして殻の出口を塞いでおくとよい．鋏は非常に強く挟まれると危険なので，直接素手で押さえてはいけない．軍手などをしていても鋏ではさまれるとなかなか放さず，無理にとろうとすると鋏脚ごととれてしまうので注意する必要がある．

　運搬の際は，半日以内であるなら海水から出して動かないようしたはうがよいだろう．発泡スチロールの箱などに海水で十分に湿らせた新聞紙を敷きその上に殻口を下にして置き，転がったり動かないようにヤドカリの間にも濡らした新聞紙を詰める．さらにその上に海藻や新聞紙を軽く置き，湿度が保たれるようにする．輸送中の温度は，10℃程度に保つように氷冷パックなどで調整する．

ⓑ 飼育環境

　ヤドカリは非常に刺激に敏感である一方，環境に慣れてくると1匹ずつ餌を受け取るほどに慣れる動物だ．すぐに実験に用いるにしろ，長期間飼育をするにしろ，できるだけ環境を整えて新しい環境に慣らすことはどのような実験に用いるとしても重要である．

　濾過装置，温度調節器およびエアレーションがついた海水専用の水槽があればそれに越したことはない．ただし，別の小動物と一緒に飼育した場合，ヤドカリは雑食性であるので捕食することもある．短期間であるならプラスチックの水槽，あるいはバケツなどの容器でも海水10Lあたり数匹程度を目安に飼育可能である．その場合もエアレーションだけは必須である．海水は，自然海水か人工海水を用意する．海水を常時水槽の容量分程度，別に保持しておくと急に換水が必要になったときに慌てなくてすむ．エアレーションチューブ先端のエアストンを鋏で挟んで外してしまうので，それを届かない位置に置くなどしておくとよい．

　水温は15〜20℃ぐらいがよい．したがって，温度調節器がない場合，夏はクーラーの効いたできるだけ涼しいところに置く必要がある．水槽の底には小石を敷き，大きめの石や素焼きの植木鉢，塩ビパイプを10cm程度に切ったものなど，ヤドカリが身を隠せるようなものを入れておく．交尾や脱皮するときは，いったん殻から出て無防備な状態になる．そのようなときのためにも隠れる場所は重要だ．そのほかに水槽に入れるものとして忘れてはならないものが「貝殻」である．ヤドカリは，成長に伴って貝殻をより大きなものに交換する．適当な空いている貝殻がないときは，別の個体を追い出して奪うこともするので，引越用の貝殻をあらかじめ水槽に入れておくことは重要である．

　研究室では海水の水質管理のために，塩分濃度（比重）やpH（水素イオン濃度）を定期的に測定し，必要に応じて淡水を足したり，重曹でpHを調整したりしている．しかし，水質環境の悪化

は動物の様子の変化としてすぐ現れるものである．海水の濁り具合や臭いと動物が元気かどうかを毎日きちんと見ていればほぼ十分である．海水の濁りや臭いの原因の多くは，下記に触れるように餌の入れすぎや食べ残しが腐敗したり，動物が死んでいるのに気がつかないで入れたままになっていることである．ヤドカリの場合，殻に入ったままで死んでいるときはなかなか気がつかないということになりかねない．飼っている動物1匹1匹の状態をきちんと把握しておくことはきわめて大切なことである．水が濁るようなら，その原因を見つけて取り除くとともに，海水を新しいものに半分程度交換して様子を見る．濾過装置付きの水槽の場合は，多少海水が濁っても，原因が除去されているなら1日もすれば透明に回復してくる．

ⓒ 餌

　水生動物の餌やりで大切なことは，食べ残しがないように適量を定期的に与え，食べ残しがあるようなら，早めに回収することである．これは水をできるだけ汚さず，環境を悪くしないために重要なことである．餌の残りがあるということは，与えすぎているということであり，与える量を減らす必要がある．ヤドカリは雑食性で，魚や甲殻類，貝類，海藻などを広く食べる．与える餌を選ぶにあたっては「海水を汚さない」ことを優先すべきであり，よく食べるからといって脂っこいものや，くずれやすいものは避けたほうがよい．研究室で飼育しているヤドカリには白身魚や，イカ，エビのむき身，竹輪などを小さく切ったものや，シラス干しなどを与えており，植物ではワカメなどのほかレタスなども与えるとよく食べる．慣れてくるとピンセットなどで挟んだ餌を個体ごとに直接与えることもできる．餌は基本的に毎日与えるが，アサリなどの貝類を生きたまま入れておくと鋏で割って食べている．餌が少ないと共食いをすることもあるので，動物の様子を見ながら適量を見いだし与えることが重要だが，貝を何個か入れておくと，その減りぐあいで空腹の具合もわかって都合がよい．

3. おわりに

　刺激に敏感に反応するヤドカリも他の多くの動物と同様，永く飼育していると次第に慣れ，餌にもよく反応するようになる．それでも，手をかざして影を動かすなどの刺激に対して瞬間的に身体を引き込める陰影反射は決してなくならず，そのたびに心臓も停止させていると考えられる．エビなどの甲殻類では，捕食者や敵から自身を防衛するために，腹部の早い屈曲と伸張を繰り返して逃避行動を示すが，そのときは急激な筋運動を支えるために心拍を上昇させている．同じ甲殻類でありながら，腹部の甲羅を捨て，代わりに背負った貝殻の中に身を素早く潜めることで捕食者から身を守るという独特の防衛手段を身につけたヤドカリの場合は，逆に心臓を止めることでより効果的に身を守っている．行動というとまずは目に見える身体の動きに注目することになるが，そればかりでなく身体の中でその行動を支えるための多様な反応も脳神経系のはたらきによって作り出されている．

写真はいずれも，伊豆大島グローバルスポーツクラブの有馬啓人氏提供のものである．

テナガエビ

嬉 正勝

1. はじめに

　テナガエビ（*Macrobrachium nipponense*，**写真1**）はテナガエビ科テナガエビ属のエビで，本州や九州の河川や汽水域に比較的普通に生息している．ザリガニは第1歩脚が大きく発達しているのに比べて，本種は第2歩脚が発達するのが特徴である．鋏は多くの長い毛で覆われ，胸部側面には3本の線が入る．日本にはミナミテナガエビやヒラテテナガエビなど数種が生息しているが，「テナガエビ」はこれらを総称してよばれる場合も多い．基本的に幼体は稚エビになるまで海や汽水域で成長した後，川をのぼる．このような生活様式を両側回遊型という．しかし近年はダムなどで陸封され，一生淡水で生活する場合も多いようである．生態学分野での研究報告は見るが，本種を用いた生理学的・行動学的実験についてはほとんど目にすることはなく，実験動物としてはあまり用いられていないようである．飼育はいたって簡単であり，ポイントさえ押さえれば誰でも飼育可能である．

▶写真1　テナガエビ

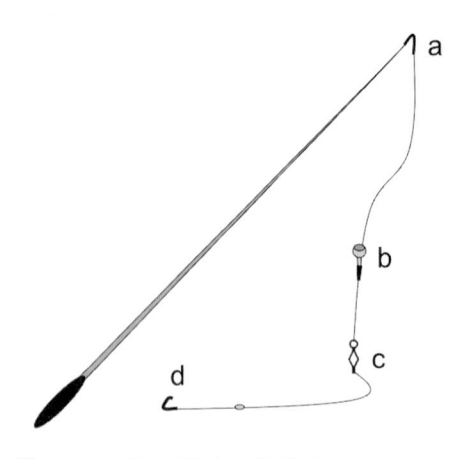

▶図1　テナガエビ釣りの仕掛け
筆者はチヌ竿の穂先を用い，手元に握り糸を巻いている．陸からどのぐらいポイントが離れているかによって竿の長さは調節するとよい．a：リリアン，b：玉ウキおよびウキ止めゴム，c：ハリス止め，d：針．針の上に噛み潰しの重りを付けると仕掛けが安定しやすい．

2. 飼育方法

a 入手方法

　本州や九州では，身近な河川に生息しているので，底石をそっとめくってみると見つけることができる．足で慎重にタモ網などに追い込めば捕獲可能である．また，春から秋にかけては陸から釣り上げることができる．仕掛けは**図1**のとおりで，とてもシンプルである．針は釣り具屋で，テナガエビ用（2～3号）またはハヤやワカサギ釣り用の小さなハリス付き針を購入するとよい．餌はアカムシやミミズを切って用いる．この際，数 mm の大きさに小さく切るとよい．大きいままだと，釣り上げるときに針がテナガエビの口に掛かりにくく釣り損ねる原因となる．また，ウキは淡水魚用の極小の玉ウキを用いるとエビの当たりが見やすくてよい．コツは，餌をやや着底させる程度に這わすと，ウキに反応が出やすく獲り損ねが少ない．夜行性で昼間は底石の下や壁際に潜んでいることが多いが，そこに静かに餌を送り込んでやると，日中でも問題なく釣れる．最近は，大きい個体になると1匹 2,000 円程度の高額で売っている熱帯魚屋もある．

b 餌

　アカムシやイトミミズ，沈降性人工餌など，比較的何でも食べる．筆者らは沈降性の人工飼料やフリーズドライのイトミミズを1日1回食べ残さない程度に与えている．イトミミズの乾燥餌を与える際には，浮き上がらないよう重りを付けたり，底石などの下に挟み入れておくと確実に摂餌することができる．また，生きたミミズを2～3片に切って与えることもある．供給可能であれば，生き餌のほうが食いはよいようである．

c 飼育環境

(1) 水槽のセッティング

　水槽の大きさは，通常の 45～60 cm 水槽で十分である．水槽の底に砂利を敷き，隠れ家として，大きな石や流木を入れる（**図2**）．通常，日中は物陰に隠れているため，隠れ家は必須である．飼育水は，数日間汲みおいた水やハイポなどでカルキを十分に抜いたものを用いる．水位は水槽いっぱいにする必要はなく，濾過法にもよるが，投入れ式のフィルター付きエアレーションを用いると，

飼育スタート物品一覧

品　名	型　式	メーカー	参考価格
水槽			
フィルター付きエアレーション	ロカボーイ M（RM-1）	GEX	840 円
ポンプ	e～AIR 2000SB	GEX	1,974 円
砂利，石			
エアーストーン			500 円程度

水槽の半分程度でよい．水換えは1〜2カ月に一度，水槽の1/3〜1/2量の水を交換する．水温の過上昇に弱いため，水槽は直射日光を避け，比較的涼しい場所に設置したほうがよい．

（2）飼育個体数

テナガエビは縄張り意識が強く，多数の個体を同一水槽で同時飼育するのはとても困難である．数匹でスタートしても結局1個体だけ生き残ってしまう．よって，多個体飼育はお勧めできないが，テナガエビが入れる太さの塩ビ管を短く切ったものを水槽に複数入れておくと（**写真2**），棲み分けをし，比較的長期間多個体飼育することが可能である．

ⓓ 継代飼育

多個体飼育において雌が抱卵した場合，別の産卵用ケースに隔離し，放卵させる必要がある．親と一緒に飼うと，見事に親に捕食されてしまう．産卵用ケースは，小さめのプラスチック容器などでよく，エアーストーンのみの投込み式エアレーションを行う．この際，親が容器から跳ね出ないよう，蓋をしておくほうがよい．放卵後は親のみ元の水槽に戻し，幼体のみで飼育するのがよい．この際，あまり水流が激しいとすぐに幼体が弱ってしまうので，チューブに孔を開けるなりしてエアレーションの強度をごく弱くしておく必要がある．石などの障害物を入れて水流の陰を人工的に造るのもひとつの手段である．筆者は，幼体の餌にはアルテミア幼生を与えている．人工海水にアルテミアの卵を入れ，2〜3日置くとアルテミア幼生が孵化する．発生したアルテミア幼生をスポイトで吸い取り，折り目をつけた濾紙（ティッシュペーパーでもよい）に流して海水をきる．その上から真水を流してアルテミア幼生を洗い，適当量をテナガエビ幼体に与える．

テナガエビは，前述したように採集場所によって両側回遊型を維持している場所と陸封されている場所がある．これが幼体を成体に育て上げるためのネックとなっているようで，実は現在筆者も成体まで育てきれていない．陸封されている場所で採集したテナガエビは幼体も淡水で飼育可能なようだが，両側回遊型を維持している場所で採集したものは，幼体期は汽水の塩分濃度で育てなければならないようである．

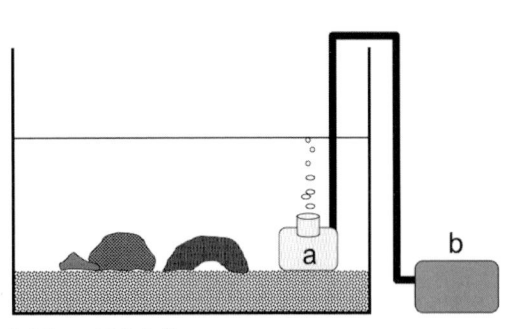

▶図2 飼育水槽
底面には砂利を敷き，石などの隠れ家をレイアウトする．a：フィルター式エアレーション，b：ポンプ．

▶写真2 飼育の様子
棲み分け用に直径5 cm，長さ20 cm程度の塩ビ管を入れている．

3. おわりに

　テナガエビの採集自体，筆者自身数年前まで行ったことはなかった．とある自然研究会で知り合った方々に連れられ，観察会でテナガエビ釣りを行ったのがきっかけであった．筆者は，おもに有明海に流れ込む支流にて採集している．よって，川底に泥が堆積し，水は常に濁っている．その見えない水底に潜むテナガエビをイメージし，ウキの動きで餌の状態やテナガエビの動きを見極め，頃合いを計って釣り上げる．これが太公望である筆者の心を惹き付けてしまった．基本さえ理解できれば初心者でも釣果が上がるので，「釣りとはなにか」を体験させるよい教材として活用できるのではないだろうか．釣り上げたテナガエビは唐揚げにすると，香ばしく殻までとてもおいしく食べることができる．エビを揚げる際，体の表面の水を神経質に拭き取らなくても，からあげ粉などの粉をよくまぶして揚げると，油飛びが抑えられるのでお勧めである．

　テナガエビはとても身近な生き物のひとつであるが，昼間は物陰に隠れているために一般的な認識は薄いようである．実際に飼育してみると，物々しい外骨格や鋏で武装しているが，実は結構気弱でチャーミングな面が見えてくる．ぜひ，飼育を通して新しい行動の発見などに繋げてみてはいかがだろうか．

クルマエビ

水藤勝喜・田中浩輔

1. はじめに

　クルマエビ（*Marsupenaeus japonicus*，**写真1**）は，体長30 cmに達する大型のエビ類で，節足動物門甲殻綱十脚目クルマエビ科に属する．インド・西太平洋域に広く分布する暖海性の本種は，成長が速く美味であるうえに体表の縞模様が美しいことから，その市場価値はきわめて高く，古くから増養殖に関する研究が盛んに行われてきた．このうち1942（昭和17）年，藤永によって達成された，クルマエビの完全飼育[1]は今日に至るクルマエビ類増養殖の基盤となっている．現在，わが国では，クルマエビ養殖の生産量が年間2,000 t前後の水準にあり，これ以外に沿岸資源の維持・増大を目的とした放流用に年間約1億5,000万尾の稚エビが飼育されている．このようにクルマエビの飼育技術は，すでに比較的高い水準にあるが，繁殖生理や内分泌機構などに現在も未解明な点が多く，分子生物学的手法を用いた研究が進められている．

　事業規模のクルマエビ飼育は，専用の大型施設（**写真2a**）や養殖池（**写真2b**）で実施されているが，ここでは，実験室レベルの簡易な施設で汎用的な器具を用いた飼育方法を紹介する．

2. 飼育方法

　クルマエビの生態は，卵と幼生の浮遊期と体長8 mm前後まで成長して着底した後の底生期に

▶**写真1**　クルマエビ成体
孵化後1年8カ月．

▶写真2　クルマエビの養殖
（a）クルマエビ種苗生産水槽（愛知県栽培漁業センター）．珪藻を繁殖させた 200 m³ 水槽でゾエア期幼生を飼育中．
（b）クルマエビ養殖場（株式会社エポック石垣島，クルマエビ養殖場）．

大別される．両者の飼育方法は大きく異なることから，ここでは浮遊期と底生期に分けて記述する．なお，以下に述べる飼育方法は，近縁種であるウシエビ（*Penaeus monodon*）やヨシエビ（*Metapenaeus ensis*）についても同様である．

ⓐ 浮遊期（卵～ポストラーバ初期）の飼育方法
（1）母エビの入手から孵化幼生の採取

太平洋沿岸でクルマエビの産卵が盛期となる5月から8月には，漁港に隣接する産地市場で活かして取り扱われている比較的大型の個体を，蛍光灯あるいは太陽にかざして観察すると，成熟卵をもった雌エビ（以下，母エビ）を見つけることができる（**写真3a**）．これらの母エビは，すでに

飼育スタート物品一覧

品　名	型　式	メーカー	参考価格
100 L ポリエチレンタンク	SPE-100	サミット樹脂工業（株）	8,000 円
30 L ポリカーボネートタンク	SPS-30	サミット樹脂工業（株）	6,000 円
トーマ血球計算盤		（有）サンリード硝子	28,500 円
フックスローゼンタール計数板		（有）サンリード硝子	35,000 円
パン酵母		カネカ（株）	400 円（1 kg）
クルマエビ用微粒子配合飼料	PG1	（株）USC	8,000 円（500 g）
アルテミア卵		マリンテック（株）	7,000 円（1 kg）
クルマエビ配合飼料	バイタルプローン	（株）ヒガシマル	1,100 円（1 kg）
恒温器	TAITEC THERMO MINDER SM-05N	TAITEC（株）	88,000 円

海で雄エビから精子を受け取っており，産卵の際に受精できるため，雄エビを入手しなくても孵化幼生は採取できる．母エビ数尾を，水温25℃程度の海水を入れた100～300 L程度の水槽に収容してエアレーションし，明かりを消して一晩おくと翌朝までに産卵する個体がある．産卵しない場合には，片方の眼柄を切り落とし，さらに一晩おくと産卵することもあるが，この眼柄処理はダメージが大きく，死亡する個体も多い．

産卵（直径0.25 mm程度の卵）が確認されたら，ただちに母エビを取り除く．エアレーションを止めると卵は数分で水槽底に沈むため，5 mL程度の駒込ピペットや4 mm径のエアーホースによるサイフォンで容易に採取できる．

採取した卵は，海水を入れたガラスビーカーへ重ならない程度に収容し，止水で24℃程度の水温におくと，およそ15時間でノープリウス幼生（**写真4a**）が孵化する．このビーカーの上面以外を遮光すると，走性によって幼生が水面近くに集まる．高密度に集まった幼生のみをピペットなどで吸い取り，飼育水槽に移すことで，疾病の原因となる不活個体，未孵化卵，卵膜などの混入を防ぐことができる．なお，体重50 gの母エビは，約30万粒の卵を産卵し[2]，通常の孵化率は50～70％程度である[3]．また，孵化幼生の飼育密度は，飼育水1 Lあたり50～100尾程度が望ましいので，あらかじめ幼生飼育に用いる水槽の大きさに応じて必要な卵や幼生を見積もって採取すれば効率的である．

(2) 浮遊期幼生の飼育

ここでは，汎用的な30 Lのポリカーボネート製の水槽を用いたクルマエビ幼生の飼育方法を紹介する（**写真5**）．飼育水は，ネル生地やポアサイズ10 μm程度のフィルターで濾過した海水が望ましい．この海水を水槽容量の半量，すなわち15 Lを入れ，水槽の中心部にエアーストーン

▶写真3　雌クルマエビ
(a) 成熟した母エビ．懐中電灯で腹部を照らすと背部に成熟卵巣が黒く観察される．
(b) 未成熟のクルマエビ．卵巣の影が見えない．

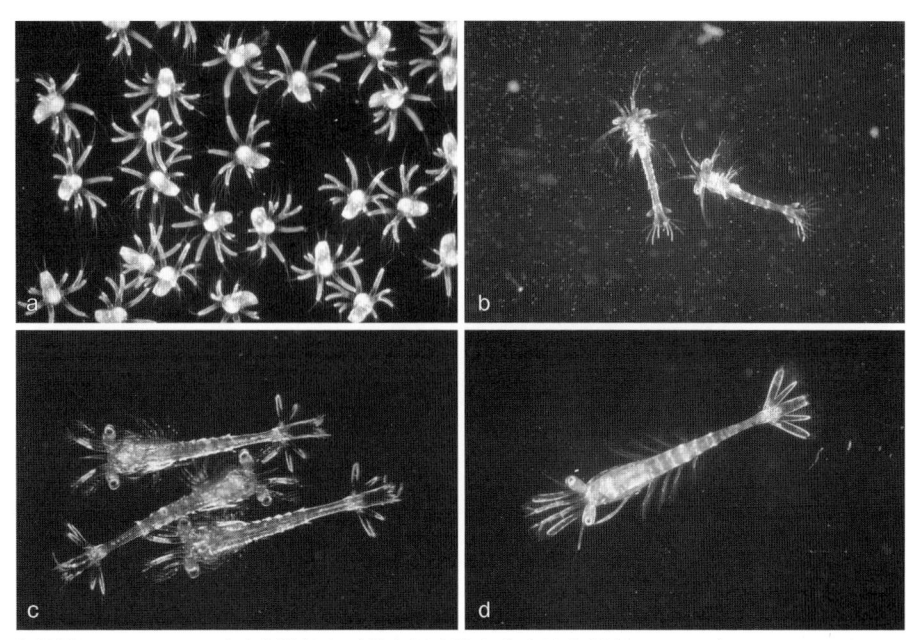

▶写真4　クルマエビ浮遊期幼生（独立行政法人水産総合研究センター）
(a) ノープリウス期幼生，(b) ゾエア期幼生，(c) ミシス期幼生，(d) ポストラーバ初期幼生．

（5 cmϕ）1個を設置する．この飼育で溶存酸素が不足することはないため，通気は，幼生が偏在しない範囲で極力弱いほうがよい．弱い通気で効率よく撹拌できるエアーストーンの配置は，水深とストーン直上から水槽壁までの距離を等しくすればよい．たとえば60 cm幅の角形水槽であれば中央に奥行きと同じ長さのストーンを縦方向に置き，水深を30 cmとする．

採取した孵化幼生は，一部をサンプリングして計数し，前述の飼育密度になるように収容する（飼育開始時の水量が15 Lであれば1,000尾前後）．飼育水温は，22～28℃の範囲で，水温は高いほどステージの進行が速い．飼育水槽は，常時，明るい室内，あるいは自然光が利用できる窓際に設置して，ゾエアの期間中に餌料として与える珪藻の生理状態を良好に保つ必要がある．また，浮遊期幼生の飼育では，少なくともポストラーバに変態するまで飼育水の交換は不要であり，この飼育水槽であれば1日に1 L程度の海水を追加すればよい．

ノープリウス幼生は，体内にある卵黄をエネルギーとして成長するため給餌は不要であるが，孵化後40時間程度（24℃）でゾエア幼生（**写真4b**）に変態すると摂餌を開始する．このときの餌料は，*Chaetoceros* sp. や *Skeletonema costatum* などの珪藻類が最適であり，幼生の採取にあわせてあらかじめ培養しておく必要がある．珪藻類の培養方法については，藻類研究法[4]をはじめ，多くの書籍に詳述されているので，参考にされたい．

ゾエア期における珪藻の給餌密度は，飼育水1 mLあたり3万～10万細胞であり，培養珪藻はトーマ血球算定盤，これよりも密度の低い飼育水の珪藻はフックスローゼンタール算定盤で細胞数を測定し，飼育水中の細胞数を過不足なく保つ必要がある．珪藻が準備できない場合には，若干，餌料価値は劣るが市販のパン酵母でも代用できる．酵母の給餌は，珪藻と同様の密度を生酵母1 g

▶写真5 ポリカーボネート製水槽（30 L）での幼生飼育

あたり150億細胞で計算し，コップなどを使って完全に溶かして給餌する．また，近年では，珪藻と同等の餌料価値を備えた微粒子配合飼料が開発され（例：ソルトクリーク社製，プログレッション），事業規模の幼生飼育で使用されている．これらは比較的高価であるが，品質は安定しており長期保存できるので便利である．

ゾエア幼生を6日間程度（24℃）飼育すると，ミシス幼生（**写真4c**）に変態する．ミシス期になると動物食性となり，アルテミアのノープリウス幼生と市販の配合飼料（例：株式会社ヒガシマル社製，バイタルプローン）を給餌する．前者は，おもなエネルギー源ではなく，個体干渉すなわち共食いを防止する目的で飼育水1Lあたり1日300〜500個体を給餌する．この時期から主要な餌となる配合飼料の給餌は，包装などに記載されたメーカーのマニュアルに従い，成長や飼育尾数に応じて粒径，給餌量，給餌回数を決定する．

ミシス幼生を4日間程度（24℃）飼育すると成体とほぼ同じ形態を備えたポストラーバ（**写真4d**）に変態する．前述したように毎日1L程度の海水を追加しながら飼育すると，このステージで飼育水槽はおおむね満水となる．またこの時期から，給餌量や排泄量が増加するので，1日に1〜3割程度の飼育水を交換する必要がある．

なお，各ステージにおける幼生の形態は，『動物発生段階図譜』[5]に詳述されているので参考にされたい．

ⓑ 底生期（稚エビ〜成体）の飼育方法

クルマエビは，環境を整えれば寿命とされる2年以上の長期にわたる飼育も可能であるが，ここでは，簡易な施設で稚エビから成体のクルマエビを，実験材料として健全な状態で飼育する方法を紹介する．

自然界で底生期に達した稚エビは，中央粒径0.5〜1.0 mm程度の砂で形成された干潟に着底し，昼間は砂に潜り，夜間に這い出て索餌などの行動をとる．このため，底生期の飼育には，砂底が必要不可欠と考えがちであるが，数カ月間程度の飼育では，必ずしも砂底は必要ではない．むしろ砂を敷くと残餌や糞などの除去が困難となるうえに，日中は観察ができず，残存尾数や健全性の確認

も困難となる．このため，長期間あるいは越冬させて通年飼育する場合を除き，ガラスやプラスチックなど滑らかな底面の水槽に適正な密度の稚エビを収容したほうがよい．浮遊期の飼育は，水槽を立体的に利用できるのに対して，底生期では水槽底しか利用できない．また，この時期になると口器や歩脚が発達して共食いなどの個体干渉が起きることから，着底性を示すと同時に飼育密度を大幅に下げなければならない．たとえば，前述した浮遊期の飼育水槽をそのまま使うのであれば，いったん撹拌を止めて幼生を水槽底にまんべんなく着底させ，この際，浮遊している個体を過剰とみなして取り除く．以後も，成長に伴って飼育密度を減らす必要があり，その目安となるのが，個体干渉によって起きる歩脚の障害である．歩脚の多くが付け根から欠損しているような重篤な歩脚障害が観察されるようであれば，明らかに過密であり，直ちに密度調整が必要である[6]．このように底生期の飼育数は，水槽の底面積によって制限されるため，浅く広い水槽のほうが効率的に飼育できる．

　稚エビおよび成体エビは，アサリのむき身やゴカイ類などに強い嗜好性を示すが，前者は水質が悪化し，後者は入手，保存が困難な点を考慮すれば，養殖用の配合飼料が便利である．ただし，漁獲された直後の天然個体は，配合飼料を食べないことから，最初に嗜好性の高い餌を与え，徐々に配合飼料へ馴らす必要がある．

　稚エビや成体エビの飼育では，採取した海水のほかに市販の人工海水も使用することができる．水温や塩分の耐性は広いが，長期間の飼育では，水温20℃，塩分30psu程度での飼育が無難である．水質は，物理濾過（繊維フィルターなど）と生物濾過（多孔質セラミック材や麦飯石など）を組み合わせた濾過槽とエアレーションによって維持する．

ⓒ クルマエビを用いた飼育実験

　飼育実験で生物検定（バイオアッセイ）を行う際には，前述の方法で馴致飼育した健全な個体

▶写真6　ウォーターバス中のビニールカップによる稚エビ飼育（a）と拡大写真（b）

のなかから，サイズや雌雄などを統一して供試個体を選び，対照区を含む複数の試験区を同一の条件にして飼育する必要がある．ここでは，実験室に設置できるコンパクトな飼育施設や稚エビの測定に便利な方法を紹介する．

体長1～3 cmのクルマエビを2～3週間程度実験するのであれば，使い捨ての300 mLビニールビーカーに4 mmのガラス管で通気した飼育水槽を，プラスチックバットのウォーターバスに収容する方法が便利である（**写真6**）．1日1回水槽底の残餌と糞をスポイトで取り除き，3割程度の飼育水を交換する．水温設定を行う場合は，設定値よりも気温の低い場所に置き，恒温器（タイテック株式会社製，THERMO MINDERなど）をセットする．この方法で同じ大きさのヨシエビであれば1カ月以上飼育できる．

体長5 cm以上のクルマエビでは，ある程度，飼育水を管理する必要がある．このような飼育では，濾過装置のある水槽内に，体長に応じて間仕切りしたトリカルネットを設置し，個別飼育すると便利である（**写真7**）．トリカルネットの目合いは，給餌する配合飼料が抜けない範囲で，粗くしておけば，糞はトリカルネットの下に抜けるため除去が容易である．

飼育実験中，経時的に稚エビのサイズを測定する場合には，スケールバーを入れた深型シャーレに個体を飼育水ごと移し，万能投影機や実体顕微鏡を用いて写真撮影をする．写真から割り出した体長や頭胸甲長から既報[7]の相対成長式を使って体重を計算できる．個体識別は，油性ペンで番号を記載したビニールテープを瞬間接着剤で頭胸甲や腹節に貼り付けると，脱皮するまで脱落しない（**写真7b**）．

3. おわりに

食用としてポピュラーなクルマエビであっても，浮遊期幼生を観察した経験のある方は少ないだろう．クモのような形のノープリウスで孵化し，毎日のように脱皮して劇的な形態変化を遂げる様は，たいへん面白い．また，飼育技術の進んだ本種だが，生殖や脱皮にかかわる重要な課題が現在も多々残されている．この書によって少しでもクルマエビに興味をもっていただき，これまでにない斬新なアイデアで研究に取り組んでいただければ幸いである

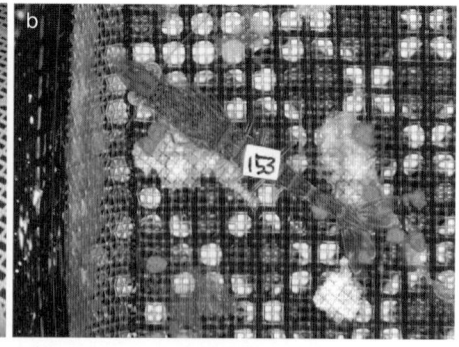

▶**写真7** 稚エビ飼育
(a) トリカルネットによる生け簀網（撮影：日本大学生物資源科学研究科石坂紀子）．
(b) 拡大写真，ビニールテープでの個体標識．

4. 参考文献

1) Hudinaga, M. (1942) Reproduction, Development and Rearing of *Penaeus japonicas* Bate. *Jap. J. Zool.*, **10**, 305-393.
2) 水藤勝喜（1996）愛知県一色産クルマエビ種苗生産用親エビについて－Ⅱ．採卵の効率化に関する検討．栽培漁業技術開発研究，**24**, 75-81.
3) 水藤勝喜（2005）天然のクルマエビを用いた採卵の効率化に関す研究，東京大学大学院農学生命科学研究科，博士論文．
4) 西澤一俊・千原光雄（1980）『藻類研究法』，754 pp., 共立出版．
5) 橘高二郎（1996）9．クルマエビ，『動物発生段階図譜』（石原勝敏編），pp. 78-92, 共立出版．
6) 山根史裕・辻ヶ堂 諦（2008）種苗生産時における歩脚欠損の発生過程，水産技術，**1**(1), 67-72.
7) 石岡宏子（1973）クルマエビ人工種苗の生理生態に関する研究，南西海区水産研究所報告，**6**, 59-84.

カブトガニ

柴田俊生・川畑俊一郎

1. はじめに

　カブトガニは，北アメリカ東岸と中米ユカタン半島沿岸，アジア大陸の東南海域沿岸に合計4種が生息し，日本産カブトガニの学名は，*Tachypleus tridentatus* である（**写真1**）．カブトガニの先祖は，古生代に繁栄した三葉虫であり，分類学的には，節足動物門節口綱剣尾目に属し，エビやカニよりもクモに近縁である．「生きた化石」とよばれ，2億年前の中生代ジュラ紀の地層から掘り出された化石の外部形態は，現存種とよく似ている．一方で，4種のカブトガニの凝固タンパク質の遺伝子解析から，分子レベルでは他の生物とほとんど同じ速さで進化してきたことがわかっている．

　カブトガニは，免疫研究や医薬品の製品管理におおいに貢献している．脊椎動物の免疫反応は，獲得免疫と自然免疫とよばれる反応から成り立っている．獲得免疫は，遺伝子の組換えに基づく抗体の多様性を基礎としており，感染微生物（非自己）を識別できる抗体の産生に少なくとも数日の時間が必要である．一方，自然免疫で活躍する細胞やタンパク質は，感染の有無にかかわらず，常に必要量が体内に存在し，感染初期の免疫反応に重要な役割を果たしている．自然免疫は，動植物に共通してみられる免疫系で，無脊椎動物においては，自然免疫のみで感染微生物から自己を防御している．

　カブトガニは，受精卵の中で4回脱皮し，孵化後15年をかけて脱皮を繰り返し成体となる．カ

▶写真1　日本産カブトガニ（*Tachypleus tridentatus*）

ブトガニの体液は，哺乳類の血液とリンパ液に相当し，血リンパとよばれる．通常，節足動物の体液には何種類もの血球が含まれているが，カブトガニの血球は99％が顆粒細胞とよばれる1種類の細胞で占められている．顆粒細胞内には大小2種類の顆粒があり，体液凝固因子，レクチン，抗菌ペプチド，タンパク質分解酵素阻害剤などが貯蔵されている．この細胞の特徴は，グラム陰性菌の細胞壁成分であるリポ多糖に鋭敏に反応して顆粒内成分を分泌することにある．顆粒が分泌されると，速やかに体液凝固系がはたらいて，体液の流出と感染微生物の体内への拡散が阻止される．同時に，感染微生物はレクチンにより凝集され，抗菌ペプチドで殺菌される．

リポ多糖は，ヒトにおいても自然免疫系を誘導する引き金となる物質として知られ，臨床的には注射液や透析液へのリポ多糖の混入は重大な問題となる．これらの医薬品がリポ多糖で汚染されていると，過剰な免疫反応の結果，発熱や重篤なショックを引き起こすことがある．カブトガニの顆粒細胞を材料にした高感度のリポ多糖検出試薬が開発されており，医薬品の製品管理に利用されている．また，カブトガニの生体防御にかかわるタンパク質のアミノ酸配列や塩基配列情報は，生物種の分子進化を考察するうえで有用である．さらに，カブトガニからは，個体を殺すことなく体重の1/10ほどの体液を採取することが可能で，生化学的な解析をする点で非常に有利な無脊椎動物である．

2. 飼育方法

a 入手方法

筆者らは，底引き網で偶然に捕獲された個体を分けてもらっている．博多湾のカブトガニは，梅雨明けから秋口まで盛んに活動しており，夏場には数匹程度を入手できることがある．繁殖地では，砂浜にいるカブトガニを直接捕獲することも可能ではあるが，地域によっては法律や条例により保護されている場合があるので，事前に役所などに確認を取ることが必要であろう．

b 飼育環境

筆者らの研究室では180×90×60 cmの水槽で飼育している（**写真2**）．個体の大きさにもよるが，1槽あたり5匹前後を上限に飼育している．剣尾も含めると60 cmに達する個体も少なくないので，できるだけ大型の水槽が望ましい．水槽を設置する部屋の温度は，年間を通して23℃に空調されている．寒くなってきたら水槽用の恒温ヒーターを用いるとよい．水槽には，濾過槽（**写真2**，右上部分）内へ海水を循環させるための水流ポンプを装備しており，海水は常に濾過槽を通り濾過される（**図1**）．水流ポンプはIWAKI社の"Magnet Pump（MD-40RW-W）"を使用してい

飼育スタート物品一覧

品名	型式	メーカー	参考価格
人工海水	MARINE ART SF-1	大阪薬研株式会社	15,750円
水流ポンプ	MD-40RW-W	IWAKI	
比重計	SeaTesTer	KARE'S	

▶写真2　カブトガニの飼育水槽　　　　　　　　▶図1　水槽の浄化と海水循環の設備

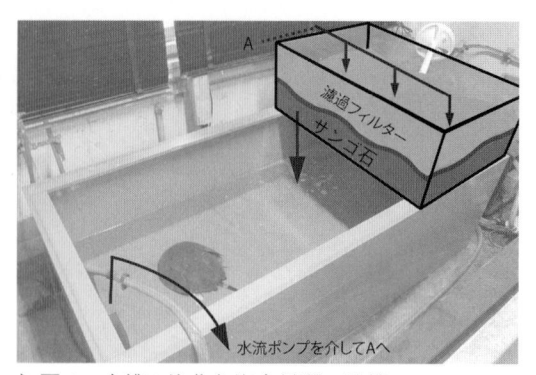

る．水流ポンプへの海水の付着は故障の原因となるので，海水がかからないような工夫をする必要がある．海水の濾過には直径 1 cm 程度のサンゴ石を使用している．濾過タンク（60×90×30 cm）に厚さ 20 cm 程にサンゴ石を敷き，最上部に 2 cm ほどの厚手の濾過フィルターを乗せる．この濾過槽により物理濾過と生物濾過の効果が得られる．海水の調整には大阪薬研株式会社の"MARINE ART SF-1"を用いている（研究機関用に処方が開示されている）．1 ケースに 25 L 用が 20 袋入っており（定価 15,750 円），これを水道水に溶かし人工海水とする．カブトガニを入れる前に，カルキ抜きのため水流ポンプを数日間稼働させる．海水の量は，カブトガニが反転したときに自力で起き上がれるほどの深さ（20～30 cm 程度）があればよい．

◉ 飼育方法

　糞や食べかすを網ですくい取ることで，水質低下の原因となるアンモニアの発生を抑えることが肝要である．また，塩濃度のチェックも忘れずに行う．塩濃度は塩度計（比重計）を用いると簡便に測定することができる．デジタル式の塩濃度計も市販されているが，当研究室では浮力を利用した KARE'S 社の"SeaTesTer"を利用している．海水をすくって目盛りが指し示す数値を読み取る．比重はおおよそ 1.022 になるよう調整する．なお，塩濃度は日々チェックし，水の蒸発により塩濃度が高くなっていたら水道水を加える．水が蒸発して，水道水中の成分が濃縮されることによる塩害が懸念されるため，蓋をするとなおよい．なお，反転したカブトガニは，剣尾を使って自力で起き上がることができる．しかし，入手した時点で剣尾が折れている個体は，自力で起き上がれずに弱ってしまうことがあるので，そういった個体は起こしてやる必要がある．

　半年に一度程度，付着した汚れを除くために濾過槽の掃除を行う．その際，カブトガニは一時的に別の水槽に移しておく．濾過槽内のサンゴ石や濾過フィルターを水道水で濁りがなくなるまでよく洗浄する．洗浄後のサンゴ石や濾過フィルターは，屋外のブルーシートに広げて一昼夜天日干しにし，乾燥後に回収する．このため天気の良い日を見計らって掃除をするようにしている．回収後は，ふたたびサンゴ石と濾過フィルターを濾過槽に入れ，新しく調整した人工海水を入れて循環させる．海水を入れ換えた直後の塩濃度は，落ち着くまでしばらく時間がかかるため，カルキ抜きを兼ねて，数日間そのまま放置する．なお，生物濾過の効果が期待できるので，すでに稼働している別の水槽内の海水をバケツで数杯程度加えて水質を馴染ませるとよい．

d 餌の入手

　筆者らの研究室では，釣具店のゴカイを購入して与えている．生きたまま水槽に投入すれば，自分で捕まえて器用に食べる．シーフードミックスや殻付きのアサリなど基本的に何でも食べるが，生き餌のほうがよく食べる．活発な夏場だと，カブトガニ1匹あたりゴカイ100gを1日程度で食べる．餌は週に一度与える．与えすぎは水質の悪化につながるので注意する．冬場になると活動が低下し，食欲も落ちる．夏場も含め，数日経っても残っている餌は取り除き，必要以上の餌は与えないようにする．

e 留意点など

　メンテナンスが大変ではあるが，水槽の底に砂を敷くのがよい．カブトガニは本来，海底の砂に潜って生活しており，脱皮や冬眠といった重要なプロセスは，砂がある環境で行われる．また，当研究室では，体液の採取後は20分ほど水槽から出しておいて安静にさせた後に，水槽に戻すようにしている．その際，剣尾にビニールテープなどで採取日と採取量をラベルしておくとよい．ちなみに，海水がない状態での一時的な移動には，水道水で濡らした新聞紙でからだ全体を覆うようにすると，数時間の移動であれば問題なく耐えられる．

3. おわりに

　カブトガニは，その生態，生理や分子進化など，魅力に満ちた研究対象である．しかし，近年は繁殖地となる砂浜や干潟の減少，水質汚染などにより個体数は減少の一途をたどり，環境省のレッドデータブックの絶滅危惧I類に指定されている．また，確固たる飼育方法は水族館においても確立されておらず，長期間の飼育は一般的に困難とされている．当研究室でも，本水槽を用いて1年以上飼育した経験はなく，研究に必要最小限の個体を飼育するにとどめ，長くても捕獲した翌年の初夏には放流している．

　現在，繁殖地の整備，個体調査などが継続して行われている．本稿が研究や保護活動の一助となることを期待し，カブトガニが日本各地の砂浜や干潟に戻ってくる日を願ってやまない．

オオグソクムシ

田中浩輔

1. はじめに

　オオグソクムシ（*Bathynomus doederleini*）（**写真1**）は，節足動物門甲殻綱等脚目スナホリムシ科に属する動物である．体長は12〜15 cmに達し，体色は桃色がかっている．日本では太平洋や日本海沿岸の約100 mより深い海底に生息する．関東地域では，相模湾や東京湾でのアカザエビ漁やアナゴ漁の仕掛けでしばしばトラップされる．等脚目では，そのほかに陸生のダンゴムシ，半陸生のフナムシなどが，われわれの身近に見られる仲間として挙げられる．同じ属には，世界最大の等脚目ダイオウグソクムシ（*B. giganteus*）がいる．オオグソクムシは近年ではめずらしさ，そのグロテスクともいえる外観から，いくつかの水族館でも飼育展示されている．

　オオグソクムシは，頭節（胸部1節と融合している），胸部（胸部2〜8節），腹部（腹部1〜5節），尾部（腹部6節と尾節）に分かれ，背側は体節ごとに背板（tergite）とよばれる硬い外骨格に覆われている．その姿が鎧のように見えることから「グソク（具足）」ムシとよばれている．胸部の腹側には7対の歩脚が，腹節の腹側には5対のうちわ状の遊泳肢がある．また，遊泳肢には，鰓が付属しており，動物が静止状態でもリズミックに遊泳肢を前後に動かし，換気を行っている．内部構造は，腹部背側に細長い心臓があり，ここから合計13本の動脈が体の各部に伸びている．中枢神経系は，体節ごとに神経節を有するはしご状神経系であり，胸部1節以降は腹髄として腹側に存在している．

▶写真1　オオグソクムシ

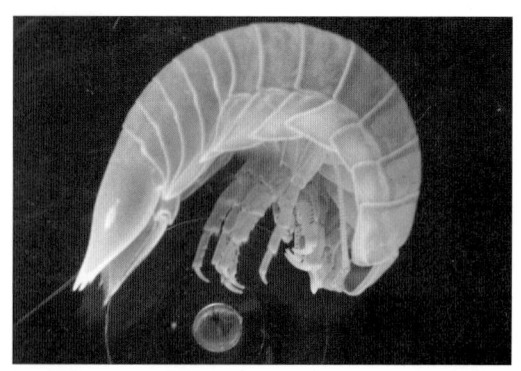

▶写真2　丸く防御姿勢をとっているオオグソクムシ

オオグソクムシはその生息域が水深100 m以上と深いことから，自然界での行動を目にすることは海底調査などの際に限られるが，実験室で飼育しているとさまざまな行動を観察できる．まずは，オオグソクムシはスナホリムシの別名のとおり，海底に巣穴をつくって生活する．もし深さのある水槽を用意できる場合には，砂（さらさらでないほうがよい）や人工的に寒天を水槽底に敷くと穴を掘る様子が観察できるであろう．第二に，ダンゴムシの近縁らしく，ダンゴ状に丸くなる防御姿勢をとることができる．脅かすような刺激を与えると，ダンゴムシほど完全に球状ではないが球に近く腹側を隠すことが可能である（**写真2**）．この行動に関連して背側の伸展受容器の研究がされている[1]．また，さらに強い刺激を加えると，消化管の内容液を吐いて吹きかける．これは攻撃者に対する忌避物質となっているらしい．第三に，通常は海底を歩脚にて歩いて移動するが，時に胸脚を折りたたみ，遊泳肢を使ってまっすぐ泳ぐ行動を起こすことも見られる．遊泳スピードは意外に速く，1 m幅の水槽を2秒足らずで進んでしまう．このときの姿はさしずめ潜水艦のようである．

2．飼育方法

a 水　槽

　水槽は，どのようなものでも問題はない．オオグソクムシは大型なので，容積の大きいものほど，多くの個体を飼育できる（筆者らは，かつて家庭用風呂桶（約200 L）のものを使用していたこともある）．市販の60 cm（約30 L）水槽で，最大15匹程度の飼育が可能である（**写真3**）．水槽底には，サンゴなどを敷くとよい．深い水槽を使用できる場合は，穴を掘りやすい砂地にしておくと，巣穴を掘って生活するのが観察できる．（寒天などで地面をつくると巣穴を掘る行動が観察できるであろう．）水槽内は常にエアレーションをし，海水を濾過槽を介して循環する必要がある．

　濾過槽は，どのようなタイプでもよい．筆者らは，濾過槽を大型にするため，プラスチックコンテナを改造して使用している．濾過材は，一般的に物理濾過するフィルター（繊維でできたもの）とバクテリアを育成して生物濾過をするための濾過材（多孔質セラミック材や麦飯石など）を入れ調整する．動物を入れる前に1週間ほど循環させておくのが望ましい．

飼育スタート物品一覧

品　名	型　式	メーカー	参考価格
クーラー	AZ151X	レイシー	136,500 円
フィルター	RF120	レイシー	42,000 円
水槽	NS-19ML	ニッソー	42,000 円
エアポンプ	NPS-004	ニッソー	3,000 円
濾材	NOU-273	ニッソー	1,050 円
人工海水	マリンソルトプロ	テトラ	1,800 円

▶写真3　首都大学東京南大沢キャンパスの飼育水槽

b 飼育海水

海産無脊椎動物一般に共通することであるが，生息域の海水を用意するのが一番よい．しかし，オオグソクムシの場合，海底に生息しているので，海深100～200 mともなるとそうはいかない．そこで一般に手に入る人工海水を使用する．また，海から直接採取した海水でも問題はない．筆者らは，動物採集の折に海水も同時に採取して用いている．

c 海水の管理

温度は，約10～25℃で飼育可能であるが，諸条件を加味すると15℃前後で飼育するのがやりやすい．したがって，海水用のクーラーが必要である．低温には強い傾向があるが，約7℃より低くなると弱ってしまう．

夏場は，海水が比較的薄まりやすく，冬場は逆に蒸発して塩分濃度が高くなりやすいので，飼育環境に応じて，どのぐらい水分量が増減するのか，水槽のへりにマークするなどして調べる必要がある．塩分濃度は標準海水で34‰（パーミル），比重では1.026であるので，塩分濃度チェッカーによる測定あるいは比重計で測定することが必要となる．塩分濃度であれば，30～35‰に，比重であれば1.022～1.030の間に保たれるように注意する必要がある．この範囲を超える場合は，海水を入れ替える必要がある．

pHは，標準海水では約8であるので，pH 7.5を下回らないようにする．下回った場合の応急措置としては，重曹などで調整する．それでもすぐ低下するようであれば，濾過槽の調整および海水の入れ替えを行う．

d 給餌法

オオグソクムシは，本来腐肉食性であるので，何でも食べる．ただし，エビ，カニなどと異なり，鋏脚がないので，つまむようにして口に運ぶことはできない．したがって，顆粒状の餌は不向きである．胸脚の先端は爪状をしており，これで餌を押さえつけ，顎脚で直接食らいつくのである．し

たがって小指大ぐらい（細長い形状のほうがよい）に切ったイカや魚の切り身などを与える．比較的淡白なもののほうが，海水が長もちする．

　餌の量は，食べ残しがないように適量与える．毎日与えてもよいが，食べ残しがあるようであれば，餌を与える必要はない．経験上数日に1回程度でも十分に飼育可能である．

3. おわりに

　筆者らのグループでは，この動物を用いて自律神経系（とくに心臓拍動の調節）の作用および中枢神経節内の回路網についての研究を行っている[2]．筆者らのグループで研究している心臓拍動や血液分配機構は，動物の体性器官の運動のように表面には現れにくいが，さまざまな動物の行動ごとに異なる活動を示している．たとえば，先に挙げた防御反応時には，心臓の拍動および，呼吸運動はピタリと何秒間も停止してしまう[3]．この心臓拍動や呼吸リズムの抑制反応は非常に敏感であり，周りが静かな環境では水槽の近くでヒトが歩く程度のわずかな振動でも起こるのである．また，動物は激しく運動するときには，心臓拍動や呼吸リズムは亢進する．

　動物のさまざまな行動時に，体の内面も積極的に変化していることを考えながら飼育すれば，また動物の行動への理解も深まるのではないだろうか．オオグソクムシは，そうした面で面白い動物である．

4. 参考文献

1) Iwasaki, M. *et al.*（2001）Functional organisation of anterior thoracic stretch receptors in the deep-sea isopod *Bathynomus doederleini* : behavioral, morphological and physiological studies *J. Exp Biol.*, **204**, 3411-3423.

2) 田中浩輔（2008）甲殻類の心臓拍動調節と血液分配調節.『昆虫ミメティックス』（下澤楯夫・針山孝彦編），pp. 408-414, NTS.

3) Tanaka, K. and Kuwasawa, K.（1991）Central output for extrinsic neural control of the heart in an isopod crustacean, *Bathy nomus doederleini*. *Comp. Biochem. Physiol.*, **98C**, 79-86.

フナムシ

堀口弘子

1. はじめに

　夏のある晴れた日，海辺に出かけて波打ち際に一歩足を踏み出したとたん，足下を蜘蛛の子を散らしたように逃げ去っていくゴキブリによく似た生物に驚かされた人は多いのではないだろうか．フナムシ（*Ligia exotica*，**写真1**）は英語では"sea roach（海のゴキブリ）"とよばれることもあり，その姿形と動きはゴキブリによく似ている．しかしフナムシは節足動物門甲殻亜門軟甲綱等脚目ワラジムシ亜目フナムシ科フナムシ属の生物である．つまり分類学的にはエビやカニの仲間であり，六脚亜門昆虫綱のゴキブリとは異なるグループに属する．等脚目の生物は，胸部に7対の胸部付属肢をもち，腹部の後端には1対の尾肢をもつ．

　等脚目は甲殻類のなかでも変化に富んだ生態をもち，その生息範囲は深海から高山にまで及ぶ．進化の過程において海から陸へと生息域を広げていったと考えられており，海辺に生息するフナムシは陸棲等脚目のなかで最も原始的な種の一つであるといわれている．このため，体液の浸透圧調節や乾燥耐性などの陸上適応についての研究が古くより行われている．このほかに個体のサイズが大きいことを利用して，視覚や感覚子，心臓などに関する電気生理学的な研究にも用いられている．

　フナムシは世界共通種で，日本においては本州，四国および九州の潮間帯に生息する．ほぼ1

▶**写真1** フナムシの成体
大きいものでは体長が4cmに達する個体も．

▶**写真2** フナムシ採集用トラップ
ペットボトルで作製したトラップを生息地域の堤防に設置したところ．

年中採集が可能で，実験室内での繁殖も容易である．

　時に半陸棲と分類されるフナムシは乾燥耐性が低く，また水中で長時間生存することもできない．そのため飼育にあたっては水を少なくし，いつでも水から上がれる場所を作らなければならない．魚類のような水の濾過システムやエアレーション設備は必要なく，室内であれば温度管理なしで1年中維持することができるという点では，実験材料としても利用しやすい．

2. 飼育方法

a 入手方法

　フナムシは大きな転石のみられる浜や，港などコンクリート構造物のある海辺によくみられる．海藻や流木などの漂着物の下などに集団でいることが多く，冬場は大きな石の下にかたまって見つかることが多い．

　現在日本には7種のフナムシが生息しており，そのうちの5種は島嶼部における固有種である．島嶼部以外の地域で一般的にみられるのはフナムシとキタフナムシ（*Ligia cinerascens*）であるが，このうちフナムシは本州から九州にかけて分布している．一方，北方種であるキタフナムシは北海道から千島列島にかけて生息するとされているが，近年では分子系統解析により東北地方まで連続的に分布し，さらに西日本にかけても断続的に生息域が広がっていることが明らかになった[1]．地域によってはフナムシとキタフナムシの2種が生息している可能性があるが，両種の外見は非常によく似ているため，フィールドにおいてこれら2種を同定するのは難しい．

　網を使った捕獲は難しく（網目を伝って外へ逃げるため），1個体ずつ手で捕まえなければならない．小さい個体や脱皮直後の個体は力を入れすぎると容易に死ぬので注意が必要である．また繁殖シーズンの雌個体は胸部腹面にある育房に受精卵や幼生を抱えていることがあり，捕獲時の衝撃で放出する場合がある．

　フナムシが多く生息する場所ではトラップを仕掛けて採集することも可能である（**写真2**）．満潮時に水没しない場所にトラップを仕掛け，1日程度おいてから回収する．トラップはペットボトルや牛乳パック，ゴミ袋などを用いて簡単に作ることができる．トラップの中には海水で湿らせたペーパータオルを丸めたものと，フナムシを誘引するための餌（後述の熱帯魚の餌や干しエビなど臭いの強いもの）を入れておく．夏場はトラップ内の温度が上昇しないよう，直射日光の当たらない場所に設置したり，トラップ内を遮光するなどの工夫が必要である．

飼育スタート物品一覧

品名	型式	メーカー	参考価格
飼育ケース			1,000 円
人工海水の素			1,000 円
テトラミン		Tetra 社	800 円
ペーパータオル			300 円
石・流木など			1,000 円

これ以外の方法として，コンクリートの岸壁などに集団でいるような場合，フナムシの下方に採集容器をセットし，細い棒状のものでフナムシをいっせいに払い落とすことにより採集することができる．この方法を用いると短時間に多くの個体を集めることが可能である．

フナムシは腹部腹面にある鰓で吸水した水を体表面から蒸発させることにより体温の上昇を防止している．このため個体が密集したケース内では体温を調節できずに死んでしまう．とくに夏場は採集後の車内における温度上昇に気をつけたい．

また，冬季においてフナムシは波打ち際からやや離れた岩の下や堆積した植物の下などに集まり，地表での活動をしなくなる．体色は黒っぽくなり，動くスピードもかなり緩慢になる．このため，手でも容易に捕まえることができる．また，大きな石などを動かし，そこに集まっているフナムシを一気にすくい上げることにより，比較的短時間に多くの個体を捕まえることができる．しかし，広範な移動を伴う採餌行動などはほとんど行わないため，この時期はトラップによる採集は難しい．

ⓑ 飼育環境

フナムシの飼育に必要な環境は，いつでもアクセスできるきれいな海水と，水から離れることができる陸地の代わりとなる場所である．大規模に飼育する場合や比較的大きな個体を飼育する場合は，大きめのプラスチックコンテナに生息地で採取した適当な大きさの石を入れ，海水を浸して飼育する．このとき，海水の量は深さ1〜3 cmくらいが適当である．市販のブロックや煉瓦材を石の代わりに使用することも可能である（**写真3**）．ブロック材の場合，フナムシが穴の中に潜むことも多く，水換えのときにはブロックごとフナムシを移動できるので便利である．市販品を利用する場合には2, 3日間水に浸すなどして，有害物質を取り除いておく．小規模に飼育する場合や小さい個体を飼育する場合は，底面積の広いプラスチック製の容器などにペーパータオルを敷いて飼育する．容器には，1 mm程度の深さになるように微量の海水を入れる．ペーパータオルを底面に広げるのではなく，山型に折っておけばフナムシは適当に体を乾かすこともできる．

▶**写真3** ブロックを用いた大規模飼育
ブロックの穴がフナムシの隠れる場所に適している．

飼育環境で最も注意したいのは水の汚れである．水換えは1日おきに，週に一度はケースも掃除する．また，蓋のない飼育容器や通気性の高い蓋の場合は乾燥による死滅を防ぐため，海水を多めに入れておく．もう一つ気をつけなければならないのは，餌不足による共食いである．とくに脱皮直後の，まだ外骨格が硬化していない状態の個体は動きも鈍く捕食されやすい．フナムシは体の前半分と後半分の2度に分けて脱皮を行う．これは，体内のカルシウムが脱皮殻とともに失われるのを防ぐためだといわれており，脱皮前の個体には腹側に白いカルシウムの沈着を確認することができる．脱皮直後の個体は脱皮を行った側の体の半分が，残りの半分とは異なって白っぽく見えるため，容易に見分けがつく．脱皮後の個体が，クチクラが硬化するまで隠れることのできる場所を作ることが必要である．

c 餌の調整

フナムシは，海岸の掃除屋ともいわれ，雑食性で基本的に何でも食べるが，実験室においてはコントロールした餌を用いることを勧める．

実験室において飼育を行う場合，最も入手しやすく扱いやすいのは熱帯魚の餌である．筆者らは何種類かの餌を試した結果，Tetra社製のテトラミン®を与えている．また大規模に飼育する場合は研究用のマウスの飼料が利用しやすい．餌の量は与えすぎれば水を汚し，少なければ共食いを招く．餌を与えてから半日から1日で食べきれる量を見極めることが重要である．また餌が水を汚した場合は直ちに水換えが必要となる．とくに夏場は水が腐敗しやすく，ケース内の個体が1日にして全滅するおそれもある．餌は直接水に触れないように，プラスチックのケースやアルミ箔のカップなどに入れて与える．

d 繁　殖

フナムシは春から夏にかけて繁殖を行う．交尾した雌は胸部腹面にある育房に産卵する．卵は約3週間後に育房の中で孵化し，孵化後数日で成虫によく似た形態の幼生が放出される．幼生期間は約3週間続き，その間2回の脱皮を経て成体になる．幼生は付属肢を6対しかもっておらず，2度目の脱皮で7対の脚が生え揃う[2]．育房から出た幼生を効率的に回収するため，孵化の近づいた卵をもった雌は，他の個体から隔離して個別の容器で飼育するのがよい．産卵直後にはオレンジ色だった卵は，徐々に暗褐色に変わり，やがて黒い点として幼生の目が認識できるようになる．ここまでくると孵化間近である．

幼生の扱いは慎重に行いたい．スプーンストローのようなものですくい取って移動させる．浅いプラスチック製の容器などの底にペーパータオルを敷き，あふれない程度に海水を浸す．蓋は通気のためにゆるめておく．水から上がるための小石や丸めたペーパータオルなども置く．餌は直接ペーパータオルの上に置くか，小さく切った濾紙などに乗せて与える．ある程度の大きさになったらケースの数を増やして個体密度が増えすぎないように調整する．小さな個体は，ペーパータオルの隙間などに入り込み見失いやすい．水換えやペーパータオルの交換時には十分に注意する．

3. おわりに

　フナムシを研究材料とする研究者は世界的にもあまり多くなく，日本においてはきわめて少ない．しかしフナムシを含む等脚目の生物は，生理学的な面からも生態学的な面からも行動学的な面からもそして進化学的な面からも非常に興味深い生物である．これらの謎を解き明かす研究者が増えることを願う．

4. 参考文献

1) 伊谷 結（2000）分子系統解析に基づく日本産フナムシ類（等脚目：甲殻亜門）の系統生物地理，月刊海洋，**32**（4），246-251．
2) Yamagishi, H. and Hirose, E.（1997）Transfer of the heart pacemaker during juvenile development in the isopod crustacean *Ligia exotica*. *Journal of Experimental Biology*, **200**(18), 2393-2404.

シャコ

桑澤清明

1. はじめに

　節足動物門甲殻類で「シャコ」や「ジャコ」という名が付けられている動物はどれも沿岸の砂泥に穴を掘って生活するが，ここで述べるシャコ（*Oratosquilla oratoria*）は，英名 mantis shrimp（直訳：カマキリエビ）で口脚類（目）に属する動物についてである（**写真1**）．江戸前にぎり寿司の寿司種でもあり，かつて大きいものは赤ジャコともよばれた．漁業としては日本各地の，おもに内湾で機船の底曳きトロール網でアナゴなどと混獲されるが，沿岸底泥環境の悪化や漁法のハイテク化による乱獲で近年漁獲高が著しく減少しているため，漁港によっては，シャコ漁は禁漁または壊滅に追い込まれているところもある．成体のシャコを水槽で長期に飼育できれば，実験動物の保育目的のほか，行動や生態が観察できる．適切な飼育環境を整えることができれば生活史も知ることが可能である[1]が，実際には個体発生についての詳しい研究は少なく，シャコの養殖事業も行われていないようである．

　一方，シャコは比較生理学や神経生物学の実験動物として，心臓血管系の生理学やその神経およびホルモン支配の研究に英国をはじめドイツ，日本などで古くから使われてきた[2,3]．多くの甲殻類の種で，心臓はその拍動リズムが心臓に内在する心臓神経節という神経系によって作り出されているが，シャコはその代表的動物のひとつである．外骨格直下の正中線上を走る管状の心臓の外表面中央に，縦1列に連なった15個のニューロンからなる心臓神経節が存在する．この神経節の電気的活動が心拍リズムを発生し心筋を駆動する．心臓の活動は，中枢神経系から興奮および抑制の2

▶写真1　体調11 cmのシャコ
スケールバー：5 cm.

種類の心臓調節神経により調節されて，体や内臓の運動に適合した血流を各器官に送っている[4]．この神経節中のニューロン群が互いにどのようにはたらいて心臓活動を維持しているかが，生理学上の課題である．このように，シャコの心臓は循環生理学や神経生理学の基礎的研究の材料として利用されている．

生理学では生きた材料を入手することが不可欠であるが，幸いシャコは食材として流通しているので，購入することで容易に入手できる．実験室の水槽で適切に飼育できれば，一度に多くの個体を長期間手元において使用することができる．

2. 飼育方法

a 入手方法

シャコは養殖または大掛かりな畜養もされないので，漁師から直接，または魚河岸や市場などの仲卸から捕れたてのシャコを購入する．入手に際しては漁師または魚市場に希望の個体数と体長サイズなどのほか，食用ではなく飼育用であることを伝えておき，受け取りに行くまで海水中で生かしておいてもらうよう頼んでおく．シャコを受け取るには栓付きの18 Lポリタンクに海水を満たしたものを用意すると良い．海水はその場では手に入らないことも多いので，あらかじめ用意しておくこと．入手したシャコは，前述の海水を満たしたポリタンクなどの輸送用容器に移すが，この

飼育スタート物品一覧

品 名	型 式	メーカー	参考価格
水槽	90×45×45 cm	Nisso	55,000 円
エアーポンプ	HBLOWC-8000		14,910 円
循環式水温調節器（冷暖両用）	Five Plan GXC-200		75,600 円
海水濾過装置	Power Master 915S		18,375 円
海水用比重計			2,363 円
水温計			600 円
海水貯蔵タンク	18 L		2,000 円（15 個）
サンゴ砂	10 L		1,400 円
水槽の塩ビ蓋	90×45 cm		2,700 円
塩ビ管	（内径4 cm，長さ20 cm）		<1,000 円
エアースケルトン（2，3個）			1,000 円
エサ用冷凍庫			30,000 円
ビニールチューブ（エアーポンプ-スケルトン間用，2，3本）			

とき入れたシャコの体積分だけ海水をあふれさせるようにして入れる．こうすることでシャコの入ったポリタンクは，蓋まで海水で満たされる．ポリタンク中の空気層が少ないほど輸送中の水の動きが抑えられ，運搬の際の水の撹乱が小さいので動物を傷めない．輸送中はこのポリタンク全体を大きなプラスチックバットなどに収め，保冷剤などを使ってできるだけポリタンクを冷却（<15℃）する．こうすれば，たとえば18Lのポリタンクに20～30匹程度のシャコを入れて運ぶ場合でも，2時間くらいは輸送中の酸素不足を気にする必要がない．それ以上輸送に時間が掛かる場合は市販の酸素発生剤をポリタンクに投入しておくか，携帯用エアポンプを使い通気しながら運搬する．

到着後，動物をポリタンクから飼育用水槽に移すときは，ポリタンクと飼育用水槽との水温差に注意する．あらかじめ両者の水温を測定し，温度差をできるだけ小さくした状況で動物を移すことを心がける．温度差が大きい（>5℃）ときは，別個の容器で両海水を混合して，温度差を小さくした海水中にいったん動物を移すなどして，急激なヒートショックを与えないようゆっくり温度順応させる処置をとるようにする．

ⓑ 飼育環境

天然海水，ガラスまたは透明プラスチック製水槽，循環式水温調節装置，海水濾過装置，通気用装置（エアポンプ，ビニールチューブ，エア・ストーン），海水用比重計，サンゴ砂，砂，ガラス水槽蓋，個体数分の塩ビ管（内径4 cm，長さ20 cm程度）などを用意して飼育装置を組み立てる（**写真2**）．水槽の底に厚めに砂を敷き，その上にサンゴ砂を敷く．巣穴が掘れるほどには砂が厚くない場合は，サンゴ砂の上に隠れ家用に動物の体長よりやや長めの塩ビ管を底に置く．飼育海水は汲み上げて，水槽の上に置いた濾過層内に散布し，フィルターを通して濾過層水槽の一点から水槽に戻るようにする．こうすることで水槽内に水流が起こり水の澱みがなくなり，均一な環境を維持できる．水槽内にはこれとは別にエアポンプに繋いだ通気用スケルトンを入れて，よく通気（バブリング）する．水温は10～20℃くらいを目安にする．水の蒸発で水位も変化するし，塩分の析出で比重も変化するので，海水の比重（1.02～1.03）を保つよう注意する．

シャコの水槽の光条件については，水槽内に塩ビ管などの隠れ家さえあればとくに注意する必要がないようである．シャコは餌が不足すると共食いをすることもあるほどなので，他の動物との混

▶写真2 シャコの水槽

在飼育は避けたほうが良い．慣れないうちは軍手などを着用し，素手でシャコを捕まえることは避ける．第2顎脚（第2胸肢）は捕脚ともよばれ，カマキリの捕脚のように餌を捕るのに使われる．この脚でアサリの殻を開いたり割ったりして食べるので，人の指の皮膚くらいは簡単に切れる．

C 餌の調製

シャコは肉食で魚などもよく食べるが，2〜3 cmに切った冷凍のむきエビやイカの切り身，貝のむき身など腹わたのない餌を与えると食べ残しによる飼育水の汚れが抑えられる．しかし，栄養面の偏りも考慮しなくてはならないので，たまに活きアサリやシジミを与える．シャコはこれらの貝の中身を残らず食べることができるので，栄養面や飼育海水の衛生上から好適な餌だといえる．餌は2〜3日に一度水中に沈めるように入れる．冷凍のエビやイカなどを解凍しないで入れるとしばしば水面に浮いてしまうので解凍後入れるか，餌が水槽内に落下するのを見届けるようにする．餌の量は丸1日で食べ尽くされてなくなる程度がよい．もし，1日以上食べ残している切り身があったら海水汚濁の原因になるので除去する．シャコどうしはフリーの集団飼育でよいが，他の動物と一緒に飼育しなければならない場合は，一方の動物群を水槽中にネットを張って分割するか，ネットで蓋をしたプラスチック容器に入れるなどして隔離するとよい．

3. おわりに

筆者がシャコを実験動物として最初に飼育し始めたのは40年ほども前になる．横浜の小柴漁港の漁師から直接もらったのが最初である．河川や内湾の水質の汚染や公害問題に社会が敏感になり始めたころである．漁港周辺は旧態のままで，漁船もまだ多くが焼き玉エンジンで漁具も小型で質素であった．捕れるシャコは型もよく豊漁で，無料で分けてもくれた．その後港も整備され，港に係留される漁船も年々高性能になり400馬力以上のエンジンを備えた船が大勢を占め，漁具は大型となり，水揚げされたシャコは効率よく処理され商品化されるようになり，港も活況を呈した．しかし反面，シャコの個体の矮小化が次第に目立つようになり，近年とうとう漁協単位で資源管理のための禁漁も行われるようになったと聞く．瀬戸内海のあちこちの漁港でもこの個体の矮小化が目立ち始めている．しかしいまだにシャコが卵からはもちろんのこと，幼生から成体まで営業的に養殖されているという例は聞かない．生物多様性維持や資源維持のための海洋環境や漁業戦略の検討も必要であり，同時に，シャコの発生学，生活史，生態学についての詳しい基礎的研究が望まれるところである．

4. 参考文献

1) 浜野龍夫（2005）『シャコの生物学と資源管理』水産資源管理叢書51，日本水産資源管理保護協会．
2) Alexandrowicz, J. S.（1934）The innervation of the heart of Crastacea. II. Stomatopoda. *Q. J. Microsc. Sci.*, **76**, 511-548.
3) Ando, H. and Kuwasawa, K.（2004）Neuronal and neurohormonal control of the heart in the stomatopod crustacean, *Squilla oratoria*. *J. Exp. Biol.*, **207**, 4663-4677.
4) 桑澤清明（2007）自律機能の比較生理学，『神経系の多様性：その起源と進化』（阿形清和ほか編），シリーズ21世紀の動物科学7（日本動物学会監），Chap. 7, pp. 208-238，培風館．

アルテミア

田中　晋

1. はじめに

　アルテミア（*Artemia* 属，英名 brine shrimp）は世界各地の塩水湖や塩田に生息している動物で，節足動物門甲殻綱（エビやカニの仲間）に属する．成体は体長1 cm 強，体は頭部，胸部，腹部から構成されている．胸部は機能的にあまり分化していない体節の繰返しで構成されており，鰓のついた遊泳肢が付属している（**写真1～3 参照**）．体節が分化していないのは原始的な形質であり，アルテミアを含む鰓脚亜綱は甲殻類のなかでも最も原始的なグループの一つと考えられている（アルテミアはそのなかの無甲目に属する）．このため，節足動物の基本的な発生や進化を研究するための材料として使われている．

　市販されているアルテミアの休眠卵（シスト）は水分の含量が10% 以下になるまで乾燥させた状態であり，測定できるような生命活動は見られない．このような一見仮死の状態はクリプトビオ

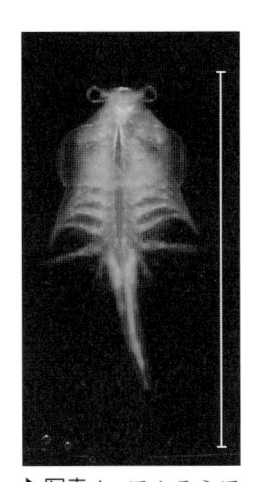

▶写真1　アルテミアの雄
第2触角が大型化し，雌を把握する機能をもつ．スケールバー：1 cm.

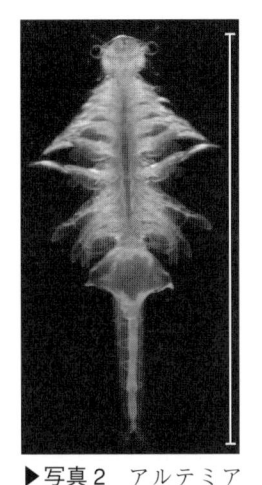

▶写真2　アルテミアの雌
胸部と腹部の間の腹面に，付属肢の変化した育房嚢がある（形成中のシストが見えている）．スケールバー：1 cm.

▶写真3　つながって遊泳するアルテミアの雄と雌
スケールバー：1 cm.（カラー写真は口絵10 参照）

シス（cryptobiosis）とよばれるが，アルテミアのシストのように乾燥状態の場合はとくにアンハイドロビオシス（anhydrobiosis）とよばれる．時に「最強の生物」ともよばれるクマムシもこの状態になることができる．両者とも乾燥状態で低温，真空，放射線などのストレスに対して強い抵抗性を示し，極限環境への生物の適応性を研究する材料となっている．乾燥状態のアルテミアのシストを適切な条件下（後述）に戻してやると，シストを割って膜に包まれた胚が膨出し，ノープリウス幼生が孵化する（写真4）．好きなときに幼生を得られることから，小型魚類の飼料としてアルテミア乾燥シストが流通している．過去にはシーモンキー（sea monkey）の商品名で何度か飼育が流行した．ここでは飼育法について簡単に解説したい．

2. 飼育方法

a 入手方法－産地に注意！！

飼育開始時には熱帯魚などの餌として売られているシストが利用できる．保存期間が長くなると孵化率が低下するため，輸入代理業者から直接購入するのが最もよい．ポンド単位の缶入りパッケージもあるが，はじめは30〜50gくらいの単位で小売されているものを購入して冷蔵し，必要に応じて使用するのがよい．入手しづらい個体群については，ベルギーのGhent大学にあるArtemia Reference Center（http://www.aquaculture.ugent.be/index.html）から入手している研究者もある．

シストの包装に*Artemia salina*と書かれていることがある．この種名は英国のLymingtonから

飼育スタート物品一覧

品名	型式	メーカー	参考価格
ビーカー（50 mL）		PYREXなど	単価600円前後
ビーカー（100 mL）		PYREXなど	単価1500円前後
パスツールピペット	7×146 mm	PYREXなど	9,000円前後（1,000本）
駒込ピペット	10 mL用	PYREXなど	6,000円前後（10本）
シリコンスポイト（ピペット用）	パスツールピペット，駒込ピペット用各種	各社	サイズにより500〜2,500円（10個）
ナイロンメッシュ	40 μm，62 μm，82 μm，94 μm，148 μmの5枚組	共進理工	10,000円
恒温槽（あると便利）	サーモミンダー EX-B	タイテック	130,000円
低温恒温器・エアージャケット装備（あると便利）	ローテンプインキュベーター LTI-1200	EYELA（東京理化学器械）	523,000円（照明の増設分はオプション）
アルテミア用栄養強化飼料	栄養強化飼料	C. P. Farm*	3,150円（30 g）
ドライイースト	スーパーカメリヤドライイースト	日清製粉	200〜300円（50 g）

*他の会社からもさまざまなタイプの飼料が販売されているので，探してみるとよい．

▶写真4 左から，孵化直前の胚，ノープリウス幼生腹面，同背面
スケールバー：500 μm.

報告された個体群に対してつけられたもので，この集団は現在絶えている．かつてアルテミアは1種類と考えられていたが，世界各地に分布するアルテミア属の分類の細分化が進んだ結果[1]，6種以上の種に分けられている．前出の *A. salina* は現在，地中海沿岸を中心として分布する種に対して用いられている．この属は外見から種を決めるのが難しく，本格的な研究の材料とする場合は産地を明記する必要がある．一部の例外を除き，おもに流通している北米産のものであれば *Artemia. franciscana* であると考えてよい．

北米産の収穫が落ち込む年には中国など他の産地のシストが流通することがある．各産地にはその土地本来のアルテミアが自然分布するほか，移入されたアルテミアが養殖されている場合があり，確認が必要である．本稿で述べる飼育上の注意点は，北米 Great Salt Lake 産の *A. franciscana* を飼育して得られた知見に基づいている．

b 飼育条件

（1）飼育水

餌用や分析用に幼生を得るのが目的であれば塩化ナトリウムの2〜3%溶液でもよいが，長期飼育は無理である．人工・天然海水を使用すれば成体まで育てることができる．また，海水由来の自然塩には人工海水の代わりに使えるものもある．筆者らの研究室では，下関市に工場のある「最進の塩」社が製造している自然塩の2%溶液を濾過した飼育液で問題なく飼育や継代を行っている．価格も人工海水などに比べて安価である．飼育中に蒸発によって減少した水分は適宜真水（筆者らの研究室では脱イオン水）で補充する．

（2）餌

アルテミアは濾過摂食者なので，飼育に使用する餌は水に懸濁できるものがよい．生きた藻類を与えている研究者もいるが，あらかじめ藻類を培養しておく必要がある．ブラインシュリンプ用の栄養強化飼料を使用すると飼育成績が安定する．これはアルテミアを魚の飼料として使用する際，不足しがちな成分を強化するためのものだが，アルテミア自身を育てるのにもよい．筆者らの研究室では，英国の NT laboratory 社が生産している Baby shrimp food を餌として用い，70代以上交配を続けた近交系も作出した[2]．現在この餌は一般向けに販売されてはいないようであるが，他

の業者からアルテミアの栄養強化用として市販されているものが同様に使用できる．この餌を水に懸濁する．餌の種類によってはミキサーなどで強く撹拌して乳化することが推奨されている．この懸濁液を飼育液に投入するが，水の濁りが強くなったり，底に餌が堆積しないよう毎回確認しつつ与える．

代用品として，食用のドライイーストも使用できる．アルテミア飼料と同様に水に懸濁して給餌する．この餌でアルテミアを成体まで育てることができるが，各種栄養を添加した飼料を使用した場合に比べて若干成長が悪い印象がある．

(3) 飼育温度

飼育する温度は28℃が適当である．低くても20℃以上が望ましい．正確な温度の維持には，インキュベーターに飼育容器ごと入れてしまうのが最もよい（**写真5**）．もし金額が許せば，エアージャケット装備の装置のほうが水の蒸発が少なく，維持が楽である．また，実験に用いられるウォーターバスインキュベーターの中にビーカーなどの飼育容器をまとめて入れると正確な温度が維持できる．熱帯魚用の投込み式ヒーターも使えるが，小さな容器の場合は使えない場面がある．小型水槽や爬虫類飼育に使われるパネルヒーターは，小さな容器を少数使う場合などには使用できる．

(4) 光の条件

アルテミアの飼育には光が必須である．シストの孵化には光が必要であるし，アルテミア成体や幼生の運動性にも影響を与える．24時間の明暗サイクルのなかで，無照明が14時間を超えると低温での死亡率が上がる．また，アルテミアの雌はノープリウス幼生か固い殻に包まれた休眠シストのかたちで次世代を産むが，幼生かシストかの決定には光照射時間が大きく影響しており，1日の明期が短くなるとシストを産む割合が増加する[3]．照明は白色蛍光灯でよく，照射時間をコントロールしたければ適当なタイマーを使用する．必要がなければ常時照明してよい．経験上，光は強い

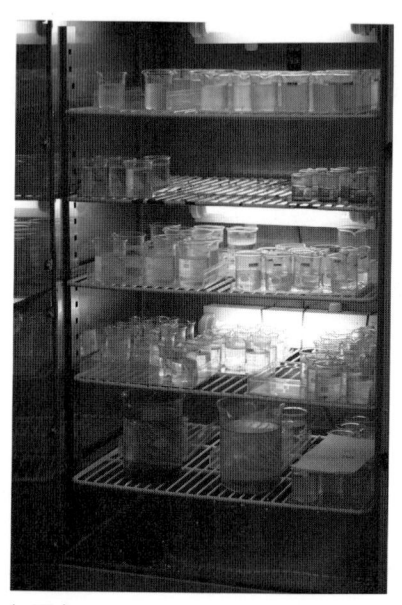

▶写真5 インキュベーターでの飼育

ほうがよい．筆者らの研究室ではインキュベーター内に蛍光灯とタイマーを増設して使用している．

● 飼育の実際
（1）短期大量飼育

生化学材料を調製するときなど，幼生や発生中の胚を大量に得る際に行う．

飼育液1Lあたり10g程度までのシストを使用する．まず，シストを7%アンチホルミン（次亜塩素酸ナトリウム）に入れ，4℃で1.5時間処理する．この操作はシスト表面の滅菌と，殻を溶かして同調的な孵化を促進するためである．処理後，90～150μmのマイクロメッシュを使ってシストを蒸留水で洗浄し，蒸留水中に4℃で2時間から一晩程度おいて水和する．このシストを2%の食塩水に入れ，エアーストーンとポンプを使用して空気を供給する．メスシリンダーのような細長い容器を使えばシストが堆積しにくい．孵化直前の胚は水面に浮くので，エアレーションが強すぎると泡とともに飼育容器の壁にへばりついてしまう．高密度飼育なので，筆者らの研究室では細菌の繁殖を抑えるためにペニシリンGカリウムとストレプトマイシン硫酸を0.01%添加している．発生した胚や幼生は必要な時期にマイクロメッシュで集め，蒸留水で洗浄して使用する．幼生の正の走光性を利用し，照明を当てて集めると楽である．餌を与えないので，飼育期間は長くても40時間程度である．

（2）長期飼育

適当なガラスやプラスチックの容器を用意する．酸素供給を考えれば容器は口が広く，あまり深くないほうがよい．筆者らはアルテミアを成体まで育てる場合，50 mLや100 mLのビーカーを複数使用している．

数mgのシストを蒸留水に入れ，2時間から一晩程度4℃で水和した後，洗浄して飼育液に投入する．急ぐ場合には水和を省略できる．光照射下で28℃に保つと，だいたい24時間以内に3対の脚を備えたノープリウス幼生が孵化してくる（**写真4**）．孵化した数が少ないと感じたら，100個程度のシストを飼育液に投入して孵化率をチェックしてみるとよい．

孵化直後のノープリウスは消化管が開通していないので，餌を与えるのは孵化後1日おいてからがよい．孵化直後の生存率を上げるコツは，孵化した幼生を複数の容器に分けることである．幼生を分け，飼育水を足していくことで水換えの効果が生じ，酸素消費の増大にも対応できる．アルテミアの成長に従って何回か行うとよい．孵化数日後に容器底面に増殖した微生物によると思われる粘着性の膜が生じ，幼生がトラップされて多数死亡することがある．死亡状況に気をつけ，飼育水ごと幼生を新しい容器に移してやると，この原因による大量死を回避できる．

幼生期以後の生育にはばらつきがあるが，孵化後10日目くらいまでに幼生は変態し，新たに生えた遊泳肢を用いた泳ぎに移行する．この期間に一時的に運動性が低下し，死亡率が上がることがあるが，前述したように分割していけば個体数を確保できる．週に一度くらい，底にたまった汚れをピペットで吸い取って全体の1/5程度の水を交換するとよい．

飼育を続けていると水面を白っぽい被膜が覆うことがある．これは微生物による被膜で，それ自体には水の浄化機能もあると思われる．増殖しすぎると酸素の供給が阻害されるので，ティッシュペーパーのような薄い紙を水面に浮かべた後すくい上げて被膜を除去するとよい．

孵化後2週間程度経つと，雄が肥大した第2触角を使って雌の胴をつかみ，一緒に遊泳するようになる（**写真3**）．産まれた時期が明確なシストを入手したり，交配を管理したい場合は先端を広げた駒込ピペット（折れたピペットの先をバーナーで滑らかにするとよい）を使ってつがいを個別の容器（飼育液は50 mL程度でよい）に分離し，給餌を続ける．雄は時々体を曲げて雌と交尾し，雌は胸部と腹部の境界にある育房嚢に発生中の胚を数十個から百数十個排卵する．直接ノープリウスに発生する胚は白く，休眠シストの場合は育房嚢の中の胚が茶色になってくる．3〜4日周期で次の世代を放出するので，シストやノープリウス幼生をパスツールピペットなどで吸い取る．底にたまった汚れも吸い取って部分換水してやるとよい．アルテミアの成体は水質の悪化に強いが，水が汚れてくると体の色が赤っぽくなる．これは体内で合成されたヘモグロビンによるもので，溶存酸素の低下への適応である．定期的に部分換水してやるほうが産仔数も多く，寿命も延びる．この方法で飼育していると，3カ月以上生存して繁殖を続ける個体も出てくる．

　多数の成体をまとめて飼育することもできる．大きな容器でいきなり幼生を発生させるよりも，成体を1 Lあたり20〜30匹の割合で大きな容器に入れると定着させやすい．数が多すぎなければエアレーションは必要ない．餌は，成体まで育てるときに比べて少なめにする．最初は底にたまった汚れをピペットで吸い取ってやる．緑色の藻類が発生し始めれば水の浄化と酸素の供給が期待でき，餌が多すぎなければ蒸発した水を補充してやるだけでよくなる．やがて次の世代のノープリウス幼生が生まれ，数カ月以上にわたってアルテミアが泳ぐ様を楽しむことができる．エアーポンプで給気して個体密度を増やし，生まれたシストを実験に使うこともできるが，シストの放出時期を明確にするため，筆者らの研究室では現在この方法ではシストを採っていない．

　シストの保存には冷蔵が手軽でよい．産まれたシストを少量の飼育液とともに4℃で冷蔵すると，保存中にシストの休眠解除が進行する．冷蔵後数カ月経過したシストを飼育液に入れてやると高い確率で孵化する．シストを乾燥させた場合よりも孵化率が安定している．

3. おわりに

　アルテミアは誰でも手軽に室内で飼育でき，教材などとして使用することができる動物である．乾燥シストからの発生再開・孵化は虚心に見れば誰でも目を見張る現象であり，生と死について考えさせる．入手しやすさからさまざまな実験や教材に使用でき，小さなスペースで発生の観察や継代・交配もできる．注意深く飼えば数カ月を超える寿命もある．最初は難しく考えず，少数のノープリウスを孵化させるところからその面白さを感じてみていただきたい．

4. 参考文献

1) Belk, D. and Brtek, J.（1995）Checklist of the Anostraca. *Hydrobiologia*, **298**, 315-353.
2) Nambu, F., Tanaka, S. and Nambu, Z.（2007）Inbred strains of brine shrimp derived from *Artemia franciscana*: lineage, RAPD analysis, life span, reproductive traits and mode, adaptation, and tolerance to salinity changes. *Zool. Sci.*, **24**, 159-171.
3) Nambu, Z., Tanaka, S. and Nambu, F.（2004）Influence of photoperiod and temperature on reproductive mode in the brine shrimp, *Artemia franciscana*. *J. Exp. Zool.*, **301A**, 542-546.

ミジンコ

志賀靖弘・時下進一

1. はじめに

　ミジンコ類は節足動物門甲殻類に分類される生き物で，世界中の湖沼に広く生息している．ミジンコはミジンコの生育にとって良好な環境では雌が雌のみを産む単為生殖という生殖方法により増殖する．しかし，生育にとって好ましくない環境，たとえば個体密度の増加や餌の不足などの環境では雄を産み，耐久卵とよばれる受精卵をつくる．この受精卵はミジンコの生育にとって良好な環境になるまで発生を開始しない[1]．ミジンコ類は動物プランクトンを構成する主要な生物群の一つであり，食物連鎖上，植物プランクトン（一次生産者）を捕食し，より高次の消費者である魚や大型昆虫の幼虫に捕食される位置にある．ミジンコ類は淡水の生態系を維持するうえで重要な生物である．そのため，これまでにどの湖のどの時期にどのようなミジンコ類が生息しているかを調べる生態学的な研究が多く行われている．また，水環境中に存在するさまざまな化学物質に対して高い感受性を示すことから，ミジンコ類の一種であるオオミジンコ（*Daphnia magna*，**写真1**）は化学物質の環境に与える影響を評価する試験（ミジンコ急性遊泳阻害試験，ミジンコ繁殖阻害試験）に用いられている．ミジンコ類はその体が透明で顕微鏡観察に適していることから，心拍数の変化

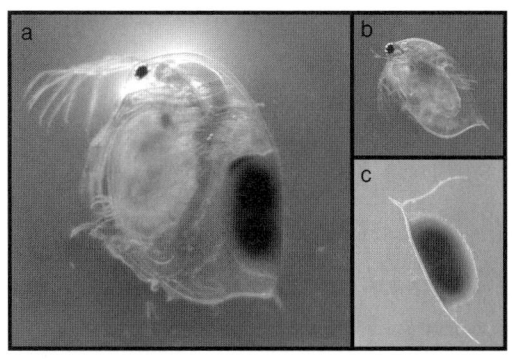

▶**写真1**
(a) 耐久卵をもったオオミジンコ．腸管が腸管内のクロレラにより緑色に見える．
(b) オオミジンコの雄．血リンパ中のヘモグロビンにより少し赤く見える．
(c) 耐久卵．　　　　（カラー写真は口絵11参照）

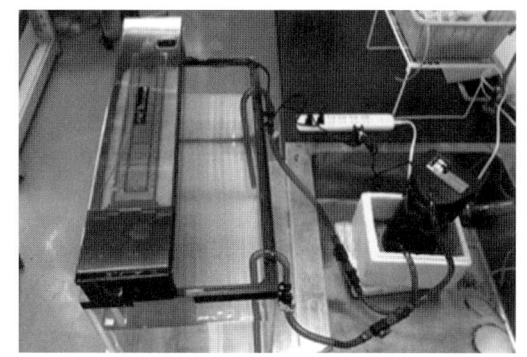

▶**写真2**　飼育水の作製の様子

を指標に身近な化学物質による生物への影響を調べる研究に使用されている．近年，ミジンコ類の一種であるミジンコ（*Daphnia pulex*）のゲノム解析が行われ，その遺伝情報が利用可能になったことで，環境毒性学のみならず発生生物学，分子進化学といった研究の対象としても注目を集めている．

　筆者は，ミジンコ類のうちオオミジンコ，ミジンコ，マギレミジンコ，タマミジンコの飼育の経験があり，本稿ではこれらの飼育に適した方法を紹介する．

2．飼育方法

ⓐ 入手方法

　タマミジンコは太平洋貿易（http://www.ptc-kansyogyo.com/）より耐久卵として入手可能（有償：9,975円）である．

　オオミジンコは国立環境研究所（http://www.nies.go.jp/kenkyu/yusyo/suisei/list.html）より入手可能（有償：10,000円/20個体（未成熟））である．その他のミジンコも入手可能である．オオミジンコは外来種であり，生態系に影響がないよう取扱いに注意が必要とされる

ⓑ 飼育環境

（1）飼育水

　一般的には水道水を日光が当たる状態で3～4日汲みおきして塩素を取り除いた（カルキ抜き）水を使用する．可能ならエアストーンまたは水中フィルターにより曝気する．研究室では60 cm（約60 L）の水槽に水道水を入れ，上部フィルターと外部式フィルターで水槽内の水を3～4日の間循環濾過して使用している（**写真2**）．ただし，ミジンコの生育が良くないときには循環濾過の間曝気することで改善することもある．ミジンコを遊泳阻害や繁殖阻害試験のような毒性試験に用いる場合は，OECD（経済協力開発機構）の化学品テストガイドラインで定められているElendt M4

飼育スタート物品一覧

品　名	型　式	メーカー	参考価格
広口駒込ピペット（10 mL）	TE-32	IWAKI	880 円
1 L ビーカー		サンコープラスチック	330 円
水槽	NS-4M	ニッソー	2,800 円
エアストーン			290 円
エアポンプ	イノベーター 1000	ニッソー	1,100 円
スポイト			725 円（5個）
濾紙		アドバンテック	1,870 円
ロート			260 円
300 mL 三角フラスコ		IWAKI	750 円

もしくは Elendt M7 とよばれる人工の飼育水（人工調製水とよぶ）を使用する．人工調製水の組成を記載した pdf は次の URL より入手可能である（http://www.oecd.org/dataoecd/17/63/1948277.pdf）．人工の飼育水は各種微量金属イオンやビタミン類が含まれることから，カルキ抜きした水道水よりミジンコの生育も良く，産卵する卵の数も多くなる．

(2) 飼育する容器の種類，大きさ

飼育に使用する容器はガラスないしはプラスチックのビーカーを用いている．研究室では，飼育容器の容量はおもに 1 L のサイズを用いている（**写真 3**）．大量に飼育する場合は 20～30 cm のガラスないしはプラスチック水槽を用いる．少量の場合は 300 mL，500 mL の容量でもよいが，ミジンコが順調に増殖するとすぐに容器内の個体数が増加して，ミジンコの飼育にとって好ましくない雄や耐久卵が出現するので注意を要する（**写真 1 b，c**）．

(3) 飼育温度

ミジンコ，オオミジンコは水温 19～21℃ でよく生育する．これより 3～4℃ 程度低温になっても，繁殖するスピードは遅くなるが増殖可能である．一方，高温になると死にやすくなる．タマミジンコはミジンコ，オオミジンコより高い温度でも増殖可能である（～25℃）．研究室では飼育室全体の温度を調節して水温を一定に保っている．部屋の温度を調節できない場合，冬場はヒーターもしくはサーモスタットを用いた温度調節によっても飼育可能である．夏場はなるべく温度の低い場所で飼育することを勧める．

(4) 日 照

特別な明暗の周期で飼育はしていないが，明期が暗期より長い状態で飼育している．研究室ではビーカーを蛍光灯付きのラックに並べて飼育している（**写真 4**）．毒性試験の場合は明暗の周期を 16：8 で行うことが推奨される．

▶写真 3　飼育容器

▶写真 4　ミジンコの飼育の様子

(5) 飼育する個体数

　オオミジンコの場合，その個体数は1Lあたり30～100匹が適当と思われる．長期間ミジンコを飼育し続けるためには，飼育容器あたりの個体数を上記の数に維持しておくことを勧める．そのために，ミジンコの個体数が増加した場合は，飼育する容器の数を増やす．飼育スペースなどの問題で容器を増やせない場合はミジンコを間引いて個体数をある程度一定に保つ必要がある．

(6) 飼育水の交換

　飼育水は3～4日間に一度交換する．交換する際，広口の10 mLの駒込ピペット（ガラスまたはプラスチック）によりミジンコを新しい容器に移す．新しい容器にはあらかじめ濾紙などでミジンコの脱皮した殻などの大きなゴミを取り除いた，前の飼育水を全体の1/3程度と新しい飼育水2/3程度を混ぜたものを入れておく．濾過は濾紙とロートと三角フラスコがあると便利である．飼育水が白く濁ってしまった場合はすべて新しい飼育水と交換するが，すべて新しい飼育水にミジンコを入れると激しく回転運動をする．これはミジンコにとって良い環境ではないことを示している．

c 飼育に使用する餌

　ミジンコ類は植物プランクトンを捕食するので，餌としてクロレラ，クラミドモナス，イカダモなどを好む．研究室では，クロレラを餌として与えている．クロレラはクロレラ工業より生クロレラ-V12（1 L：4,200円）を購入している．生クロレラ-V12を与える目安は1Lあたり0.05～0.1 mLである．ミジンコの数を増やしたい場合，クロレラの量はビーカーの飼育水が薄い緑色になる程度に与える．生クロレラ-V12は冷蔵庫で保存可能であるが，3週間ほどで使用できなくなるので注意が必要である．クロレラの購入が難しい場合は，市販のキンギョの餌をすりつぶして適当量与える．タマミジンコの場合は市販のドライイーストを水で溶かしてエアーポンプで空気を曝気する．これを低温で保存してタマミジンコに与える．ドライイーストの場合は多く使用するとすぐに飼育水が白濁してしまうので，与える量を少なくする必要がある．タマミジンコの場合もクロレラで生育させることができる．最近では，ミジンコの餌を販売している会社もあるので，そこから入手することも可能である．

d ミジンコの飼育

　十分に曝気したカルキを抜いた飼育水を1Lのビーカーに入れ，生クロレラを0.05～0.1 mL加えてよく混ぜる．そこに広口駒込ピペットを用いてミジンコを30匹程度入れる．通常，1週間程度で子ミジンコを産む．1Lの場合はエアレーションする必要はない．18 L程度の水槽で飼育する場合は，エアレーションする．3～4日に一度飼育水の交換を行う．飼育水交換のときはプランクトンネットか，広口駒込ピペットでミジンコを移す（プランクトンネットは1Lのビーカーの口に合うように特注で作ったもので，高価である．ピペットで十分である）．個体数が増加したらビーカーの数を増やして飼育する．ビーカーの数が増やせない場合は，ミジンコを間引いて個体数を1Lあたり100匹以内にする．このとき，同じ大きさのミジンコばかりを残さないように注意する．

3. おわりに

(a) ミジンコを飼育するにあたってとくに気を配らなければならない点

・薬品による飼育水のカルキ抜きはしない．

・こまめに容器の中の個体数を一定の数に調節する．

　ミジンコ，タマミジンコは増え始めると急激に個体数が増加する．そのままにしておくと雄を産んで耐久卵をつくったり，飼育環境が悪くなって産卵数が著しく減少したりする．一度この状態になると回復するまでに時間を要するので注意が必要になる．容器の中の個体数を調節することがミジンコを長く安定して飼育するコツといえる．また，餌の量を少なくすることや餌を与える間隔を長くすることも急激な個体数の増加を避ける有効な方法である．

・複数の容器を用意して飼育しておく．

　理由はわからないが，突然容器内のミジンコがすべて死滅することがある．複数飼育することで，このような場合にすべてのミジンコが死滅してしまうことを避けることができる．

(b) ミジンコの魅力

　ミジンコは体が透明であることから，さまざまな組織，心臓の拍動，腸管の動きなどを観察することがでる．脱皮，産卵，卵からミジンコへと形が変わっていく過程などの生命の営みが顕微鏡下で観察できる生物である．また，化学物質から洗剤，タバコ，薬，アルコールなど生活に身近なものまで，いろいろなものが生物に与える影響を心拍数の変化で簡単に調べることができる点も魅力的であるといえる．一方で，そのゲノム配列が決定されたことから，発生生物学や分子進化学などのモデル生物としても研究がなされるようになってきた．今後は，より広い分野での研究が多くなされるものと思われる．

4. 参考文献

1) 花里孝幸（1998）『ミジンコとは，ミジンコ―その生態と湖沼環境問題』，第 1 章，pp. 8-12，名古屋大学出版．

索　引

あ

アオゴカイ　76
アオサ　113
アオサンゴ　19
アカテガニ　148, 153
アクロラジ　33
足長ヒドラ　39
アナアオサ　103
アマクサアメフラシ　105
アミネウミヒドラ　48
アメーバ　1, 42
アメフラシ　99, 104
アメリカザリガニ　155
アルテミア　34, 40, 49, 168, 174, 195
アンドンクラゲ　46
アンハイドロビオシス　196

い

イイダコ　143
イカ　132, 143
生きた化石　132
異鰓上目　118
イシサンゴ　19, 31
イシダタミヤドカリ　162
イソアワモチ　106
イソギンチャク　30, 37, 46
イソゴカイ　75
イソメ　75
イタチムシ　70
イトミミズ　81
稲わら培地　14
イバラカンザシ　75
イワムシ　77

う

ウオビル　87
ウシエビ　171
ウース　4
ウズイチモンジガイ　48
ウチダザリガニ　155
ウマビル　89
ウミケムシ　75

ウミヒドラ　48
ウメボシイソギンチャク　32
ウロコイタチムシ　71, 73
ウロコムシ　75

え

栄養ポリプ　48
エクスカバータ　6
エスキモー犬　10
エゾサンショウガイ　48
エダコモンサンゴ　19
エチゼンクラゲ　24, 46
エヒドラ　48
エフィラ　24
エラコ　75
円形型水槽　139

お

オウムガイ　132, 143
オオアメーバ　1
オオイボイソギンチャク　33
オオグソクムシ　182
大潮　154
オオタイヨウチュウ　1
オオナガレカンザシ　77
オオベソオウムガイ　134
オオミジンコ　201
オカヤドカリ　162
オニイソメ　77
オニクマムシ　94

か

カイウミヒドラ　46
概月周時計　154
カオス　142
学名　4
カズメウズムシ　59
花虫綱　19, 30, 46
褐虫藻　19
活動電位　82
ガーディング　162
カニビル　89
カブトガニ　153, 178
カメ　5

カモメ　10
カラマツガイ　114
カロリーメイト培地　14
かわいいヒドラ　39
カワゴカイ　79
簡易ベールマン装置　95
環形動物　75, 86
カンザシゴカイ　75
カンデル　99, 104, 106
眼柄処理　172
緩歩動物　91

き

キクメイシ　20
キタフナムシ　187
キヌボラ　48
キバビル　89
休眠卵　195
共存培養法　13
巨大軸索　137, 141
巨大神経線維　81

く

クサビライシ　20
クサフグ　153
クダサンゴ　19
クマムシ　91
クラゲ　31, 37, 46
クリプトビオシス　91, 195
グルニオン　153
クルマエビ　170
クロガネイソギンチャク　33
クロシマホンヤドカリ　162
クロベンケイガニ　148
クロレラ　13, 38, 96, 204
クロロゴニウム　1
クロロゴニウム培地　3, 7
クローン　33
群体　47
群体形成　50
群体性　20

け

珪藻　73

形態形成　44
月光サイクル　152, 154
ケヤリムシ　75
原生生物　6, 11
原生動物　1, 17

こ

綱　5
甲殻綱（甲殻類）　170, 182, 191, 195, 201
口脚類（目）　191
ゴカイ　75, 181
5界説　4
コガタウズムシ　59
コケムシ　50
枯草菌　14
コップクラゲ属　48
古典的条件づけ　125
コモチイソギンチャク　32
コモンサンゴ　19
コロニー　7

さ

細菌　13
細胞選別現象　44
細胞内灌流法　141
サザエ　111
ザリガニ　160
サンゴ　19, 37, 46, 50
サンゴイソギンチャク　31
サンゴ礁　19

し

シー・エレガンス　64
ジガバチ　10
刺細胞　31
シスト　195
刺胞　31
刺胞動物　19, 30, 37, 46
シマミミズ　81
シーモンキー　196
シャコ　191
雌雄同体　115, 120
種名　4
ショウガサンゴ　22
条件刺激　125
条件づけ　125
礁池　21
上皮ヒドラ　37
シワホラダマシ　48

人為的成熟促進処理　25
神経線維　137
人工海水　23, 33, 40, 50, 54, 77, 102, 108, 112, 116, 132, 139, 164, 168, 175, 180, 184, 197
人工月光　154
心臓神経節　191

す

スキフラ　24
スティロニキア　1
ストロビラ　25
スナギンチャク　30
スピロストマム　1

せ

生殖体　47
生殖ポリプ　48
生物検定　175
生物時計　152
節足動物　170, 178, 182, 186, 191, 195, 201
線形動物　64
センチュウ　64
蠕虫型幼生　52

そ

造礁サンゴ　19
ゾウリムシ　1, 11, 17
ゾエア幼生　148, 173
足盤　25
属名　4

た

ダイオウグソクムシ　182
タイヨウチュウ　1
ダーウィン　9, 58, 82
タコ　132, 143
タコブネ　143
タテジマイソギンチャク　33
タマミジンコ　202
多毛綱　75
多毛類　75
単為生殖　92, 201
タンカイザリガニ　155
単体性　20

ち

チグサミズヒキ　77
チクビヒドラ　48
チスイビル　87
チャコウラナメクジ　120
中生動物　51
昼夜サイクル　152
潮汐リズム　152, 154
チョークレー液　72
チンチロフサゴカイ　77

つ

土-水培地　8
ツバサゴカイ　76
ツリガネムシ　1

て

底棲生物　71
ティンバーゲン　9
滴虫型幼生　52
デトリタス　75
テナガエビ　166
テナガダコ　143

と

頭足綱　132
同調因子　154
動物愛護法　5
動物性プランクトン　24
トカゲ　5
トガリニハイチュウ　55
トゲウオ　10
トリ　5

な

ナミウズムシ　59
ナメクジ　120, 125
軟体動物　99, 104, 106, 120, 127, 132, 143

に

ニハイチュウ　51
二胚動物　51
ニホンザリガニ　155

ね

ネマトジェン　52

の

ノープリウス幼生　172, 196

は

肺炎桿菌　14
バイオアッセイ　175
ハクスレー　137
バクテリア　13
箱虫綱　46
ハダカイタチムシ　73
ハタゴイソギンチャク　32
八放サンゴ亜綱　19
ハナギンチャク　30
ハナヒル　89
ハナヤサイサンゴ　22
ハマサンゴ　22
ハリタイヨウチュウ　1
ハルテリア　1
半月周リズム　152, 154
バンドル　22

ひ

ヒオドシイソギンチャク　33
ヒダベリイソギンチャク　33
光計測法　142
ヒト　4
ヒドラ　37, 44, 47
ヒドロアメーバ　42
ヒドロサンゴ　19
ヒドロ虫綱　19, 46
ヒメイソギンチャク　33
ヒョウモンダコ　143
ヒラテテナガエビ　166
ヒル　86
ヒレアシシギ　10

ふ

フィッタカー　4
腹足綱（腹足類）　99, 106, 111, 114, 120, 127, 143
腹毛動物　70
フサゴカイ　75
普通ヒドラ　39
フツウミミズ　81

フナムシ　186
ブラインシュリンプ（アルテミア）　23, 28
プラナリア　58
プラヌラ幼生　21
フリッシュ　9
ブレファリズマ　1
プロテインスキマー　133

へ

平衡感覚器　160
平衡石　160
平衡嚢　160
平衡胞　160
ヘビイソギンチャク　31
ペラネマ　6
ベリルイソギンチャク　33
ベンケイガニ　148
扁形動物　58
ベントス　71
鞭毛虫　6

ほ

ホオジロ　10
捕脚　194
ホジキン　137
ポストラーバ　173
ポドシスト　25
ホネナシサンゴ　30
ホヤ　50
ポリプ　20, 24, 46
ホンドオニヤドカリ　162

ま

マギレミジンコ　202
膜電位固定法　137
マダコ　54, 143
マチカネイタチムシ　73
マミズクラゲ　47
マメダコ　143

み

ミサキニハイチュウ　55
ミシス幼生　174
ミジンコ　202
ミズクラゲ　46
ミズダコ　143
ミズヒキゴカイ　75
ミツバチ　9

ミドリアメーバ　1
ミドリイシ　19
ミドリイソギンチャク　33
ミドリゾウリムシ　1, 13
緑ヒドラ　39
ミドリムシ　6
ミナミテナガエビ　166
ミミズ　81
ミヤマウズムシ　59
ミロクウロコムシ　77

む

無菌培養法　13
ムシモドキギンチャク　31
無条件刺激　125
ムシロガイ類　48

め

メタルハライドランプ　21

も

モーガン　58
モデル生物　32, 44, 93, 205
モノアラガイ　118, 127

や

ヤドカリ　162
ヤマトニハイチュウ　55
ヤマビル　87
ヤリイカ　137, 141

ゆ

有性生殖世代　24
有肺類　114
ユーグレナ　6
ユープロテス　1

よ

幼生　24
幼生放出行動　151
ヨコヅナクマムシ　96
横分体形成　25
ヨシエビ　171
ヨロイイソギンチャク　32
ヨーロッパモノアラガイ　127

ら

ラッパムシ　*1*
卵核胞　*26*
藍藻　*22*

り

リンネ　*4*

れ

レタスジュース培地　*15*

ろ

六放サンゴ亜綱　*19*
ローレンツ　*9, 140, 142*

ロンボジェン　*52*

わ

ワカメ　*103, 113*
ワシントン条約　*20*
ワニ　*5*
ワムシ　*94*

欧文

Brenner, S.　*64*
brine shrimp　*195*

Darwin, C.　*9, 58, 82*

Frisch, K. von　*9*

Hodgkin, A.　*137*

Huxley, A.　*137*

Kandel, E. R.　*99, 105, 106*

LB培地　*67*
Linne, C. von　*4*
Lorenz, K.　*9, 140, 142*

mantis shrimp　*191*
Morgan, T. H.　*59*

sea roach　*186*

Tinbergen, N.　*9*
Top shell　*111*

Whittaker, R. H.　*4*
Woese, C. R.　*5*

学名索引

A

Acropora 19
Actinia equina 33
Actinophrys sol 1
Amoeba proteus 1
Aniculus miyakei 162
Anthopleura 33
Anthopleura asiatica 33
Anthopleura fuscoviridis 33
Anthopleura kurogane 33
Anthopleura pacifica 33
Anthopleura uchidai 33
Aplysia californica 100
Aplysia juliana 105
Aplysia kurodai 99, 105
Artemia 195
Artemia salina 196
Artemia. franciscana 197

B

Bacillus subtilesaruiha 14
Bathynomus doederleini 182
Bathynomus giganteus 182
Blepharisma japonicum 1

C

Caenorhabditis elegans 64
Cambaroides japonicus 155
Chaetoceros 173
Chaetonotus machikanensis 73
Chloeia flava 77
Chlorogonium 1
Chlorogonium capillatum 2
Cirratulus cirratus 77
Cnidopus japonicus 32

D

Dactylobiotus dispar 91
Daphnia magna 201
Daphnia pulex 202
Dardanus crassimanus 162
Diadumene lineata 33
Dicyema acuticephalum 55
Dicyema japonicum 55
Dicyema misakiense 55
Diphascon scoticum 93
Dugesia japonica 59

E

Echinosphaerium akamae 1
Eisenia fetida 81
Euglena 6
Euglena clara 7
Euglena gracilis 7
Euglena mutabilis 7
Euglena viridis 7
Eunice aphroditois 77
Euplotes aeduculatus 1
Eutreptiella gymnastica 7

H

Haemadia zeylanica japonica 87
Haliplanella lineata 33
Halosydna brevisetosa 77
Halteria grandinella 1
Heliopora coerulea 19
Heterolepidoderma 74
Hirudo medicinalis 87
Hirudo nipponia 87
Homo sapiens 4
Hydra circumcincta 39
Hydra magnipapillata 37
Hydra oligactis 39
Hydra robusta 39
Hydra utahensis 39
Hydra viridis 39
Hydra viridissima 39
Hydra vulgaris 39
Hydractinia 48
Hydractinia epiconcha 46
Hypsibius arcticus 92
Hypsibius convergens 91
Hypsibius dujardini 92

I

Ichthydium podura 73

Isohypsibius monoicus 93
Isohypsibius myrops 92

K

Klebsiella pneumoniae 14

L

Lehmannia valentiana 119
Lepidodermella squamata 73
Ligia cinerascens 187
Ligia exotica 186
Limax valentianus 119
Loimia verrucosa 77
Loligo bleekeri 137
Lymnaea stagnalis 127

M

Macrobiotus joannae 93
Macrobiotus sapiens 93
Macrobrachium nipponense 166
Marphysa sanguinea 77
Marsupenaeus japonicus 170
Mayorella viridis 1
Metapenaeus ensis 171
Metridium senile 33
Milnesium cf. *tardigradum* 93
Montipora digitata 19

N

Nautilus macromphalus 134
Nautilus pompilius 132
Nematostella vectensis 31
Nemopilema nomurai 24

O

Octopus bimaculoides 145
Octopus fangsiao 144
Octopus ocellatus 143
Octopus vulgaris 143
Onchidium verruculatum 106
Oratosquilla oratoria 191

P

Pacifastacus leniusculus 155
Pagurus nigrivittatus 162
Panagrellus redivivus 92
Paramacrobiotus richtersi 93

Paramacrobiotus tonolli 93
Paramecium bursaria 1, 13
Paramecium caudatum 1, 11
Paramecium multimicronucleatum 1
Peranema 6
Paroctopus dofleini 144
Penaeus monodon 171
Perinereis aibuhitensis 76
Perinereis nuntia 75
Pheretima communissima 81
Pocillopora damicornis 22
Podocoryna 48
Polymerurus 74
Procambarus clarkii 155
Protula magnifica 77

R

Ramazzottius oberhaeuseri 91
Ramazzottius varieornatus 96
Raphidiophrys contractilis 1

S

Sabellastarte japonica 77
Sesarma haematocheir 148
Siphonaria japonica 114
Skeletonema costatum 173
Spirobranchus giganteus 75
Spirostomum ambiguum 1
Stentor coeruleus 1
Stylactaria 48
Stylactaria carcinicola 48
Stylactaria conchicola 48
Stylactaria misakiensis 48
Stylonychia mytilus 1
Stylophora pistillata 22

T

Tachypleus tridentatus 178
Thurinius augsti 91
Tubifex tubifex 81
Tubipora musica 19
Turbo (*Batillus*) *cornutus* 111

U

Urticina 33

V

Vorticella 1

[編者紹介]

針山孝彦（はりやま たかひこ）
1983年東北大学医学研究科博士過程中退．東北大学応用情報学研究センター助手，東北大学大学院情報科学研究科助手，浜松医科大学医学部助教授などを経て，2004年より現職．
現在：浜松医科大学医学部・教授・理学博士

小柳光正（こやなぎ みつまさ）
2001年京都大学大学院理学研究科博士課程修了．日本学術振興会特別研究員（PD），大阪大学大学院理学研究科助手，大阪市立大学大学院理学研究科講師などを経て，2010年より現職．
現在：大阪市立大学大学院理学研究科・准教授・博士（理学）

嬉　正勝（うれし まさかつ）
2001年岡山大学大学院自然科学研究科博士課程修了．秋田県立脳血管研究センター流動研究員，佐賀大学文化教育学部講師などを経て，2008年より現職．
現在：佐賀大学文化教育学部・准教授・博士（理学）

妹尾圭司（せのお けいじ）
1996年神戸大学大学院自然科学研究科博士課程中退．神戸大学大学院自然科学研究科助手，京都工芸繊維大学産学官連携研究員などを経て，2005年より現職．
現在：浜松医科大学医学部・准教授・博士（理学）

小泉　修（こいずみ おさむ）
1975年九州大学理学研究科博士課程修了．同年より福岡県立福岡女子大学に赴任，現在に至る．途中，カリホルニア大学アーバイン校客員研究員，国立遺伝研客員教授兼任．
現在：福岡女子大学人間環境学部・教授（学部長），人間環境学研究科・教授（研究科長），国際文理学部・教授・理学博士

日本比較生理生化学会（にほんひかくせいりせいかがっかい）
The Japanese Society for Comparative Physiology and Biochemistry
http://jscpb.org/
1979年に様々な動物の感覚・行動・生理などの現象に取り組む研究者のための日本動物生理学会が発足．1990年には更に，現在の日本比較生理生化学会に発展拡大する．会員数は約500名，1991年と2011年には，それぞれ，東京と名古屋で国際比較生理生化学会議を主催した．2009年には，シリーズ「動物の多様な生き方」（全5巻）を共立出版より出版した．

研究者が教える 動物飼育 第 1 巻 *Methods of rearing animals: Researchers'* *special techniques Vol.1* ゾウリムシ, ヒドラ, 貝, エビなど *Protozoa, Protostomes and Crustaceans* 2012 年 5 月 25 日　初版 1 刷発行 検印廃止 NDC 480, 480.76 ISBN 978-4-320-05718-0	編　者　日本比較生理生化学会　©2012 発行者　南條光章 発行所　共立出版株式会社 　　　　〒112-8700 　　　　東京都文京区小日向 4 丁目 6 番地 19 号 　　　　電話(03)3947-2511(代表) 　　　　振替口座　00110-2-57035 　　　　URL http://www.kyoritsu-pub.co.jp/ 印　刷　加藤文明社 製　本　協栄製本 　　　　社団法人 　　　　自然科学書協会 　　　　会員 Printed in Japan

JCOPY ＜(社)出版者著作権管理機構委託出版物＞
本書の無断複写は著作権法上での例外を除き禁じられています．複写される場合は，そのつど事前に，(社)出版者著作権管理機構（電話 03-3513-6969, FAX 03-3513-6979, e-mail: info@jcopy.or.jp）の許諾を得てください．

日本比較生理生化学会 編

動物の多様な生き方 全5巻

出版企画委員会：小泉　修・酒井正樹・曽我部正博・寺北明久・吉村建二郎（50音順）

比べることでみえてくる，動物の多様な生き方・多彩な進化過程。その魅力を動物学に興味をもつ人たちに広く伝えたい —— 日本比較生理生化学会が総力をあげて編集したシリーズ。初学者でも読みやすいように重要な用語は Key Word として解説。また，関連の深いトピックスもコラムとして充実。【各巻本文2色刷】

1 見える光，見えない光　動物と光のかかわり

担当編集委員：寺北明久・蟻川謙太郎　動物と光のかかわりに関する比較生物学。多くの動物にとって光は重要な情報源の1つである。本書『見える光，見えない光』では，さまざまな光情報が，どのような細胞や器官で，どのようなメカニズムで受容され，それがどのように行動に結びついているのかを，微生物から脊椎動物まで，さまざまな例を取り上げて解説する。・・・・・・・・・・・・A5判・256頁・定価3,675円(税込)

2 動物の生き残り術　行動とそのしくみ

担当編集委員：酒井正樹　行動生物学・神経行動学のエッセンス。13の行動レパートリーとしくみを紹介。登場する動物はおもに節足動物である。彼らはシンプルな体制をもちながらも地球上で最も繁栄を誇っており，行動の多様性においてはほかを凌駕している。彼らから得られる知識は，ヒトを含む高等動物の行動メカニズム解明にも参考となり，工学的応用へのヒントにもなりうる。A5判・262頁・定価3,675円(税込)

3 動物の「動き」の秘密にせまる　運動系の比較生物学

担当編集委員：尾﨑浩一・吉村建二郎　動物の最大の特徴はすばやい動きであり，それゆえに「動物」の名を授かっている。動物の動き方は，その生き物の生存戦略を映し出しているともいえるだろう。動物の動きは肉眼で見える動きにとどまらない。本書では，白血球，精子，単細胞生物，さらには細胞の中まで，大きさのレベルを問わず「動き」のさまざまな様式を紹介する。・・・・・・・A5判・246頁・定価3,675円(税込)

4 動物は何を考えているのか？　学習と記憶の比較生物学

担当編集委員：曽我部正博　ヒトを頂点とする高度な知のはたらきは，記憶と学習なしには成立しない。本書『動物は何を考えているのか？』では，さまざまな動物の学習記憶に関する研究を，比較という視点から捉え，そのなかから人類究極の課題である心の謎に挑む。「動物はいったい何を学習・記憶し，何を考えているのだろうか？」の問いに，第一線の研究者の立場から迫る。・・・・・A5判・274頁・定価3,675円(税込)

5 さまざまな神経系をもつ動物たち　神経系の比較生物学

担当編集委員：小泉　修　世の中には，さまざまな計算機があると同様に，動物界にもさまざまな生体コンピュータが存在する。動物の神経系は多様性に満ちている。本書では，このようなさまざまな神経系をもつ動物について，その神経系と行動について解説する。登場する動物は多種多様であり，そこには膨大で多様性な神経系と行動の関係がみられることが実感できる。・・・・・・・A5判・254頁・定価3,675円(税込)

http://www.kyoritsu-pub.co.jp/　**共立出版**　（価格は変更される場合がございます）

本シリーズ第2巻に掲載した昆虫類の系統関係
（第2巻「昆虫とクモの仲間」を参照）

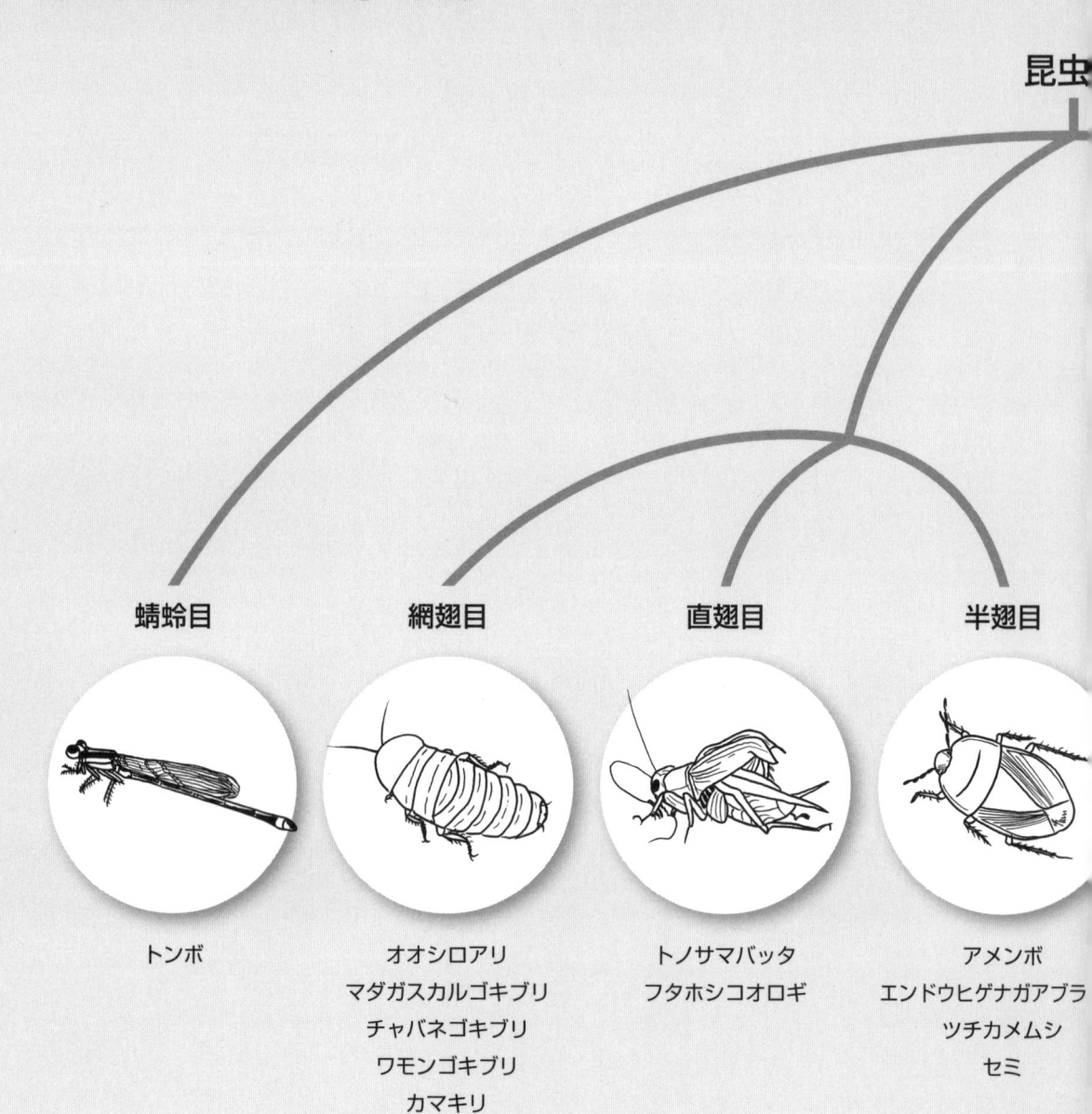

昆虫

蜻蛉目

トンボ

網翅目

オオシロアリ
マダガスカルゴキブリ
チャバネゴキブリ
ワモンゴキブリ
カマキリ

直翅目

トノサマバッタ
フタホシコオロギ

半翅目

アメンボ
エンドウヒゲナガアブラ
ツチカメムシ
セミ

生物画イラスト：キシベヤチヨ